基于工作过程导向的项目化创新系列教材

高等职业教育机电类"十四五"规划教材

机械设计基础

（第2版）

主　编 ◎ 林承全

副主编 ◎ 闫瑞涛　邹凤珍　左大利

U0343430

华中科技大学出版社

http://www.hustp.com

中国·武汉

内 容 简 介

本书按照课程改革新体系编写,含工程力学、机械原理和机械设计全部内容,打破了旧的课程界限和学科体系,精选内容,精心编排,构建了实用性和应用型机械设计基础(含工程力学)的教材新体系。大量减少了各科课程及其章节之间的重复,缩减了教学时数。

本书可作为高等职业学院、高等专科学校、成人院校及本科院校主办的二级职业技术学院和民办高校机械及机电类专业机械设计基础课程的教材,也可作为模具、数控、汽车等专业的函授生和工程技术人员的自学教材。

本书由于对内容深度和广度进行了适当扩展,也可供本科院校相关专业的师生和相关工程技术人员使用。

图书在版编目(CIP)数据

机械设计基础/林承全主编.—2版.—武汉:华中科技大学出版社,2016.1(2022.1重印)
ISBN 978-7-5680-1240-9

Ⅰ.①机… Ⅱ.①林… Ⅲ.①机械设计-高等学校-教材 Ⅳ.①TH122

中国版本图书馆 CIP 数据核字(2015)第 229390 号

机械设计基础(第 2 版) 林承全 主编
Jixie Sheji Jichu

策划编辑:张 毅
责任编辑:张 毅
封面设计:原色设计
责任校对:刘 竣
责任监印:张正林
出版发行:华中科技大学出版社(中国·武汉) 电话:(027)81321913
武汉市东湖新技术开发区华工科技园 邮编:430223
录 排:武汉正风天下文化发展有限公司
印 刷:武汉市籍缘印刷厂
开 本:787mm×1092mm 1/16
印 张:18.5
字 数:484 千字
版 次:2008 年 8 月第 1 版 2022 年 1 月第 2 版第 5 次印刷
定 价:45.00 元

本书是根据教育部制定的高职高专教育机械设计基础课程教学的基本要求,结合多所院校多年的教改经验编写而成的。

本书遵循"必须、实用、够用为度"、"少而精"、"浅而广"和"掌握概念、强化应用"的原则,突出实践和实训的应用性。本书将原理论力学中的静力学知识按照基本概念、基本定理、平面力系、空间力系这一由浅入深的顺序整合在一起,将原材料力学中的四种基本变形及组合变形整合在一起,将原机械原理中的齿轮机构、轮系与原机械设计中的齿轮传动和蜗杆传动等重新整合在一起,增强了教学体系的完整性,参考学时数为100～150学时。

本书主要特色如下。

第一,本书摒弃了传统的机械设计传统体系,现在仅仅设置13个项目。打破了旧的课程界限和学科体系,精选内容,精心编排,构建了实用性和应用型机械设计基础(含工程力学)的教材新体系。大量减少了各科课程及其章节之间的重复,缩减了教学时数。

第二,项目1～项目5可提供大学一年级新生第一学期使用,项目6～项目13可供第二学期使用。其内容按照机械的受力分析、承载能力、组成结构、工作原理分析、零件设计等顺序进行编排,这种编排体系与机械设计的一般程序是一致的,可以使学生在学习本书的过程中自觉地了解和掌握机械设计的一般过程。

第三,本书既有理论性又有实践性。根据机电一体化的发展趋势,本书重点介绍实际工程中各种典型零部件受力分析与承载能力计算,减少理论性分析,所举实例均为模具、汽车传动机构中的受力及强度计算;以实践性为目标来编排机械的组成和工作原理,介绍各种常用机械传动的基本知识及设计方法。

本书由林承全(荆州职业技术学院)担任主编,由闫瑞涛(黑龙江农业经济职业学院)、邹凤珍(湖北轻工职业技术学院)、左大利(东莞职业技术学院)担任副主编。编写分工如下:林承全编写项目1～项目5、项目11～项目13、附录,邹凤珍编写项目6、项目7,闫瑞涛编写项目8、项目9,左大利编写项目10。全书由林承全负责统稿和定稿。

为了满足不同层次的教学要求,本书配有《机械设计基础课程设计及题解(第2版)》(林承全、闫瑞涛主编)),已经由华中科技大学出版社出版,可提供教师和学生选用。

本书在编写过程中,得到了华中科技大学出版社的大力支持与帮助,也参考了国内外先进教材的设计经验,在此深表谢意。

编者水平有限,书中疏漏和欠妥之处在所难免,恳请广大读者批评指正。

编　者

2017 年 5 月

项目 1　机械设计基础概论 ……………………………………………………… 1
　任务 1　机械的概念 …………………………………………………………… 1
　任务 2　机械设计的基本要求和一般程序 ………………………………… 2
　任务 3　机械设计的常用材料与性能 ……………………………………… 5
　任务 4　本课程的内容、任务和性质 ………………………………………… 9
　任务 5　本课程的学习方法 …………………………………………………… 10
　思考题与习题 …………………………………………………………………… 11

项目 2　静力学分析 ……………………………………………………………… 12
　任务 1　静力学基本概念和静力学公理 …………………………………… 12
　任务 2　约束和约束反力 ……………………………………………………… 15
　任务 3　物体的受力分析和受力图 ………………………………………… 19
　任务 4　平面汇交力系的简化与平衡方程 ………………………………… 21
　任务 5　合力矩定理和力偶 …………………………………………………… 24
　任务 6　平面一般力系的简化与平衡方程 ………………………………… 28
　任务 7　空间力系 ……………………………………………………………… 36
　任务 8　重心及其计算 ………………………………………………………… 40
　思考题与习题 …………………………………………………………………… 42

项目 3　承载能力分析 …………………………………………………………… 47
　任务 1　承载能力分析基本知识 …………………………………………… 47
　任务 2　轴向拉伸或压缩时的内力 ………………………………………… 50
　任务 3　剪切与挤压 …………………………………………………………… 60
　任务 4　扭转 …………………………………………………………………… 63
　任务 5　平面弯曲 ……………………………………………………………… 70
　任务 6　梁的变形与刚度计算 ………………………………………………… 84
　任务 7　弯曲与扭转的组合变形 …………………………………………… 88
　思考题与习题 …………………………………………………………………… 91

项目 4　平面机构的组成 ………………………………………………………… 96
　任务 1　机构的组成要素 ……………………………………………………… 96
　任务 2　平面机构运动简图的绘制 ………………………………………… 98
　任务 3　平面机构的自由度 …………………………………………………… 102
　思考题与习题 …………………………………………………………………… 105

项目5　平面连杆机构 ··· 107
　任务1　四杆机构的形式 ··· 107
　任务2　平面四杆机构的基本特性 ··· 111
　任务3　图解法设计平面四杆机构 ··· 113
　思考题与习题 ··· 115

项目6　凸轮机构 ··· 117
　任务1　凸轮机构的应用及分类 ··· 117
　任务2　凸轮机构的工作原理和从动件的运动规律 ························· 119
　任务3　凸轮轮廓设计 ·· 123
　任务4　压力角、基圆半径和滚子半径 ·· 127
　任务5　凸轮机构的结构设计 ··· 129
　思考题与习题 ··· 133

项目7　其他常用机构 ·· 134
　任务1　棘轮机构 ··· 134
　任务2　槽轮机构 ··· 137
　任务3　不完全齿轮机构 ·· 138
　思考题与习题 ··· 139

项目8　齿轮、蜗杆和轮系 ··· 140
　任务1　齿轮传动与渐开线 ··· 140
　任务2　渐开线标准直齿圆柱齿轮 ··· 143
　任务3　渐开线齿轮齿廓的切削加工 ·· 147
　任务4　斜齿圆柱齿轮传动 ··· 151
　任务5　直齿圆锥齿轮传动 ··· 155
　任务6　蜗杆传动 ··· 158
　任务7　轮系及其计算 ·· 165
　任务8　圆柱齿轮强度与结构设计 ··· 173
　思考题与习题 ··· 187

项目9　连接 ·· 190
　任务1　螺纹连接 ··· 190
　任务2　轴毂连接 ··· 196
　思考题与习题 ··· 199

项目10　带传动和链传动 ··· 200
　任务1　带传动 ··· 200
　任务2　链传动 ··· 213
　思考题与习题 ··· 222

项目11　轴承 ·· 223
　任务1　滚动轴承 ··· 223
　任务2　滑动轴承 ··· 241

思考题与习题 ·· 246

项目 12　轴 ·· 246

任务 1　轴的类型、材料及设计内容 ······················ 248

任务 2　轴的基本直径估算 ······································ 248

任务 3　轴的结构设计 ·· 251

任务 4　轴的强度校核 ·· 252

任务 5　轴的刚度校核 ·· 258

思考题与习题 ·· 264

项目 13　联轴器、离合器和弹簧 ································ 265

任务 1　联轴器 ··· 266

任务 2　常用离合器 ··· 266

任务 3　弹簧 ·· 271

思考题与习题 ·· 273

附录 A　部分型钢表 ·· 277

附录 B　机械设计基础课程设计指导 ························ 278

附录 C　机械设计基础课程设计任务书 ···················· 281

参考文献 ·· 286
··· 288

项目 1

机械设计基础概论

◀ **任务 1 机械的概念** ▶

一、机械的组成

人类在长期的生产实践中,为了减轻劳动强度、改善劳动条件、提高劳动效率,创造并发展了机械,如汽车、机床等。机械的种类繁多,形式各不相同,但却有一些共同的特征,就其组成而言,一部完整的机械主要有如图 1.1 所示的四个部分。

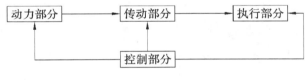

图 1.1 机械的组成

1. 动力部分

动力部分是机械的动力来源,如电动机、内燃机等,其作用是把其他形式的能量转变为机械能,以驱动机械运动并做功。

2. 执行部分

执行部分是直接完成机械预定功能的部分,如机床的主轴和刀架、起重机的吊钩等。

3. 传动部分

传动部分是将动力部分的运动和动力传递给执行部分的中间环节,它可以改变运动速度、转换运动形式,以满足执行部分的各种要求,如减速器将高速转动变为低速转动、螺旋机构将旋转运动转换成直线运动等。

4. 控制部分

控制部分是用来控制机械的其他部分,它使操作者能随时实现或停止各项功能,如机器的启停、运动速度和方向的改变等,这一部分通常包括机械控制系统和电子控制系统。

机械的组成不是一成不变的,一些简单机械不一定完整具有上述四个部分,有的甚至只有动力部分和执行部分,如水泵、砂轮机等;而一些较复杂的机械,除了具有上述四个部分外,还有润滑装置、照明装置等。

二、机器和机构

在现代机械中,传动部分有机械的、电力的、液压的和气压的等,其中以机械传动应用最广。

从制造和装配方面来分析,任何机械设备都是由许多机械零件、部件组成的。图 1.2 所示为单缸四冲程内燃机,它由齿轮 1 和 2、凸轮 3、排气阀 4、进气阀 5、气缸体 6、活塞 7、连杆 8、曲轴 9 组成。当燃气推动活塞 7 作直线往复运动时,经连杆 8 使曲轴 9 作连续转动。凸轮 3 和顶杆是用来开启和关闭进气阀和排气阀的。在曲轴和凸轮轴之间两个齿轮的齿数比为1∶2,曲轴转两周时,进、排气阀各启、闭一次。这样就把活塞的运动转换为曲轴的转动,将燃气的热能转换为曲轴转动的机械能。这里包含了气缸、活塞、连杆、曲轴组成的曲柄滑块机构,凸轮、顶杆、机架组成的凸轮机构,齿轮和机架组成的齿轮机构。

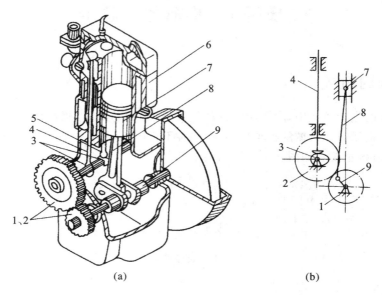

(a)   (b)

图 1.2   单缸四冲程内燃机

各种机器虽然有不同的形式、构造和用途,但是都具有下列三个共同特征:① 机器是人为地将多种实体组合而成的;② 各部分之间具有确定的相对运动;③ 能完成有效的机械功或将其他能变换成机械能。

机器是由一个或几个机构组成的,机构仅具有机器的前两个特征,它被用来传递运动或变换运动形式。若单纯从结构和运动的观点看,机器和机构并无区别,因此,通常把机器和机构统称为机械。

三、构件和零件

组成机构的各个相对运动部分称为构件。构件可以是单一的整体(如活塞),也可以是多个零件组成的刚性结构。例如,曲轴 9 和齿轮 1 作为一个整体作转动,它们构成一个构件,但在加工时是两个不同的零件。由此可知,构件是运动的基本单元,而零件是制造的基本单元。

◀ 任务 2   机械设计的基本要求和一般程序 ▶

机械设计是机械产品研制的第一步,设计的好坏直接关系到产品的质量、性能和经济效益。机械设计是从使用要求出发,对机械的工作原理、结构、运动形式、力和能量的传递方式,以至各个零件的材料、尺寸和形状,以及使用维护等问题进行构思、分析和决策的创造性过程。本课程主要讨论常用机械传动装置和通用零部件的设计。

一、机械零件的主要失效形式和设计准则

机械零件不能正常工作或达不到设计要求时,称该零件失效。零件失效与破坏是两个概念,失效并不一定意味着破坏,如塑性材料制造的零件,工作时虽未断裂,但由于其过度变形而影响其他零件的正常工作也是失效;齿轮由于齿面发生点蚀丧失了工作精度、带传动由于摩擦力不足而发生打滑等都是失效。

机械零件的常见失效形式有:断裂或过大的塑性变形,过大的弹性变形,工作表面失效(如磨损、疲劳点蚀、表面压馈、胶合等),发生强烈的振动,以及破坏正常工作条件引起的失效(如连接松动、摩擦表面打滑等)。

同一种零件可能有多种失效形式,究竟什么是主要的失效形式,取决于零件的材料、受载情况、结构特点和工作条件。例如,对于轴,它可能发生疲劳断裂,也可能发生过大的弹性变形,也可能发生共振等。对于一般载荷稳定的转轴,疲劳断裂是其主要的失效形式。对于精密主轴,过量的弹性变形是其主要的失效形式。对于高速转动的轴,发生共振、失去稳定性是其主要失效形式。

机械零件虽然有多种可能的失效形式,但归纳起来主要是强度、刚度、耐磨性和振动稳定性几方面的问题。设计机械零件时,保证零件在规定期限内不产生失效所依据的原则,称为设计计算准则,主要有强度准则、刚度准则、寿命准则、振动稳定性准则和可靠性准则等。其中强度准则是设计机械零件首先要满足的一个基本要求。为保证零件工作时有足够的强度,设计计算时应使其危险截面或工作表面的工作应力不超过零件的许用应力,即

$$\sigma \leqslant [\sigma] \tag{1-1}$$

$$\tau \leqslant [\tau] \tag{1-2}$$

式中:σ——正应力;

$[\sigma]$——许用正应力;

τ——切应力;

$[\tau]$——许用切应力。

二、机械设计应满足的基本要求

机械的性能和质量在很大程度上取决于设计的质量,而机械的制造过程实质上就是要实现设计所规定的性能和质量。机械设计是机械产品开发研制的一个重要环节,它不仅决定着产品的性能好坏,而且还决定着产品质量的高低。设计和选用机械零件时,必须满足从机械整体出发对其提出的如下基本要求。

(1)功能性要求:设计的机械零件应在规定条件下,规定的寿命期限内,有效地实现预期的全部功能。

(2)经济性要求:在市场经济环境下,经济性要求贯穿于机械设计全过程,应当合理选用原材料,确定适当的精度要求,减少设计和制造的周期。

(3)工艺性要求:指在一定的生产条件下,采用合理的结构,便于制造、装配和维护,尽可能采用标准零部件。

（4）其他方面的要求：如安全因素等。

三、机械设计的内容与步骤

机械设计是一项复杂、细致和科学性很强的工作。随着科学技术的发展，对设计的理解在不断地深化，设计方法也在不断地发展。近年来发展起来的"优化设计"、"可靠性设计"、"有限元设计"、"模块设计"、"计算机辅助设计"等现代设计方法已在机械设计中得到了推广与应用。即使如此，常规设计方法仍然是工程技术人员进行机械设计的重要基础，必须很好地掌握。常规设计方法又可分为理论设计、经验设计和模型实验设计等。环保、舒适、美学等方面的要求，也是设计者必须考虑的。

机械设计的过程通常可分为以下几个阶段。

1. 产品规划

产品规划的主要工作是提出设计任务和明确设计要求，这是机械产品设计首先需要解决的问题。通常人们根据市场需求提出设计任务，通过可行性分析后才能进行产品规划。

2. 方案设计

方案设计的主要工作是在满足设计任务书的具体要求的前提下，设计人员构思出多种可行性方案并进行分析论证，从中优选出一种能完成预定功能、工作性能可靠、结构设计可行、成本低廉的方案。

3. 技术设计

技术设计的主要工作是在既定设计方案的基础上，完成机械产品的总体设计、部件设计、零件设计等，设计结果以技术图样、使用说明书及计算说明书的形式表达出来。

4. 制造及试验

经过加工、安装及调试制造出的样机，要进行试运行或在生产现场试用，将试验过程中发现的问题反馈给设计人员，经过修改完善，最后通过鉴定。

四、机械零件设计的一般步骤

机械零件设计没有一成不变的固定程序，常因具体条件不同而异，但一般机械零件设计的步骤如下。

（1）根据零件在机械中的地位和作用，选择零件的类型和结构。

（2）分析零件的载荷性质，拟定零件的计算简图，计算作用在零件上的载荷。

（3）根据零件的工作条件及对零件的特殊要求，选择适当的材料。

（4）分析零件可能出现的失效形式，决定计算准则和许用应力。

（5）确定零件的主要几何尺寸，综合考虑零件的材料、受载、加工、装配工艺和经济性等因素，参照有关标准、技术规范以及经验公式，确定全部结构尺寸。

（6）绘制零件工作图并确定公差和技术要求。

上述设计过程和内容并不是一成不变的，随具体任务和条件的不同而改变。在一般机械中，只有部分主要零件是通过计算确定其尺寸的，而许多零件则根据结构工艺上的要求，采用经验数据或参照规范进行设计，或使用标准件。

◀ 任务3 机械设计的常用材料与性能 ▶

分析构件的强度时,除计算构件在外力作用下表现出来的应力外,还应了解材料的力学性能。所谓材料的力学性能,是指材料在外力作用下表现出来的变形和破坏方面的特性,它需由试验来确定。在室温下,以缓慢平稳的方式加载进行试验,称为常温静载试验,它是测定材料力学性能的基本试验。为了便于比较不同材料的试验结果,试件应按国家标准(GB/T 228.1—2010)加工成标准试件,如图1.3所示。对于圆截面试件,标距 l 与横截面直径 d 有两种比例: $l=5d$ 或 $l=10d$。

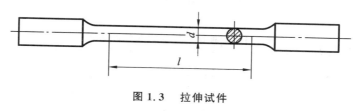

图1.3 拉伸试件

一、材料拉伸时的力学性能

1. 低碳钢拉伸时的力学性能

低碳钢是指碳的质量分数在0.3%以下的碳素钢。低碳钢在工程中使用最广,且它在拉伸试验中表现出的力学性能较全面。因此,一般选择低碳钢为典型材料,研究其拉伸时的力学性能。

1)拉伸试验

试验开始,把试件装在试验机上,使它受到缓慢增加的拉力,记录各时刻的拉力 F_P,以及与各拉力 F_P 对应的试件标距 l 的伸长量 Δl,直至破坏为止。由于 Δl 与试件长度 l 和横截面面积 A 有关,为了消除它们的影响,反映材料本身的性能,将 F_P 除以试件横截面面积 A,即得 $F_P/A=\sigma$,σ 称为正应力;将伸长量 Δl 除以试件标距 l,可得 $\Delta l/l=\varepsilon$,ε 称为线应变。若以 σ 为纵坐标,ε 为横坐标,随着 F_P 的缓慢增加,将得到一系列的点。连接这些点,便是表示 σ 与 ε 的关系曲线,称为 $\sigma\text{-}\varepsilon$ 曲线(应力-应变曲线),如图1.4所示,它表明了低碳钢在拉伸时的力学性能。

根据低碳钢的应力-应变曲线特点,整个拉伸过程分为四个阶段。

(1)第Ⅰ阶段——弹性阶段。

图1.4所示的 Ob 段为弹性阶段。Oa 段为直线段,它表明应力 σ 与应变 ε 成正比,即

$$\sigma \propto \varepsilon \tag{1-3}$$

或写成

$$\sigma = E\varepsilon \tag{1-4}$$

上式即为拉(压)变形胡克定律,E 为弹性模量,它是与材料有关的常量,可由此试验测定。这里直线 Oa 的斜率即为 E 的大小。几种常用材料的弹性模量如表1.1所示。

Oa 段的最高点 a 所对应的应力 σ_p 称为比例极限。显然,只有应力低于比例极限时,应力才与应变成正比,材料才服从胡克定律。

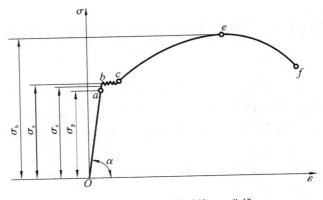

图 1.4　低碳钢拉伸时的 σ-ε 曲线

表 1.1　几种常用材料的 E 值和 ν 值

材　　料	E/GPa	ν
碳钢	196～216	0.24～0.28
合金钢	186～206	0.25～0.30
灰铸铁	78.5～157	0.23～0.42
铜及其合金	72.6～128	0.31～0.42
铝合金	70	0.33

（2）第 Ⅱ 阶段——屈服阶段。

图 1.4 所示的 bc 段为屈服阶段。过点 b 材料出现塑性变形，σ-ε 曲线上出现一段沿 ε 坐标方向上下微微波动的锯齿形线段，这说明应力变化不大，而变形却迅速增长，材料好像失去了对变形的抵抗能力，这种现象称为材料的屈服。屈服阶段的最低应力值 σ_s 称为材料的屈服点。由于材料在屈服阶段产生塑性变形，而工程实际中的受力构件都不允许发生过大的塑性变形，所以当其应力达到材料的屈服点时，便认为已丧失正常的工作能力。所以屈服点 σ_s 是衡量材料强度的重要指标。

（3）第 Ⅲ 阶段——强化阶段。

图 1.4 所示的 ce 段为强化阶段。屈服阶段过后，要增加变形就必须增大拉力，材料又恢复了抵抗变形的能力，这种现象称为材料的强化。强化阶段中的最高点 e 所对应的应力 σ_b 是材料承受的最高应力，称为抗拉强度。它是衡量材料强度的另一重要指标。

（4）第 Ⅳ 阶段——颈缩阶段。

在应力达到抗拉强度之前，沿试件的长度变形是均匀的。应力到达抗拉强度后，试件在某一局部范围内横向尺寸突然缩小，形成颈缩现象，如图 1.5 所示。颈缩部分的急剧变形引起试件迅速伸长；颈缩部位截面面积快速减小，试件承受的拉力明显下降，到点 f 试件被拉断。

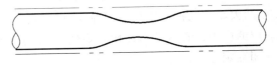

图 1.5　颈缩现象

2）伸长率和断面收缩率

材料的塑性可用试件断裂后遗留下来的塑性变形来表示。一般有如下两种表示方法。

（1）伸长率 δ

$$\delta = \frac{l_1 - l}{l} \times 100\%$$

（1-5）

式中：l——试件原标距长度；

$\quad\quad l_1$——试件拉断后的标距长度。

（2）断面收缩率 ψ

$$\psi = \frac{A - A_1}{A} \times 100\%$$

（1-6）

式中：A——试验前试件的横截面面积；

$\quad\quad A_1$——试件断口处最小横截面面积。

δ、ψ 的值大，说明材料断裂时产生的塑性变形大、塑性好。工程上，通常将 $\delta \geqslant 5\%$ 的材料称为塑性材料，如钢、铜、铝等；$\delta < 5\%$ 的材料称为脆性材料，如铸铁、玻璃、陶瓷等。

2. 其他材料拉伸时的力学性能

图 1.6(a) 所示为几种塑性材料拉伸时的 σ-ε 曲线，这些塑性材料没有明显屈服阶段，工程上常采用屈服强度 $\sigma_{0.2}$ 作为其强度指标。$\sigma_{0.2}$ 是产生 0.2% 塑性应变的应力值（见图 1.6(b)），又称为名义屈服强度。

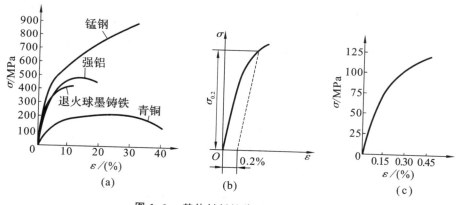

图 1.6　其他材料拉伸时的 σ-ε 曲线

铸铁是工程上广泛应用的脆性材料，它在拉伸时的 σ-ε 曲线是一段微弯的曲线（见图 1.6(c)），它表明应力与应变的关系不符合胡克定律，但在应力较小时，σ-ε 曲线很接近于直线，故可近似地认为服从胡克定律。

由图 1.6 还可以看出，铸铁在较小的应力下就被突然地拉断，没有屈服和颈缩现象，拉断前变形很小，伸长率通常只有 0.5%～0.6%。

铸铁没有屈服现象，拉断时的抗拉强度 σ_b 是衡量强度的唯一指标。一般来说，脆性材料的抗拉强度都比较低。

二、材料压缩时的力学性能

金属材料的压缩试件一般制成很短的圆柱体，以免被压弯。圆柱体高度约为直径的 1.5～3 倍。

低碳钢压缩时的 σ-ε 曲线（见图 1.7）与其拉伸的 σ-ε 曲线（图 1.7 中虚线所示）相比，在屈服阶段以前，两曲线基本重合。这说明压缩时的比例极限 σ_p、弹性模量 E，以及屈服点 σ_s 与拉伸时的基本相同。屈服阶段以后，试件越压越扁，曲线不断上升，无法测出抗压强度和抗拉强度。因此，对于低碳钢，一般不做压缩实验。

铸铁压缩时的 σ-ε 曲线如图 1.8 所示，试件在较小的变形下突然破坏，破坏断面的法线与轴线的夹角大致成 $45°$~$55°$。比较图 1.7 与图 1.8 可知，铸铁的抗压强度比抗拉强度要高 4~5倍。其他脆性材料也具有这样的性质。

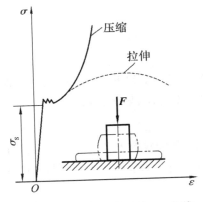

图 1.7　低碳钢压缩时的 σ-ε 曲线

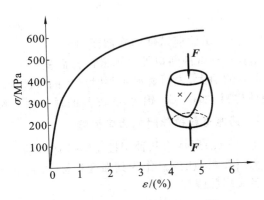

图 1.8　铸铁压缩时的 σ-ε 曲线

通过研究低碳钢、铸铁在拉伸与压缩时的力学性能，可以得出塑性材料和脆性材料力学性能的主要区别如下。

(1) 塑性材料在断裂时有明显的塑性变形，而脆性材料在变形很小时就突然断裂，无屈服现象。

(2) 塑性材料在拉伸时的比例极限、屈服点和弹性模量与压缩时的相同，说明它的抗拉强度与抗压强度相同，而脆性材料的抗拉强度远远小于抗压强度。因此，脆性材料通常用来制造受压构件。几种常用材料的力学性能如表 1.2 所示。

表 1.2　几种常用材料主要力学性能

	牌　　号	σ_s/MPa	σ_b/MPa	δ_5/(%)
碳素结构钢 (GB/T 700—2006)	Q215	165~215	335~410	26~31
	Q225	185~225	375~460	21~26
	Q275	235~275	490~610	15~20
优质碳素结构钢 (GB/T 699—1999)	15	225	375	27
	40	235	570	19
	45	255	600	16
低合金高强度结构钢 (GB/T 1591—2008)	Q295	235~295	390~570	23
	Q345	275~345	470~630	21~22
	Q390	335~390	490~650	19~20
	Q420	390~420	530~680	18~19

	牌　号	σ_s/MPa	σ_b/MPa	$\delta_5/(\%)$
合金结构钢 (GB/T 3077—1999)	20Cr	540	835	10
	40Cr	785	980	9
	50Mn2	785	930	9
可锻铸铁件 (GB/T 9440—2010)	KTH350-10	200	350	10
	KTZ450-06	270	450	6
	KTB380-12	200	380	2
球墨铸铁件 (GB/T 1348—2009)	QT400-15	250	400	15
	QT450-10	310	450	10
	QT600-3	370	600	3
灰铸铁件 (GB/T 9439—2010)	HT150	—	拉 100～175,压 640	—
	HT300	—	拉 230～295,压 1100	—

注:δ_5为 5 倍试件的伸长率;部分材料的 δ_s 为 $\delta_{0.2}$。

◀ 任务 4　本课程的内容、任务和性质 ▶

　　本课程主要研究的对象为机械中的常用机构和通用零件的工作原理、运动特性、结构特点,以及材料选择和设计计算的基本理论和方法、使用和维护、标准和规范。

　　本课程是一门培养学生具有一定机械设计能力的专业基础课。在现代化生产中,几乎没有一个领域不使用机械。因此,不仅机械制造部门,而且动力、采矿、石油、化工、轻纺、食品工业等各部门的工程技术人员也应具有一定的、有时甚至要求具有较深的机械及机械设计基础知识,本课程也是一般工程技术人员的必修课程。

一、本课程的内容

　　本课程简要介绍了有关工程力学(理论力学和材料力学)的基本知识,重点讨论常用机构的组成原理、传动特点、功能特性、设计方法等基本知识及通用机械零件在一般工作条件下的工作原理、结构特点、选用及设计计算问题。

二、本课程的任务

　　(1) 使学生掌握静力学的公理,受力分析与受力图,掌握平面力系的平衡计算方法。掌握杆件的基本变形形式、轴向拉伸与压缩、剪切与挤压、扭转和弯曲的强度计算方法。

　　(2) 使学生理解机构的结构、运动特性和机械动力学的基础知识,为学生将来从事机械产品的设计、开发提供必要的理论基础。

　　(3) 使学生掌握通用零件的工作原理、特点、维护和设计计算的基本知识,初步具备从事简单机械装置设计以及设备使用、维护管理和故障分析的能力。

（4）使学生掌握常用机构的基本理论和设计方法,掌握通用零部件的失效形式、设计准则与设计方法。

（5）使学生具备设计简单机械及传动装置的基本技能,具有运用标准、规范、手册、图册等有关技术资料及编写设计说明书的能力。

三、本课程的性质

本课程是一门技术基础课,它综合运用了普通物理、高等数学、机械制图、公差与配合等课程的知识,解决常用机构及通用零部件的分析与设计,比以往的先修课程更接近工程实际。但它也有别于专业课程,它主要是研究各类机械所具有的共性问题,在机电类专业课程体系中占有非常重要的地位。

四、本课程的要求

（1）熟练掌握静力学分析的基本理论和基本计算方法,零件承载能力的分析与计算方法,能解决日常生活和实际工程中的有关构件的强度计算等问题。

（2）了解常用机构的工作原理、运动特性,以及机械设计的基本理论和方法。

（3）掌握通用零件的工作原理、选用和维护等方面的知识。

（4）培养学生初步具有运用标准手册,查阅相关技术资料的能力;具有通用零件的参数选择和简单机械传动装置的设计计算能力。

（5）获得本学科实验、实训技能的初步训练。

（6）为后续专业课程打下良好的基础。

◀ 任务5　本课程的学习方法 ▶

本课程是一门专业技术基础课,是从理论性、系统性都很强的基础课向实践性较强的专业课过渡的一个转折点。因此,学习本课程时必须在学习方法上有所转变,具体应注意如下几点。

（1）注意理论联系实际,学以致用,把知识学活。本课程的研究对象与生产实际联系紧密,在初学本课程时,会感到内容比较抽象。因此,建议在学习本课程理论知识的同时,要有意识地去多看、多接触一些实际的机构和机器,如缝纫机、自行车等,并努力用所学到的原理和方法去分析、思考,这样就可使原本枯燥抽象的理论学习变得生动具体,有利于学好理论知识,也有利于开发智力及培养创造性思维。

（2）注意本课程内容的内在联系,抓住基本知识和设计两条主线。本课程的教学内容是按照机械设计的一般程序来安排的。对于各种常用机构、通用零部件及常见机械传动,除了介绍一些受力分析和承载能力分析的基本理论外,都是介绍它们的基本知识(结构、原理、相关标准、使用维护等)和设计方法这两方面的内容。在学习本课程内容时,要注意各章节的共性,互相联系、互相比较,抓住两条主线来学习,才能保证本课程的学习效果。

（3）本课程的实践性较强,而实践中的问题往往很复杂,难以用纯理论的方法来分析解决,而常常采用经验参数、经验公式、条件性计算等方法,容易给学生造成"没有系统性"、"逻辑性差"甚至"不讲道理"的错觉,这是由于学生习惯了基础课的系统性所造成的。这就是实践性、工程性较强课程的特点,在学习时要了解这一特点并逐步适应。

（4）本课程的一些计算结果不具有唯一性。也就是说,计算结果没有对错之分,只有好坏优良的不同,这也是实践性、工程性较强课程的特点。在学习时也要逐步适应这种特点并树立努力获得最佳结果的思想。

（5）注意重视结构设计。对机械工程问题来说,理论计算固然很重要,但往往并不能解决问题,结构设计有时是决定问题的关键。大量工程实践证明,一个好的设计工程师,首先必须是一个好的结构设计师。初学者往往只注重计算而忽视结构设计,实际上,如果没有正确的结构设计,再好的理论计算也毫无意义。在学习本课程时,应逐步培养将理论计算与结构设计、工艺和工程实际等问题相结合的思维方式。

思考题与习题

1-1 机器与机构的共同特征有哪些？它们的区别是什么？

1-2 缝纫机、洗衣机、机械式手表是机器还是机构？

1-3 以自行车为例,列举两个机构,并说明每个构件上有哪些零件。

1-4 常用的工程材料的力学性能有哪些？

1-5 机械设计基础的任务是什么？你打算如何学好本课程？

静力学分析

静力学是研究物体在力系作用下平衡规律的科学。力系是指作用于同一物体上的一组力。物体的平衡一般是指物体相对于地面静止或作匀速直线运动的状态。静力学主要可解决两类问题：一是将作用在物体上的力系进行简化，即用一个简单的力系等效地替换一个复杂的力系；二是建立物体在各种力系下的平衡条件，并借此对物体进行受力分析。

力在物体平衡时所表现出来的基本性质，也同样表现于物体作一般运动的情形中。在静力学里关于力的合成、分解与力系简化的研究结果，可以直接应用于动力学。静力学在工程技术中具有十分重要的实用意义。

◀ 任务 1　静力学基本概念和静力学公理 ▶

一、静力学基本概念

1. 力与力系

力的概念产生于人类从事的生产劳动当中。当人们用手握、拉及举起物体时，由于肌肉紧张而感受到力的作用，这种作用广泛存在于人与物及物与物之间。例如，奔腾的水流能推动水轮机旋转、锤子的敲打会使烧红的铁块变形等。

1）力的定义

力是物体之间相互的机械作用，这种作用将使物体的机械运动状态发生变化，或者使物体产生变形。前者称为力的外效应，后者称为力的内效应。

2）力的三要素

实践证明，力对物体的作用效应，取决于力的大小、方向（包括方位和指向）和作用点的位置，这三个因素称为力的三要素。在这三个要素中，如果改变其中任何一个，也就改变了力对物体的作用效应。例如，用扳手拧螺母时，作用在扳手上的力，因大小、方向或作用点不同，它们产生的效应就不同，如图 2.1（a）所示。

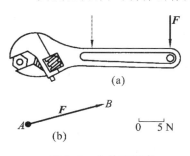

图 2.1　力的三要素

3）力是矢量

力是一个既有大小又有方向的量，而且又满足矢量的运算法则，因此力是矢量（或称向量）。

矢量常用一个带箭头的有向线段来表示，如图 2.1（b）所示，线段长度 AB 按一定比例代表力的大小，线段的方位和箭头表示力的方向，其起点或终点表示力的作用点。此线段的延伸线称为力的作用线。用黑体字 F 代表力矢，并以同一字母的非黑体字 F 代表该矢量的模（大小）。

4）力的单位

力的国际制单位是 N(牛顿)或 kN(千牛顿)。

5）力系的定义

物体处于平衡状态时,作用于该物体上的力系称为平衡力系。力系平衡所满足的条件称为平衡条件。如果两个力系对同一物体的作用效应完全相同,则称这两个力系互为等效力系。当一个力系与一个力的作用效应完全相同时,把这一个力称为该力系的合力,而该力系中的每一个力称为合力的分力。

必须注意,等效力系只是不改变原力系对于物体作用的外效应,至于内效应显然将随力的作用位置等的改变而有所不同。

2. 刚体

所谓刚体,是指在受力状态下保持其几何形状和尺寸不变的物体。显然,这是一个理想化的模型,实际上并不存在这样的物体。但是,工程实际中的机械零件和结构构件,在正常工作情况下所产生的变形,一般都是非常微小的。这样微小的变形对于研究物体的外效应的影响极小,是可以忽略不计的。当然,在研究物体的变形问题时,就不能把物体看成是刚体,否则会导致错误的结果,甚至无法进行研究。

二、静力学公理

人们在长期的生活和生产实践中,发现和总结出了一些最基本的力学规律,经过实践的反复检验,证明它们是符合客观实际的普遍规律,于是就把这些规律作为力学研究的基本出发点。这些规律称为静力学公理。

1. 公理一 二力平衡公理

一个刚体受两个力作用而处于平衡状态的充分与必要条件是:这两个力大小相等,作用于同一直线上,且方向相反,如图 2.2 所示。

这个公理揭示了作用于物体上的最简单的力系在平衡时所必须满足的条件,它是静力学中最基本的平衡条件。

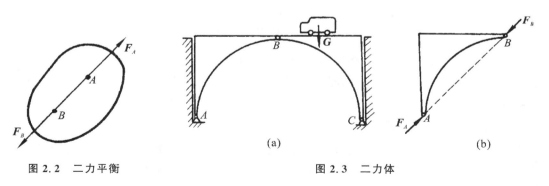

(a)   (b)

图 2.2 二力平衡   图 2.3 二力体

2. 二力体

只受两个力作用而平衡的物体称为二力体。机械和建筑结构中的二力体常常统称为"二力构件"。它们的受力特点是:两个力的方向必在二力作用点的连线上。

应用二力体的概念,可以很方便地判定结构中某些构件的受力方向。如图 2.3(a)所示三铰拱的 AB 部分，当车辆不在该部分上且不计自重时，它只可能通过 A、B 两点受力，是一个二力构件，故 A、B 两点的作用力必沿 AB 连线的方向，如图 2.3(b) 所示。

3. 公理二　加减平衡力系公理

在刚体的原有力系中，加上或减去任一平衡力系，不会改变原力系对刚体的作用效应。这一公理的正确性是显而易见的，因为一个平衡力系是不会改变物体的原有状态的。这个公理常被用来简化某一已知力系。依据这一公理，可以得出一个重要推论：力的可传性原理。

4. 力的可传性原理

作用于刚体上的力可以沿其作用线移至刚体内任一点，而不改变原力对刚体的作用效应。例如，如图 2.4 所示，在车后点 A 加一水平力推车，与在车前点 B 加一水平的大小相等的力拉车，其效果是一样的。

图 2.4　力的可传性

如图 2.5(a) 所示，设有力 F 作用在刚体的点 A 上，根据公理二，在力的作用线上任取一点 B，并添加上两个相互平衡的力 F_1 和 F_2，使 $F = F_2 = -F_1$，如图 2.5(b) 所示。根据公理一，可知力 F 和 F_1 也是一个平衡力系，故可除去；这样只剩下一个力 F_2，如图 2.5(c) 所示。于是，原来的力 F 与力系 (F, F_1, F_2) 以及力 F_2 等效，这样就将原来的力 F 沿其作用线由点 A 移到了点 B。

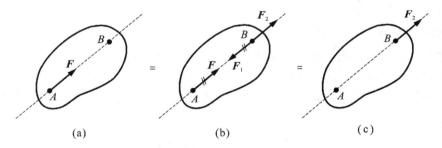

(a)　　　　　　(b)　　　　　　(c)

图 2.5　力的可传性原理

由此可见，对刚体而言，力的作用点要素可用其作用线来代替，所以作用于刚体上的力的三要素是：力的大小、方向和作用线。作用于刚体上的力可以沿着作用线移动，而不改变力对刚体的外效应。这样的力矢量称为滑移矢量。力的可传性原理只适用于刚体，对变形体不适用。

5. 公理三　力的平行四边形法则

作用于物体同一点的两个力可以合成为一个合力，合力也作用于该点，其大小和方向由以这两个力为邻边所构成的平行四边形的对角线所确定，即合力矢等于这两个分力矢的矢量和，如图 2.6 所示，其矢量表达式为

$$F_R = F_1 + F_2 \tag{2-1}$$

在求合力时，实际上只需作出力的平行四边形的一半，即一个三角形就行了，为了使图形清晰起见，通常把这个三角形画在力所作用的物体之外，如图 2.7 所示。其方法是自任意点 O 先画出一力矢 F_1，然后再由 F_1 的终点画一力矢 F_2，最后由 O 点至力矢 F_2 的终点作一矢量 F_R，它

就代表 F_1、F_2 的合力。合力的作用点仍为汇交点 A。这种作图方法称为力的三角形法则。在作力三角形时,必须遵循这样一个原则,即分力力矢首尾相接,但次序可变,合力力矢分别与第一个分力矢起点和最后分力箭头相接。此外还应注意,力三角形只表示力的大小和方向,而不表示力的作用点或作用线。

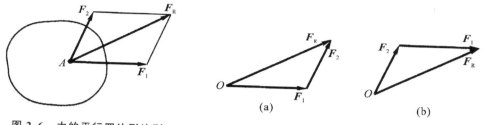

图 2.6 力的平行四边形法则

图 2.7 力的三角形法则

力的平行四边形法则总结了最简单的力系简化规律,它是较复杂力系合成的主要依据。

力的分解是力的合成的逆运算,因此也是按平行四边形法则来进行的,但为不定解。在工程实际中,通常是将力分解为方向互相垂直的两个分力。例如,在进行直齿圆柱齿轮的受力分析时,常将齿面的法向正压力 F_n 分解为推动齿轮旋转的即沿齿轮分度圆圆周切线方向的分力——圆周力 F_t 和指向轴心的压力——径向力 F_r,如图 2.8 所示。若已知 F_n 与分度圆圆周切向所夹的压力角为 α,则有

$$F_t = F_n \cos\alpha, \qquad F_r = F_n \sin\alpha \qquad (2-2)$$

运用公理二和公理三可以得到下面的推论:

物体受三个力作用而平衡时,此三个力的作用线必汇交于一点。此推论称为三力平衡汇交定理。读者可自行证明。

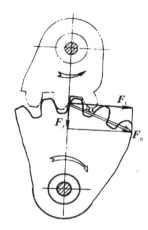

图 2.8 力的分解

6. 公理四 作用与反作用定律

两个物体间的作用力与反作用力,总是大小相等、方向相反、作用线相同,并分别作用于这两个物体上。

这个公理概括了自然界的物体相互作用的关系,表明了作用力和反作用力总是成对出现的。必须强调指出,作用力和反作用力是分别作用于两个不同的物体上,因此,绝不能认为这两个力相互平衡,这与二力平衡公理中的两个力有着本质上的区别。

工程中的机械都是由若干个物体通过一定的形式的约束组合在一起的,称为物体系统,简称物系。物系外的物体与物系之间的作用力称为外力,而物系内部物体间的相互作用力称为内力。内力总是成对出现且等值、反向、共线,对物系而言,内力的合力恒为零。故内力不会改变物系的运动状态。但内力与外力的划分又与所取物系的范围有关。随所取对象的范围不同,内力与外力是可以互相转化的。

◀ 任务 2 约束和约束反力 ▶

工程中的机器或结构,由许多零部件组成,这些零部件是按照一定的形式相互连接的。因

此,它们的运动必然互相牵连和限制。如果从中取出一个物体作为研究对象,则它的运动当然也会受到与它连接或接触的周围其他物体的限制。也就是说,它是一个运动受到限制或约束的物体,称为被约束体。

那些限制物体某些运动的条件,称为约束。这些限制条件总是由被约束体周围的其他物体构成的。为方便起见,构成约束的物体常称为约束。约束限制了物体本来可能产生的某种运动,故约束有力作用于被约束体,这种力称为约束反力。

约束反力总是作用在被约束体与约束体的接触处,其方向也总是与该约束所能限制的运动或运动趋势的方向相反。据此,即可确定约束反力的位置及方向。

一、柔索约束

由绳索、胶带、链条等形成的约束称为柔索约束。这类约束只能限制物体沿柔索伸长方向的运动,因此它对物体只有沿柔索方向的拉力,常用符号 F_T 表示,如图 2.9、图 2.10 所示。当柔索绕过轮子时,常假设在柔索的直线部分处截开柔索,将与轮子接触的柔索和轮子一起作为考察对象。这样处理,就可不考虑柔索与轮子间的内力,这时作用于轮子的柔索拉力的方向即沿轮缘的切线方向,如图 2.10(b)所示。

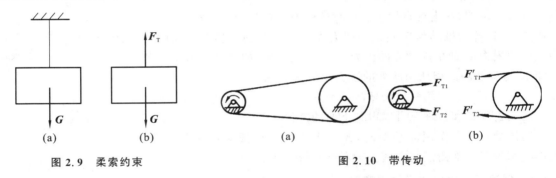

(a)	(b)
图 2.9　柔索约束	图 2.10　带传动

二、光滑面约束

当两物体直接接触,并可忽略接触处的摩擦时,约束只能限制物体在接触点沿接触面的公法线方向的运动,不能限制物体沿接触面切线方向的运动,故约束反力必过接触点沿接触面法向并指向被约束体,简称法向压力,通常用 F_N 表示。图 2.11(a)、(b)所示分别为光滑曲面对刚球的约束和齿轮传动机构中齿轮对轮齿的约束。图 2.12 所示为直杆与方槽在 A、B、C 三点接触,三处的约束反力沿二者接触点的公法线方向作用于直杆。

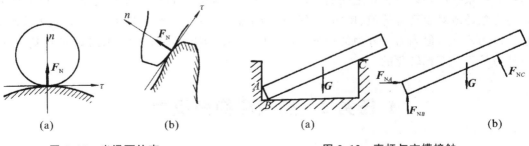

(a)	(b)	(a)	(b)
图 2.11　光滑面约束		图 2.12　直杆与方槽接触	

三、光滑铰链约束

铰链是工程上常见的一种约束。它是在两个钻有圆孔的构件之间采用圆柱定位销所形成的连接,如图 2.13 所示。门所用的活页、铡刀与刀架、起重机的动臂与机座的连接等,都是常见的铰链连接。

一般认为销钉与构件光滑接触,所以这也是一种光滑表面约束,约束反力应通过接触点 K 沿公法线方向(通过销钉中心)指向构件,如图 2.14(a)所示。但实际上很难确定 K 的位置,因此反力 F_N 的方向无法确定。所以,这种约束反力通常用两个通过铰链中心的大小和方向未知的正交分力 F_x、F_y 来表示,两分力的指向可以任意设定,如图 2.14(b)所示。

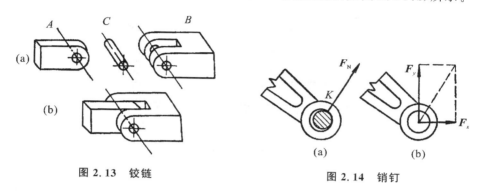

图 2.13　铰链　　　　　　　　　　图 2.14　销钉

1. 固定铰支座

固定铰支座用于将构件和基础连接,如桥梁的一端与桥墩连接时,常用这种约束,如图 2.15(a)所示,图 2.15(b)所示是这种约束的简图。

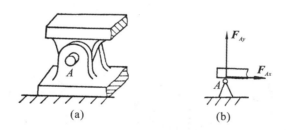

图 2.15　固定铰支座

2. 中间铰链

中间铰链用于连接两个可以相对转动但不能移动的构件,如曲柄连杆机构中曲柄与连杆、连杆与滑块的连接。通常在两个构件连接处用一个小圆圈表示铰链,如图 2.16(c)所示。

3. 滚动铰支座

在桥梁、屋架等结构中,除了使用固定铰支座外,还常使用一种放在几个圆柱形滚子上的铰链支座,这种支座称为滚动铰支座,也称为辊轴支座,如图 2.17 所示。由于辊轴的作用,被支承构件可沿支承面的切线方向移动,故其约束反力的方向只能在滚子与地面接触面的公法线方向。

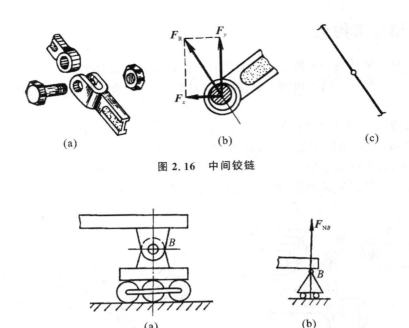

图 2.16 中间铰链

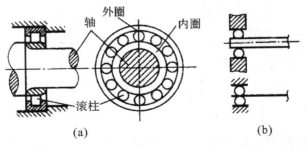

图 2.17 滚动铰支座

四、轴承约束

轴承是工程中常见的支承形式,它的约束反力的分析方法与铰链约束的相同。

1. 向心轴承

支承传动轴的向心轴承(见图 2.18(a))也是一种固定铰支座约束,其力学符号如图2.18(b)所示。

外圈 内圈
轴
滚柱
(a)   (b)

图 2.18 向心轴承

2. 推力轴承

推力轴承(见图 2.19(a))可分为推力角接触轴承和轴向接触轴承。它除了与向心轴承一样具有作用线不定的径向约束力外,还有沿轴线方向限制轴的轴向运动的约束反力(见图2.19(b)),其力学符号如图2.19(c)所示。

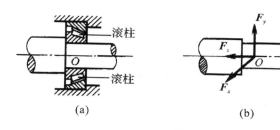
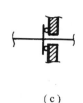

图 2.19 推力轴承

任务3 物体的受力分析和受力图

所谓受力分析,是指分析所要研究的物体(称为研究对象)上受力大小、各力作用点和方向的过程。

工程中,物体的受力可分为两类:一类称为主动力,如工作载荷、构件自重、风力等,这类力一般是已知的或可以测量的;另一类就是约束反力。进行受力分析时,研究对象可以用简单线条组成的简图来表示。在简图上除去约束,使对象成为自由体,添上代表约束作用的约束反力,称为解除约束原理。解除约束后的自由物体称为分离体,在分离体上画上它所受的全部主动力和约束反力,就称为该物体的受力图。

画受力图是解决力学问题的第一步骤,正确地画出受力图是分析、解决力学问题的前提。如果没有特别说明,则物体的重力一般不计,并认为接触面都是光滑的。

下面举例说明受力图的作法及注意事项。

例 2-1 重力为 G 的圆球放在板 AC 与墙壁 AB 之间,如图 2.20(a)所示。设板 AC 重力不计,试作出板与球的受力图。

解 先取球为研究对象,作出简图。球上主动力为 G,约束反力有 F_{ND} 和 F_{NE},均属光滑面约束的法向反力。受力图如图 2.20(b)所示。

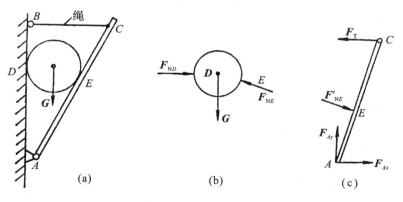

图 2.20 板与球的受力

再取板为研究对象。由于板的自重不计,故只有 A、C、E 处的约束反力。其中 A 处为固定铰支座,其反力可用一对正交分力 F_{Ax}、F_{Ay} 表示;C 处为柔索约束,其反力为拉力 F_T;E 处的反力为法向反力 F'_{NE},要注意该反力与球在该处所受反力 F_{NE} 为作用力与反作用力的关系。受力图如图 2.20(c)所示。

例 2-2 图 2.21 所示为一起重机支架,已知支架重力 **W**、吊重 **G**。试画出重物、吊钩、滑车与支架以及物系整体的受力图。

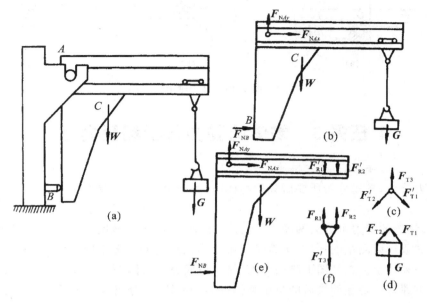

图 2.21 起重机支架

解 整个物系作用有 **G**、**W**、F_{NB}、F_{NAx}、F_{NAy},其余为内力,均不显示(见图 2.21(b))。吊钩受绳索约束,沿各绳上画拉力 F'_{T1}、F'_{T2}、F_{T3}(见图 2.21(c))。

重物上作用有重力 **G** 和吊钩沿绳索的拉力 F_{T1}、F_{T2}(见图 2.21(d))。

支架上有点 A 的约束反力 F_{NAx}、F_{NAy},点 B 水平的约束反力 F_{NB} 及滑车滚轮的压力 F'_{R1}、F'_{R2},支架自重 **W**(见图 2.21(e))。

滑车上有钢梁的约束反力 F_{R1}、F_{R2} 及吊钩绳索的拉力 F'_{T3}(见图 2.21(f))。

例 2-3 画出图 2.22(a)、(c)所示两物系中滑块及推杆的受力图,并进行比较。图2.22(a)所示是曲柄滑块机构,图 2.22(c)所示是凸轮机构。

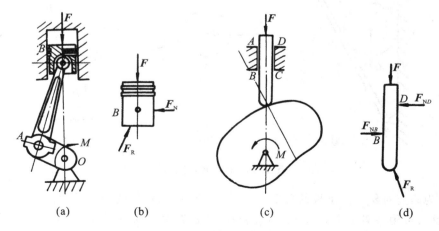

图 2.22 滑块及推杆的受力

解 分别取滑块、推杆为分离体,画出它们的主动力和约束反力,其受力如图 2.22(b)、(d)所示。

滑块上作用的主动力 F_R 与 F 的交点在滑块与滑道接触长度范围以内,其合力使滑块单面靠紧滑道,故产生一个与约束面相垂直的反力 F_N,并且 F、F_R、F_N 三力汇交(见图2-22(b))。

推杆上的主动力 F、F_R 的交点在滑道之外,其合力使推杆倾斜而导致 B、D 两点接触,故有约束反力 F_{NB}、F_{ND}(见图 2.22(d))。

画受力图时,须注意以下几点。

① 作图时要明确所取的研究对象,把它单独取出来分析,在取整体作为研究对象时,有时为了简便起见,可以在题图上画受力图,但要明确,这时整体所受的约束实际上已被解除。

② 要注意两个构件连接处的反力的关系。当所取的研究对象是几个构件的结合体时,它们之间结合处的反力是内力不必画出。而当两个相互连接的物体被拆开时,其连接处的约束反力是一对作用力与反作用力,要等值、反向、共线地分别画在两个物体上。

③ 若机构中有二力构件,应先分析二力构件的受力,然后再分析其他作用力。

画受力图可概括为:据要求取构件,主动力画上面;连接处解约束,先分析二力件。

◀ 任务 4 平面汇交力系的简化与平衡方程 ▶

按照力系中各力的作用线是否在同一平面内,可将力系分为平面力系和空间力系。若各力作用线都在同一平面内并汇交于一点,则此力系称为平面汇交力系。按照由特殊到一般的认识规律,先研究平面汇交力系的简化与平衡规律。

一、力在坐标轴上的投影

设刚体上作用有一个平面汇交力系 F_1、F_2、$\cdots$、F_n,各力汇交于点 A(见图 2.23(a))。根据力的可传性,可将这些力沿其作用线移到点 A,从而得到一个平面共点力系(见图 2.23(b))。故平面汇交力系可简化为平面共点力系。

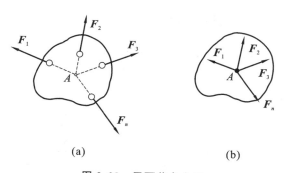

(a)   (b)

图 2.23 平面共点力系

连续应用力的平行四边形法则,可将平面共点力系合成为一个力。在图 2.23(b)所示力系中,先合成力 F_1 与 F_2(图中未画出力平行四边形),可得力 F_{R1},即 $F_{R1} = F_1 + F_2$;再将 F_{R1} 与 F_3 合成为力 F_{R2},即 $F_{R2} = F_{R1} + F_3$;依此类推,最后可得

$$F_R = F_1 + F_2 + \cdots + F_n = \sum F_i \tag{2-3}$$

式中:F_R——该力系的合力。

　　故平面汇交力系的合成结果是一个合力,合力的作用线通过汇交点,其大小和方向由力系中各力的矢量和确定。

　　因合力与力系等效,故平面汇交力系的平衡条件是该力系的合力为零。过 F 两端向坐标轴引垂线(见图 2.24),得垂足 a、b、a'、b'。线段 ab 和 $a'b'$ 分别为 F 在 x 轴和 y 轴上投影的大小,投影的正负号规定为:从 a 到 b(或从 a' 到 b')的指向与坐标轴正向相同为正,相反为负。F 在 x 轴和 y 轴上的投影分别计为 F_x、F_y。

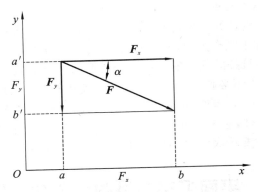

图 2.24　力在坐标轴上的投影

　　若已知 F 的大小及其与 x 轴所夹的锐角 α,则有

$$\left.\begin{array}{l} F_x = F\cos\alpha \\ F_y = -F\sin\alpha \end{array}\right\} \tag{2-4}$$

　　如将 F 沿坐标轴方向分解,所得分力 F_x、F_y 的值与在同轴上的投影 F_x、F_y 相等。但须注意,力在轴上的投影是代数量,而分力是矢量,不可混为一谈。

　　若已知 F_x、F_y 值,可求出 F 的大小和方向,即

$$\left.\begin{array}{l} F = \sqrt{F_x^2 + F_y^2} \\ \tan\alpha = \left|\dfrac{F_y}{F_x}\right| \end{array}\right\} \tag{2-5}$$

二、平面汇交力系合成的解析法

　　设刚体上作用有一个平面汇交力系 F_1、F_2、$\cdots$、F_n,根据式(2-3),有

$$\boldsymbol{F}_R = \boldsymbol{F}_1 + \boldsymbol{F}_2 + \cdots + \boldsymbol{F}_n = \sum \boldsymbol{F}_i \tag{2-6}$$

　　将上式两边分别向 x 轴和 y 轴投影,即有

$$\left.\begin{array}{l} F_{Rx} = F_{1x} + F_{2x} + \cdots + F_{nx} = \sum F_{ix} \\ F_{Ry} = F_{1y} + F_{2y} + \cdots + F_{ny} = \sum F_{iy} \end{array}\right\} \tag{2-7}$$

　　式(2-7)即合力投影定理:力系的合力在某轴上的投影,等于力系中各力在同一轴上投影的代数和。

　　若进一步按式(2-7)运算,即可求得合力的大小及方向,即

$$\left.\begin{array}{l} F_R = \sqrt{\left(\sum F_{ix}\right)^2 + \left(\sum F_{iy}\right)^2} \\ \tan\alpha = \left|\dfrac{\sum F_{iy}}{\sum F_{ix}}\right| \end{array}\right\} \tag{2-8}$$

例 2-4   一固定于房顶的吊钩上有三个平面汇交力 F_1、F_2、F_3,其数值与方向如图 2.25 所示。用解析法求此三力的合力。

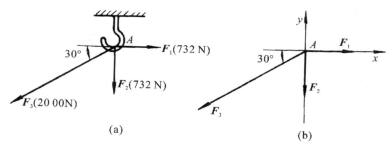

图 2.25   房顶的吊钩分析

解   建立直角坐标系 Axy,应用式(2-7),求出

$$F_{Rx} = F_{1x} + F_{2x} + F_{3x}$$
$$= 732 \text{ N} + 0 - 2000 \text{ N} \times \cos 30°$$
$$= -1000 \text{ N}$$
$$F_{Ry} = F_{1y} + F_{2y} + F_{3y}$$
$$= 0 - 732 \text{ N} - 2000 \text{ N} \times \sin 30°$$
$$= -1732 \text{ N}$$

再按式(2-8),得

$$F_R = \sqrt{\left(\sum F_{ix}\right)^2 + \left(\sum F_{iy}\right)^2} = 2000 \text{ N}$$

$$\tan\alpha = \left|\frac{\sum F_{iy}}{\sum F_{ix}}\right| = 1.732$$

$$\alpha = 60°$$

三、平面汇交力系的平衡方程及其应用

平衡条件的解析表达式称为平衡方程。由式(2-7)可知,平面汇交力系的平衡条件是

$$\left.\begin{array}{l}\sum F_{ix} = 0 \\ \sum F_{iy} = 0\end{array}\right\} \tag{2-9}$$

即力系中各力在两个坐标轴上投影的代数和分别等于零,上式称为平面汇交力系的平衡方程。这是两个独立的方程,可求解两个未知量。

例 2-5   图 2.26 所示为一简易起重机。利用绞车和绕过滑轮的绳索吊起重物,重物的重力 $G = 20$ kN,各杆件与滑轮的重力不计。滑轮 B 的大小可忽略不计,试求杆 AB 与 BC 所受的力。

解   (1)取节点 B 为研究对象,画其受力图,如图 2.26(b)所示。由于杆 AB 与 BC 均为二力构件,对 B 的约束反力分别为 F_1 与 F_2,滑轮两边绳索的约束反力相等,即 $T = G$。
(2)选取坐标系 Bxy。
(3)列平衡方程式求解未知力。

$$\sum F_{ix} = 0, \qquad F_2 \cos 30° - F_1 - F_T \sin 30° = 0 \tag{a}$$

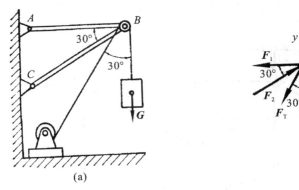

图 2.26 简易起重机

$$\sum F_{iy} = 0, \qquad F_2\sin30° - F_T\cos30° - G = 0 \qquad\qquad \text{(b)}$$

由式(b),得

$$F_2 = 74.6 \text{ kN}$$

代入式(a),得

$$F_1 = 54.6 \text{ kN}$$

由于此两力均为正值,说明 F_1 与 F_2 的方向与图示一致,即 AB 杆受拉力,BC 杆受压力。

◀ 任务5　合力矩定理和力偶 ▶

一、力对点之矩

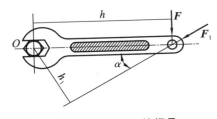

图 2.27　扳手拧螺母

人们从实践中知道,力的外效应作用可以产生移动和转动两种效应。由经验知道,力使物体转动的效果不仅与力的大小和方向有关,还与力的作用点(或作用线)的位置有关。例如,用扳手拧螺母(见图 2.27)时,螺母的转动效应除与力 F 的大小和方向有关外,还与点 O 到力作用线的距离 h 有关。距离 h 越大,转动的效果就越好,且越省力;反之则越差。显然,若力的作用线通过螺母的转动中心,则无法使螺母转动。

可以用力对点的矩这样一个物理量来描述力使物体转动的效果。其定义为:力 F 对某点 O 的矩等于力的大小与点 O 到力的作用线距离 h 的乘积,记为

$$M_O(\boldsymbol{F}) = \pm Fh \qquad\qquad (2\text{-}10)$$

式中:O——矩心;

h——力臂;

Fh 表示力使物体绕点 O 转动效果的大小,而正负号则表明,$M_O(\boldsymbol{F})$ 是一个代数量,可以用它来描述物体的转动方向。通常规定:使物体逆时针方向转动的力矩为正,反之为负。力矩的单位为 N·m(牛顿·米)或 N·mm(牛顿·毫米)。

根据定义,图 2.27 所示的力 $\boldsymbol{F}_1$ 对点 O 的矩为

$$M_O(\boldsymbol{F}_1) = -F_1h_1 = -F_1h\sin\alpha \qquad\qquad (2\text{-}11)$$

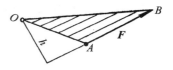

力对点的矩与矩心的位置有关,同一个力对不同点的矩是不同的。因此,对力矩要指明矩心。

如图 2.28 所示,从几何上看,力 $\boldsymbol{F}$ 对点 O 的矩在数值上等于三角形 OAB 面积的 2 倍。力对点的矩在两种情况下等于零:①力为零;②力臂为零,即力的作用线过矩心。

图 2.28　矩的数值计算

前述扳手通过螺母中心的情况即属于第二种情况。

二、合力矩定理

在计算力系的合力对某点的矩时,除根据力矩的定义计算外,还常用到合力矩定理,即平面汇交力系的合力对平面上任一点之矩,等于所有分力对同一点力矩的代数和。

若在点 A 有一平面汇交力系 $\boldsymbol{F}_1$、$\boldsymbol{F}_2$、$\cdots$、$\boldsymbol{F}_n$ 作用,合力矩定理的表达式为

$$M_O(\boldsymbol{F}_{\mathrm{R}}) = \sum M_O(\boldsymbol{F}_i) \tag{2-12}$$

上述合力矩定理不仅适用于平面汇交力系,而且对于其他力系,如平面任意力系、空间力系等,也都同样成立。在计算力矩,力臂较难确定的情况下,用合力矩定理计算更加方便。

例 2-6　一轮在轮轴 B 处受一切向力 $\boldsymbol{F}$ 的作用,如图 2.29(a)所示。已知 F、R、r 和 α。试求此力对轮与地面接触点 A 的力矩。

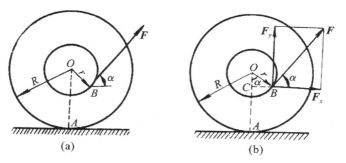

(a)　　　　　　　　(b)

图 2.29　轮轴力矩计算

解　由于力 $\boldsymbol{F}$ 对矩心 A 的力臂未标明且不易求出,故将 $\boldsymbol{F}$ 在点 B 分解为正交的 $\boldsymbol{F}_x$、$\boldsymbol{F}_y$,再应用合力矩定理,有

$$M_A(\boldsymbol{F}) = M_A(\boldsymbol{F}_x) + M_A(\boldsymbol{F}_y)$$
$$M_A(\boldsymbol{F}_x) = -F_x \mid CA \mid$$
$$= -F_x(\mid OA \mid - \mid OC \mid)$$
$$= -F\cos\alpha(R - r\cos\alpha)$$
$$M_A(\boldsymbol{F}_y) = F_y r\sin\alpha$$
$$= F\sin\alpha \cdot r\sin\alpha$$
$$= Fr\sin^2\alpha$$
$$M_A(\boldsymbol{F}) = -F\cos\alpha(R - r\cos\alpha) + Fr\sin^2\alpha = F(r - R\cos\alpha)$$

三、力偶

在日常生活及生产实践中,常见到物体受一对大小相等、方向相反但不在同一作用线上的

平行力作用。例如,图2.30(a)、(b)所示的司机转动驾驶盘及钳工对丝锥的操作等。

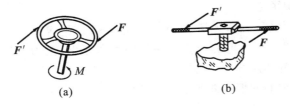

图 2.30　力偶

一对等值、反向、不共线的平行力组成的力系称为力偶,此二力之间的距离称为力偶臂。由以上实例可知,力偶对物体作用的外效应是使物体单纯地产生转动运动。

1. 力偶的三要素

在力学上,以 F 与力偶臂 d 的乘积作为量度力偶在其作用面内对物体转动效应的物理量,称为力偶矩,并记为 $M(\boldsymbol{F}, \boldsymbol{F}')$ 或 M,即

$$M(\boldsymbol{F}, \boldsymbol{F}') = M = \pm Fd \tag{2-13}$$

力偶矩的大小也可以通过力与力偶臂组成的三角形面积的 2 倍来表示,如图 2.31 所示,即

$$M = \pm 2\triangle OAB \tag{2-14}$$

一般规定,逆时针转动的力偶取正值,顺时针转动的力偶取负值。力偶矩的单位为 N·m(牛顿·米)或 N·mm(牛顿·毫米)。

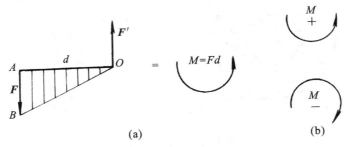

图 2.31　力偶矩的大小和方向

力偶对物体的转动效应取决于三个要素:①力偶矩的大小;②力偶的转向;③力偶作用面的方位。

2. 力偶的等效条件

凡是三要素相同的力偶则彼此等效,即它们可以相互置换,这一点不仅由力偶的概念可以说明,还可通过力偶的性质作进一步证明。

3. 力偶的性质

性质 1　力偶对其作用面内任意点的力矩恒等于此力偶的力偶矩,而与矩心的位置无关。

证明　设在刚体某平面上 A、B 两点作用一力偶,其矩为 $M = Fd$,现求此力偶对任意点 O 的力偶矩。取 x 表示矩心 O 到 $\boldsymbol{F}'$ 之垂直距离,按力矩定义,$\boldsymbol{F}$ 与 $\boldsymbol{F}'$ 对点 O 的力矩和为

$$M_O(\boldsymbol{F}) + M_O(\boldsymbol{F}') = F(d-x) + Fx = Fd \tag{2-15}$$

即

$$M_O(\boldsymbol{F}) + M_O(\boldsymbol{F}') = M(\boldsymbol{F}, \boldsymbol{F}') \tag{2-16}$$

不论点 O 选在何处,力偶对该点的矩永远等于它的力偶矩,而与力偶对矩心的相对位置无关。

性质 2 由图 2.32 可见,力偶在任意坐标轴上的投影之和为零,故力偶无合力,力偶不能与一个力等效,也不能用一个力来平衡。

力偶无合力,故力偶对物体的平移运动不会产生任何影响,力与力偶相互不能代替,不能构成平衡。因此,力与力偶是力系的两个基本元素。

根据上述性质,对力偶可作如下处理。

(1)力偶在它的作用面内,可以任意转移位置。其作用效应和原力偶相同,即力偶对于刚体上任意点的力偶矩值不因移位而改变。

(2)力偶在不改变力偶矩大小和转向的条件下,可以同时改变力偶中两反向平行力的大小、方向以及力偶臂的大小,而力偶的作用效应保持不变。

图 2.33 所示各图中力偶的作用效应都相同。力偶的力偶臂、力及其方向既然都可改变,就可简明地以一个带箭头的弧线并标出值来表示力偶,如图 2.33(d)所示。

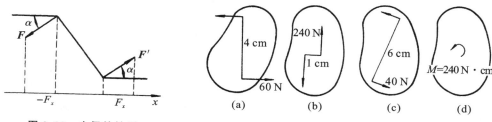

图 2.32 力偶的性质　　　　　　图 2.33 力偶的表示方式

4. 平面力偶系的合成

作用在物体上同一平面内的若干力偶,称为平面力偶系。设在刚体某平面上有力偶 M_1、M_2 作用,如图 2.34(a)所示,现求其合成的结果。

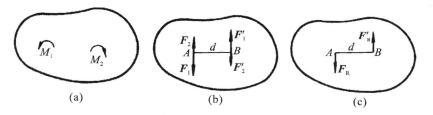

图 2.34 力偶合成

在平面上任取一线段 AB(使 $|AB| = d$)作为公共力偶臂,并把每个力偶化为一组作用在 A、B 两点的反向平行力,如图 2.34(b)所示,根据力系等效条件,有

$$F_1 = \frac{M_1}{d}, \qquad F_2 = \frac{M_2}{d} \tag{2-17}$$

于是在 A、B 两点各得一组共线力系,其合力分别为 F_R 与 F_R',如图 2.34(c)所示,且有

$$F_R = F_R' = F_1 - F_2 \tag{2-18}$$

F_R 与 F_R' 为一对等值、反向、不共线的平行力,它们组成的力偶即为合力偶,所以有

$$M = F_R d = (F_1 - F_2)d = M_1 + M_2 \tag{2-19}$$

若在刚体上有若干个力偶作用,采用上述方法叠加,可得合力偶矩为

$$M = M_1 + M_2 + \cdots + M_n = \sum M_i \tag{2-20}$$

上式表明:平面力偶系合成的结果为一合力偶,合力偶矩为各分力偶矩的代数和。

5. 平面力偶系的平衡条件

由合成结果可知,要使力偶系平衡,则合力偶的矩必须等于零,因此平面力偶系平衡的充分必要条件是:力偶系中各力偶矩的代数和等于零,即

$$\sum M_i = 0 \tag{2-21}$$

平面力偶系的独立平衡方程只有一个,故只能求解一个未知数。

例 2-7 四杆机构在图 2.35 所示位置平衡,已知 $|OA|=60$ cm,$|O_1B|=40$ cm,作用在摇杆 OA 上的力偶矩 $M_1=1$ N·m,不计杆自重,求力偶矩 M_2 的大小。

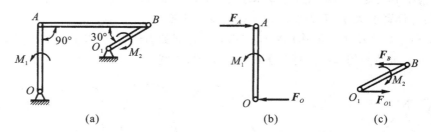

图 2.35 四杆机构力偶计算

解 (1)受力分析。

先取杆 OA 分析,如图 2.35(b)所示,在杆上作用有主动力偶矩 M_1,根据力偶的性质,力偶只与力偶平衡,所以在杆的两端点 O、A 上必作用有大小相等、方向相反的一对力 F_O 及 F_A,而连杆 AB 为二力杆,所以 F_A 的作用方向被确定。再取 O_1B 杆分析,如图 2.35(c)所示,此时杆上作用一个待求力偶 M_2,此力偶与作用在 O_1、B 两端点上的约束反力构成的力偶平衡。

(2)对杆 OA 列平衡方程(见图 2.35(b)),有

$$\sum M_i = 0, \qquad M_1 - F_A \times |OA| = 0 \tag{a}$$

$$F_A = \left|\frac{M_1}{OA}\right| = 1.67 \text{ N}$$

(3)对受力图 2.35(c)列平衡方程,有

$$\sum M_i = 0, \qquad F_B \times |O_1B| \sin 30° - M_2 = 0 \tag{b}$$

因 $$F_B = F_A = 1.67 \text{ N}$$

由式(b),得

$$M_2 = F_A \times |O_1B| \times 0.5 = 1.67 \text{ N} \times 0.4 \text{ m} \times 0.5 = 0.33 \text{ N·m}$$

任务 6 平面一般力系的简化与平衡方程

所谓平面一般力系,是指位于同一平面内的各力的作用线既不汇交于一点,也不互相平行的力系。它是工程实际中最常见的一种力,工程计算中的许多实际问题都可以简化为平面一般力系问题来进行处理。例如,图 2.36 所示的摇臂式起重机和曲柄滑块机构等,其受力都在同一平面内。

另外,有些物体实际所受的力虽然明显地不在同一平面内,但由于其结构(包括支承)和所承受的力都对称于某个平面,因此作用于其上的力系仍可简化为平面一般力系。例如,图 2.37

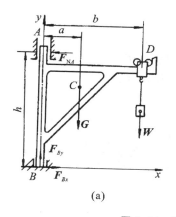

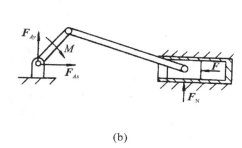

(a)
(b)

图 2.36 摇臂式起重机和曲柄滑块机构

所示的缆车,轨道对四个轮子的约束反力构成空间平行力系,但在它们对于缆车纵向对称面对称分布的情况下,可用位于缆车纵向对称面内的反力替代,如图 2.37(b)所示,从而把作用于缆车上的所有的力作为平面一般力系来处理。

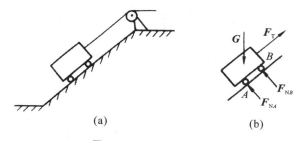

(a)
(b)

图 2.37 缆车受力分析

一、力的平移定理及合成计算

如图 2.38 所示,作用在刚体上点 A 处的力 F,可以平移到刚体内任意点 O,但必须同时附加一个力偶,其力偶矩等于原来的力 F 对新作用点 O 的矩。这就是力的平移定理。

证明:根据加减平衡力系公理,在任意点 O 加上一对与 F 等值的平衡力 F'、F''(见图 2.38(b)),则 F 与 F'' 为一对等值反向不共线的平行力,组成了一个力偶,其力偶矩等于原力 F 对 O 点的矩,即

$$M = M_O(F) = Fd \tag{2-22}$$

于是作用在点 A 的力 F 就与作用于点 O 的平移力 F' 和附加力偶 M 的联合作用等效,如图 2.38(c)所示。

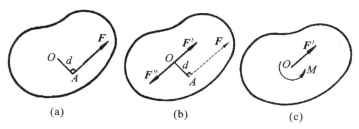

(a)
(b)
(c)

图 2.38 力偶等效

力的平移定理表明了力对绕力作用线外的中心转动的物体产生两种作用:一是力对物体的平移作用;二是附加力偶对物体产生的旋转作用。

如图2.39所示,圆周力 $\boldsymbol{F}$ 作用于转轴的齿轮上,为观察力 $\boldsymbol{F}$ 的作用效应,将力 $\boldsymbol{F}$ 平移至轴心点 O,则有平移力 $\boldsymbol{F}'$ 作用于轴上,同时有附加力偶 M 使齿轮绕轴旋转。

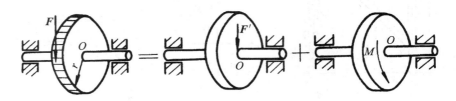

图 2.39　齿轮绕轴旋转

如图2.40所示,以削乒乓球为例,分析力 $\boldsymbol{F}$ 对球的作用效应,将力 $\boldsymbol{F}$ 平移至球心,得平移力 $\boldsymbol{F}'$ 与附加力偶,平移力 $\boldsymbol{F}'$ 决定球心的轨迹,而附加力偶则使球产生旋转。

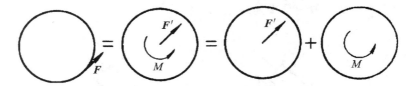

图 2.40　乒乓球旋转

1. 平面一般力系向作用面内任一点简化

设刚体上作用有一平面一般力系 $\boldsymbol{F}_1$、$\boldsymbol{F}_2$、$\cdots$、$\boldsymbol{F}_n$,如图2.41(a)所示,在平面内任意取一点 O,称为简化中心。根据力的平移定理,将各力都向点 O 平移,得到一个汇交于点 O 的平面汇交力系 $\boldsymbol{F}_1'$、$\boldsymbol{F}_2'$、$\cdots$、$\boldsymbol{F}_n'$,以及平面力偶系 M_1、M_2、$\cdots$、M_n,如图2.41(b)所示。

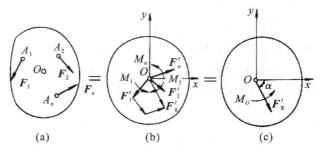

| (a) | (b) | (c) |

图 2.41　平面一般力系的简化

(1) 平面汇交系 $\boldsymbol{F}_1'$、$\boldsymbol{F}_2'$、$\cdots$、$\boldsymbol{F}_n'$,可以合成为一个作用于点 O 的合矢量 $\boldsymbol{F}_R'$,如图2.41(c)所示,即

$$\boldsymbol{F}_R' = \sum \boldsymbol{F}_i' = \sum \boldsymbol{F}_i \tag{2-23}$$

它等于力系中各力的矢量和。显然,单独的 $\boldsymbol{F}_R'$ 不能和原力系等效,$\boldsymbol{F}_R'$ 称为原力系的主矢。将式(2-23)写成直角坐标系下的投影形式,有

$$\left. \begin{array}{l} F_{Rx}' = F_{1x} + F_{2x} + \cdots + F_{nx} = \sum F_{ix} \\ F_{Ry}' = F_{1y} + F_{2y} + \cdots + F_{ny} = \sum F_{iy} \end{array} \right\} \tag{2-24}$$

因此,主矢 F'_R 的大小及其与 x 轴正向的夹角分别为

$$F'_R = \sqrt{F_{Rx}^2 + F_{Ry}^2} = \sqrt{(\sum F_{ix})^2 + (\sum F_{iy})^2}$$
$$\theta = \arctan\left|\frac{F_{Riy}}{F_{Rix}}\right| = \arctan\left|\frac{\sum F_{iy}}{\sum F_{ix}}\right| \quad\quad (2\text{-}25)$$

(2)附加平面力偶系 M_1、M_2、$\cdots$、M_n 可以合成为一个合力偶矩 M_O,即

$$M_O = M_1 + M_2 + \cdots + M_n = \sum M_O(F_i) \quad\quad (2\text{-}26)$$

显然,单独的 M_O 也不能与原力系等效,因此称为原力系对简化中心 O 的主矩。

综上所述,平面一般力系向平面内任一点简化可以得到一个力和一个力偶,这个力等于力系中各力的矢量和,作用于简化中心,称为原力系的主矢;这个力偶的矩等于原力系中各力对简化中心之矩的代数和,称为原力系的主矩。

原力系与主矢 F'_R 和主矩 M_O 的联合作用等效。主矢 F'_R 的大小和方向与简化中心的选择无关,主矩 M_O 的大小和转向与简化中心的选择有关。平面一般力系的简化方法,在工程实际中可用来解决许多力学问题,如固定端约束问题。

固定端约束是将被约束体插入约束内部,被约束体一端与约束成为一体而完全固定,既不能移动也不能转动的一种约束形式。工程中的固定端约束是很常见的,例如,机床上装卡加工工件的卡盘对工件的约束(见图 2.42(a)),大型机器中立柱对横梁的约束(见图 2.42(b)),房屋建筑中墙壁对雨篷的约束(见图 2.42(c)),飞机机身对机翼的约束(见图 2.42(d))。

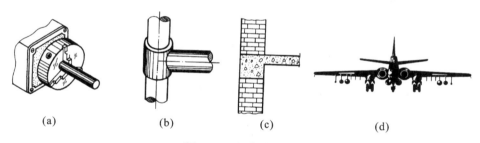

图 2.42　固定端约束

固定端约束的约束反力是由约束与被约束体紧密接触而产生的一个分布力系,当外力为平面力系时,约束反力所构成的这个分布力系也是平面力系。由于其中各个力的大小与方向均难以确定,因而可将该力系向点 A 简化,得到的主矢用一对正交分力表示,而将主矩用一个反力偶矩来表示,这就是固定端约束的约束反力,如图 2.43 所示。

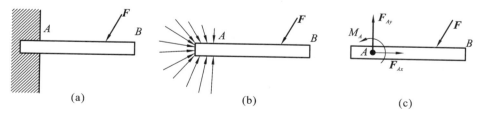

图 2.43　固定端约束的约束反力

2. 平面一般力系的合成结果

由前述可知,平面一般力系向一点 O 简化后,一般来说得到主矢 F'_R 和主矩 M_O,但这并不

是简化的最终结果,进一步分析可能出现以下四种情况。

1) $F'_R = 0, M_O \neq 0$

说明该力系无主矢,而最终简化为一个力偶,其力偶矩就等于力系的主矩,此时主矩与简化中心无关。

2) $F'_R \neq 0, M_O = 0$

说明原力系的简化结果是一个力,而且这个力的作用线恰好通过简化中心,此时 F'_R 就是原力系的合力 F_R。

3) $F'_R \neq 0, M_O \neq 0$

这种情况还可以进一步简化,根据力的平移定理的逆过程,可以把 F'_R 和 M_O 合成一个合力 F_R。合成过程如图 2.44 所示,合力 F_R 的作用线到简化中心 O 的距离为

$$d = \left| \frac{M_O}{F_R} \right| = \left| \frac{M_O}{F'_R} \right| \tag{2-27}$$

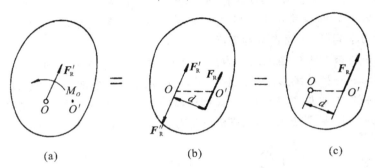

图 2.44 平面一般力系合成过程

4) $F'_R = 0, M_O = 0$

这表明该力系对刚体总的作用效果为零,即物体处于平衡状态。

二、平面一般力系的平衡方程及其应用

1. 平面一般力系的平衡方程

1) 基本形式

由上述讨论知,若平面一般力系的主矢和对任一点的主矩都为零,则物体处于平衡;反之,若力系是平衡力系,则其主矢、主矩必同时为零。因此,平面一般力系平衡的充分必要条件是

$$\left.\begin{array}{l} F'_R = \sqrt{\left(\sum F_{ix}\right)^2 + \left(\sum F_{iy}\right)^2} = 0 \\ M_O = \sum M_O(F_i) = 0 \end{array}\right\} \tag{2-28}$$

故得平面一般力系的平衡方程为

$$\left.\begin{array}{l} \sum F_{ix} = 0 \\ \sum F_{iy} = 0 \\ \sum M_O(F_i) = 0 \end{array}\right\} \tag{2-29}$$

式(2-29)满足平面一般力系平衡的充分必要条件,所以平面一般力系有三个独立的平衡方程,可求解最多三个未知量。

用解析表达式表示平衡条件的方式不是唯一的。平衡方程式的形式还有二矩式和三矩式两种形式。

2）二矩式

二矩式为

$$\left.\begin{array}{c} \sum F_{ix} = 0 \\ \sum M_A(\boldsymbol{F}_i) = 0 \\ \sum M_B(\boldsymbol{F}_i) = 0 \end{array}\right\}$$ (2-30)

附加条件：AB 连线不得与 x 轴相垂直。

3）三矩式

三矩式为

$$\left.\begin{array}{c} \sum M_A(\boldsymbol{F}_i) = 0 \\ \sum M_B(\boldsymbol{F}_i) = 0 \\ \sum M_C(\boldsymbol{F}_i) = 0 \end{array}\right\}$$ (2-31)

附加条件：A、B、C 三点不在同一直线上。

2. 平面一般力系的解题步骤

（1）确定研究对象,画出受力图。应取有已知力和未知力作用的物体,画出其分离体的受力图。

（2）列平衡方程并求解。适当选取坐标轴和矩心。若受力图上有两个未知力互相平行,可选垂直于此二力的坐标轴,列出投影方程。如不存在两未知力平行,则选任意两未知力的交点为矩心列出力矩方程,先行求解。一般水平和垂直的坐标轴可画可不画,但倾斜的坐标轴必须画。

例 2-8 绞车通过钢丝牵引小车沿斜面轨道匀速上升,如图 2.45(a)所示。已知小车重 $G=10$ kN,绳与斜面平行,$\alpha=30°$,$a=0.75$ m,$b=0.3$ m,不计摩擦。求钢丝绳的拉力及轨道对车轮的约束反力。

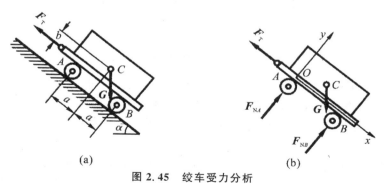

图 2.45 绞车受力分析

解 （1）取小车为研究对象,画受力图(见图 2.45(b))。小车上作用有重力 $\boldsymbol{G}$,钢丝绳的拉力 $\boldsymbol{F}_T$,轨道在 A、B 处的约束反力 $\boldsymbol{F}_{NA}$ 和 $\boldsymbol{F}_{NB}$。

（2）取图 2.4 所示坐标系,列平衡方程。

$$\sum F_{ix} = 0, \qquad -F_T + G\sin\alpha = 0$$
$$\sum F_{iy} = 0, \qquad F_{NA} + F_{NB} - G\cos\alpha = 0$$

$$\sum M_O(\boldsymbol{F}_i) = 0, \qquad F_{NB} \times 2a - Gb\sin\alpha - Ga\cos\alpha = 0$$

解得 $\qquad F_T = 5 \text{ kN}, \qquad F_{NB} = 5.33 \text{ kN}, \qquad F_{NA} = 3.33 \text{ kN}$

3. 物体系统的平衡

若物系由 n 个物体组成,对每个受平面一般力系作用的物体至多只能列出 3 个独立的平衡方程,对整个物系至多只能列出 $3n$ 个独立的平衡方程。若问题中未知量的数目不超过独立的平衡方程的总数,即用平衡方程可以解出全部未知量,这类问题称为静定问题。反之,若问题中未知量的数目超过了独立的平衡方程的总数,则单靠平衡方程不能解出全部未知量,这类问题称为超静定问题或静不定问题。在工程实际中为了提高刚度和稳定性,常对物体增加一些支承或约束,因而问题由静定变为超静定。例如,图 2.46(a)、(b)所示为静定结构,图 2.47(a)、(b)所示为静不定结构。在用平衡方程来解决工程实际问题时,应首先判别该问题是否静定。本章只研究静定问题。

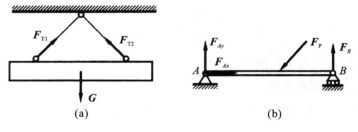

图 2.46 静定结构

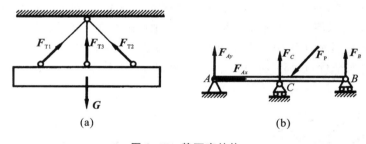

图 2.47 静不定结构

求解物系平衡问题的步骤如下。

(1)适当选择研究对象,画出各研究对象的分离体的受力图。

研究对象可以是物系整体、单个物体,也可以是物系中几个物体的组合。

(2)分析各受力图,确定求解顺序。

研究对象的受力图可分为两类:一类是未知量数等于独立平衡方程数目的,称为可解的;另一类是未知量数超过独立平衡方程数目的,称为暂不可解的。若是可解的,应先取其为研究对象,求出某些未知量,再利用作用与反作用关系,扩大求解范围。有时也可利用其受力特点,列出平衡方程,解出某些未知量。如某物体受平面一般力系作用,有四个未知量,但有三个未知量汇交于一点,则可取该三力汇交点为矩心,列方程解出不汇交于该点的那个未知力。这便是解题的突破口,因为某些未知量一旦求出,其他不可解的研究对象也就成为可解了。这样便可确定求解顺序。

(3)根据确定的求解顺序,逐个列出平衡方程求解。

由于同一问题中有几个受力图,所以在列出平衡方程前应加上受力图号,以示区别。

例 2-9 图 2.48(a)所示的人字梯 ACB 置于光滑水平面上,且处于平衡,已知人重为 G,人字梯夹角为 α,长度为 l。求 A、B 和铰链 C 处的约束反力。

解 (1)选取研究对象,画出整体及每个物体的受力图如图 2.48(b)、(c)、(d)所示。

杆 AC 和 BC 所受的力系均为平面一般力系,每个杆都有四个未知力,暂不可解。但由于物系整体受平面平行力系作用,故是可解的。先以整体为研究对象,求出 F_A、F_B,则 AC 和 BC 便可解了,再取 BC 为研究对象,求出 C 处的约束反力。

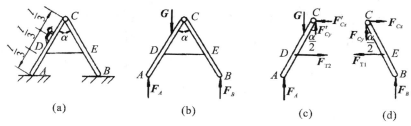

图 2.48 人字梯受力分析

(2)取整体为研究对象,列平衡方程,有

$$\sum M_A(\boldsymbol{F}_i) = 0, \qquad F_B \times 2l\sin\frac{\alpha}{2} - G \times \frac{2}{3}l\sin\frac{\alpha}{2} = 0$$

故

$$F_B = \frac{G}{3}$$

$$\sum F_{iy} = 0, \qquad F_A + F_B - G = 0$$

故

$$F_A = G - F_B = G - \frac{G}{3} = \frac{2}{3}G$$

(3)取 BC 杆为研究对象,列平衡方程,有

$$\sum F_{iy} = 0, \qquad F_B - F_{Cy} = 0 \quad 故 \quad F_{Cy} = F_B = \frac{G}{3}$$

$$\sum M_E(\boldsymbol{F}_i) = 0, \qquad F_B \frac{l}{3}\sin\frac{\alpha}{2} + F_{Cy} \times \frac{2}{3}l\sin\frac{\alpha}{2} - F_{Cx} \times \frac{2}{3}l\cos\frac{\alpha}{2} = 0$$

故

$$F_{Cx} = \frac{G}{2}\tan\frac{\alpha}{2}$$

例 2-10 组合梁由 AC 和 CE 用铰链连接,载荷及支承情况如图 2.49(a)所示,已知:$l = 8 \text{ m}$,$F = 5 \text{ kN}$,均布载荷集度为 $q = 2.5 \text{ kN/m}$,力偶矩为 $M = 5 \text{ kN·m}$。求支座 A、B、E 及中间铰 C 的约束反力。

解 (1)分别取梁 CE 及 ABC 为研究对象,画出各分离体的受力图,分别如图 2.49(b)、(c)所示。其中 $\boldsymbol{F}_{Q1}$ 和 $\boldsymbol{F}_{Q2}$ 分别为梁 CE 梁 ABC 上均布载荷的合力。

(2)列平衡方程求解。图 2.49(c)所示受力体有五个未知力,不可解;图 2.49(b)所示受力体有三个未知力,可解。

$$\sum F_{ix} = 0, \qquad F_{Cx} - F_{RE}\cos45° = 0$$

$$\sum F_{iy} = 0, \qquad F_{Cy} - F_{Q1} + F_{RE}\sin45° = 0$$

$$\sum M_C(\boldsymbol{F}_i) = 0, \qquad -F_{Q1} \times 1 - 5 + F_{RE}\sin45° \times 4 = 0$$

得

$$F_{RE} = 3.54 \text{ kN}, \qquad F_{Cx} = 2.5 \text{ kN}, \qquad F_{Cy} = 2.5 \text{ kN}$$

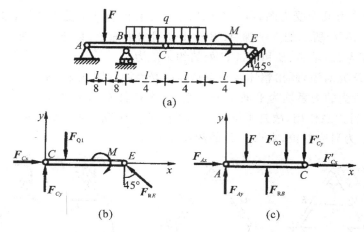

图 2.49　组合梁受力分析

（3）再以 ABC 为研究对象，列平衡方程。

$$\sum F_{ix} = 0, \qquad F_{Ax} - F'_{Cx} = 0$$

$$\sum F_{iy} = 0, \qquad F_{Ay} - F - F_{Q2} - F'_{Cy} + F_{RB} = 0$$

$$\sum M_A(\boldsymbol{F}_i) = 0, \qquad -F \times 1 + F_{RB} \times 2 - F_{Q2} \times 3 - F'_{Cy} \times 4 = 0$$

得 $\qquad F_{Ax} = 2.5 \text{ kN}, \qquad F_{Ay} = -2.5 \text{ kN（方向向下）}, \qquad F_{RB} = 15 \text{ kN}$

◀ 任务 7　空 间 力 系 ▶

各力的作用线不在同一平面而呈空间分布的力系，称为空间力系。在工程实际中，有许多问题都属于这种情况。如图 2.50 所示车床主轴，其受有切削力 F_x、F_y、F_z 和齿轮上的圆周力 F_t、径向力 F_r 以及轴承 A、B 处的约束反力的作用，这些力构成一组空间力系。

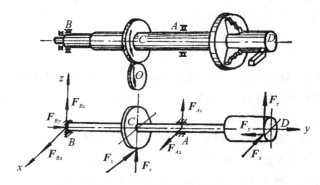

图 2.50　车床主轴受力分析

与平面力系一样，空间力系可分为空间汇交力系、空间平行力系及空间一般力系。

一、力在空间直角坐标轴上的投影

在平面力系中，常将作用于物体上某点的力向坐标轴 x、y 上投影。同理，在空间力系中，也可将作用于空间某一点的力向坐标轴 x、y、z 上投影。具体做法如下。

1. 直接投影法

若一力 $\boldsymbol{F}$ 的作用线与 x、y、z 轴对应的夹角已经给定,如图 2.51(a)所示,则可直接将力 $\boldsymbol{F}$ 向三个坐标轴投影,得

$$\left.\begin{aligned}F_x &= F\cos\alpha \\ F_y &= F\cos\beta \\ F_z &= F\cos\gamma\end{aligned}\right\} \tag{2-32}$$

式中:α、β、γ——力 $\boldsymbol{F}$ 分别与 x、y、z 三坐标轴间的夹角。

2. 二次投影法

当力 $\boldsymbol{F}$ 与 x、y 坐标轴间的夹角不易确定时,可先将力 $\boldsymbol{F}$ 投影到坐标平面 xOy 上,得一力 $\boldsymbol{F}_{xy}$,进一步再将 $\boldsymbol{F}_{xy}$ 向 x、y 轴上投影。如图 2.51(b)所示。若 γ 为力 $\boldsymbol{F}$ 与 z 轴间的夹角,φ 为 $\boldsymbol{F}_{xy}$ 与 x 轴间的夹角,则力 $\boldsymbol{F}$ 在三个坐标轴上的投影为

$$\left.\begin{aligned}F_x &= F_{xy}\cos\varphi = F\sin\gamma\cos\varphi \\ F_y &= F_{xy}\sin\varphi = F\sin\gamma\sin\varphi \\ F_z &= F\cos\gamma\end{aligned}\right\} \tag{2-33}$$

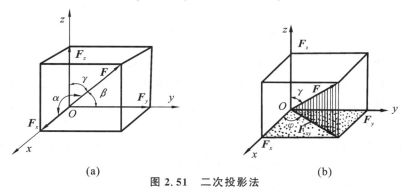

(a)   (b)

图 2.51 二次投影法

具体计算时,可根据问题的实际情况选择一种适当的投影方法。

力和它在坐标轴上的投影是一一对应的,如果力 $\boldsymbol{F}$ 的大小、方向是已知的,则它在选定的坐标系的三个轴上的投影是确定的;反之,如果已知力 $\boldsymbol{F}$ 在三个坐标轴上的投影 F_x、F_y、F_z 的值,则力 $\boldsymbol{F}$ 的大小、方向也可以求出,其形式如下

$$F = \sqrt{F_x^2 + F_y^2 + F_z^2} \tag{2-34}$$

$$\left.\begin{aligned}\cos\alpha &= \frac{F_x}{F} \\ \cos\beta &= \frac{F_y}{F} \\ \cos\gamma &= \frac{F_z}{F}\end{aligned}\right\} \tag{2-35}$$

二、空间力系的力矩

1. 空间力系力对轴之矩的概念

在工程中,常遇到刚体绕定轴转动的情形,为了度量力对转动刚体的作用效应,必须引入力

对轴之矩的概念。

现以关门动作为例,图2.52(a)所示的门一边有固定轴z,在点A作用一力$\boldsymbol{F}$,为度量此力对刚体的转动效应,可将该力$\boldsymbol{F}$分解为两个互相垂直的分力:一个是与转轴平行的分力$F_z = F\sin\beta$;另一个是在与转轴垂直平面上的分力$F_{xy} = F\cos\beta$。

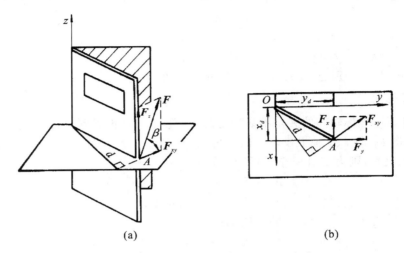

(a)   (b)

图 2.52   关门动作受力分析

由经验可知,$\boldsymbol{F}_z$不能使门绕z轴转动,只有分力$\boldsymbol{F}_{xy}$才能产生使门绕z轴转动的效应。

如以d表示$\boldsymbol{F}_{xy}$作用线到z轴与平面的交点O的距离,则$\boldsymbol{F}_{xy}$对O点之矩,就可以用来度量力$\boldsymbol{F}$使门绕z轴转动的效应,记为

$$M_z(\boldsymbol{F}) = M_O(\boldsymbol{F}_{xy}) = \pm F_{xy}d \tag{2-36}$$

力对轴之矩在轴上的投影是代数量,其值等于此力在垂直该轴平面上的投影对该轴与此平面的交点之矩。力矩的正负代表其转动作用的方向。当从z轴正向看,逆时针方向转动为正,顺时针方向转动为负(或用右手法则确定其正负)。

由式(2-36)可知,当力的作用线与转轴平行($F_{xy} = 0$),或者与转轴相交($d = 0$),即当力与转轴共面时,力对该轴之矩等于零。力对轴之矩的单位是 N·m。

2. 空间力系合力矩定理

设有一空间力系$\boldsymbol{F}_1$、$\boldsymbol{F}_2$、$\cdots$、$\boldsymbol{F}_n$,其合力为$\boldsymbol{F}_R$,则合力$\boldsymbol{F}_R$对某轴之矩等于各分力对同轴力矩的代数和,即

$$M_z(\boldsymbol{F}_R) = \sum M_z(\boldsymbol{F}_i) \tag{2-37}$$

式(2-37)常用来计算空间力对轴求矩。

例 2-11 计算图2.53所示手摇曲柄上$\boldsymbol{F}$对x、y、z轴之矩。已知$\boldsymbol{F}$为平行于xz平面的力,$F = 100$ N,$\alpha = 60°$,$AB = 20$ cm,$BC = 40$ cm,$CD = 15$ cm,A、B、C、D处于同一水平面上。

解 力$\boldsymbol{F}$在x轴和z轴上有投影,分别为

$$F_x = F\cos\alpha, \qquad F_z = -F\sin\alpha$$

计算$\boldsymbol{F}$对x、y、z各轴的力矩,有

$$M_x(\boldsymbol{F}) = -F_z(AB + CD) = -100 \text{ N} \sin 60°(20 \text{ cm} + 15 \text{ cm})$$

$$= -3031 \text{ N} \cdot \text{cm} = -30.31 \text{ N} \cdot \text{m}$$

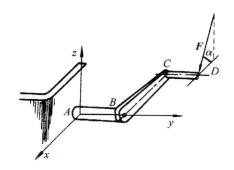

图 2.53 手摇曲柄受力分析

$$M_y(\boldsymbol{F}) = -F_z BC = -100 \text{ N} \sin 60° \times 40 \text{ cm}$$
$$= -3464 \text{ N} \cdot \text{cm} = -34.64 \text{ N} \cdot \text{m}$$
$$M_z(\boldsymbol{F}) = -F_x(AB + CD) = -100 \text{ N} \cos 60°(20 \text{ cm} + 15 \text{ cm})$$
$$= -1750 \text{ N} \cdot \text{cm} = -17.5 \text{ N} \cdot \text{m}$$

三、空间力系的平衡方程

1. 空间一般力系的平衡条件和平衡方程

如图 2.54 所示,某物体上作用有一个空间一般力系 $\boldsymbol{F}_1$、$\boldsymbol{F}_2$,…,$\boldsymbol{F}_n$,若物体不平衡,则力系可能使物体沿 x、y、z 轴方向的移动状态发生变化,也可能使该物体绕该三轴的转动状态发生变化。若物体在力系作用下处于平衡,则物体沿 x、y、z 三轴的移动状态不变,绕该三轴的转动状态也不变。当物体沿 x 方向的移动状态不变时,该力系中各力在 x 轴上的投影的代数和为零,即

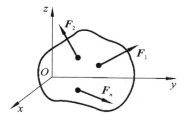

图 2.54 空间一般力系

$\sum F_{ix} = 0$;同理可得 $\sum F_{iy} = 0$,$\sum F_{iz} = 0$。当物体绕 x 轴的转动状态不变时,该力系对 x 轴力矩的代数和为零,即 $\sum M_x(\boldsymbol{F}_i) = 0$,同理可得 $\sum M_y(\boldsymbol{F}_i) = 0$,$\sum M_z(\boldsymbol{F}_i) = 0$。由此可见,空间一般力系的平衡方程为

$$\left. \begin{array}{ccc} \sum F_{ix} = 0, & \sum F_{iy} = 0, & \sum F_{iz} = 0 \\ \sum M_x(\boldsymbol{F}_i) = 0, & \sum M_y(\boldsymbol{F}_i) = 0, & \sum M_x(\boldsymbol{F}_i) = 0 \end{array} \right\} \tag{2-38}$$

式(2-38)表达了空间一般力系平衡的充分必要条件为:各力在三个坐标轴上投影的代数和以及各力对三个坐标轴之矩的代数和都必须分别等于零。

利用该六个独立平衡方程式,可以求解六个未知量。

2. 空间力系的特殊情况

1) 空间汇交力系

各力的作用线汇交于一点的空间力系称为空间汇交力系(见图 2.55)。若以汇交点为原点,取直角坐标系 $Oxyz$,则由于各力与三个坐标轴都相交,方程组式(2-38)中的三个力矩方程自然得到满足,所以空间汇交力系的平衡方程只有三个,即

$$\sum F_{ix} = 0, \qquad \sum F_{iy} = 0, \qquad \sum F_{iz} = 0 \tag{2-39}$$

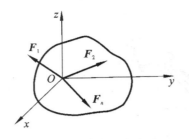

图 2.55 空间汇交力系

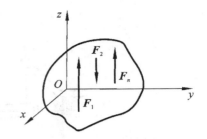

图 2.56 空间平行力系

2）空间平行力系

各力作用线互相平行的空间力系称为空间平行力系（见图 2.56）。取坐标系 $Oxyz$，令 z 轴与力系中各力平行，则不论力系是否平衡，都自然满足 $\sum F_{ix} = 0$，$\sum F_{iy} = 0$，$\sum M_z(\boldsymbol{F}_i) = 0$。于是空间平行力系的平衡方程为

$$\sum F_{iz} = 0, \qquad \sum M_x(\boldsymbol{F}_i) = 0, \qquad \sum M_y(\boldsymbol{F}_i) = 0 \tag{2-40}$$

◀ 任务 8　重心及其计算 ▶

在模具设计等工作中，经常需要求工件的重心。重力是地球对物体的引力，如果将物体看成由无数的质点组成，则重力便组成空间平行力系，这个力系的合力的大小就是物体的重量。不论物体如何放置，其重力的合力作用线相对于物体总是通过一个确定的点，这个点称为物体的重心，如图 2.57 所示点 C。

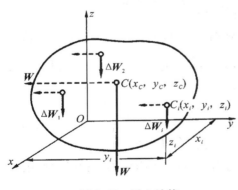

图 2.57 重心计算

不论是在日常生活还是在工程实际中，确定物体重心的位置都具有重要的意义。例如，当用手推车推重物时，只有重物的重心正好与车轮轴线在同一铅垂面内，才能比较省力；起重机吊起重物时，吊钩应位于被吊物体重心的正上方，以保证起吊过程中物体保持平稳；电机转子、飞轮等旋转部件在设计、制造与安装时，都要求它的重心尽量在轴线上，否则工作时将产生强烈的振动，甚至引起破坏；而振动打桩机、混凝土捣实机等则又要求其转动部分的重心偏离转轴一定距离，以得到预期的振动。

根据合力矩定理可推导出物体重心位置坐标公式为

$$x_C = \frac{\sum \Delta W_i x_i}{W}, \qquad y_C = \frac{\sum \Delta W_i y_i}{W}, \qquad z_C = \frac{\sum \Delta W_i z_i}{W} \tag{2-41}$$

式（2-41）中 ΔW_i 为组成物体的微小部分的重量，其重心位置为 C_i。W 是整个物体的重量，重心在 C 处，且 $W = \sum \Delta W_i$，x_C、y_C、z_C 是物体重心坐标，x_i、y_i、z_i 是 ΔW_i 的重心坐标，如图 2.57 所示。

若物体是均质的,则各微小部分的重力 ΔW_i 与其体积 ΔV_i 成正比,物体的重量 W 也必按相同的比例与物体总体积 V 成正比。于是式(2-41)可变为

$$x_C = \frac{\sum \Delta V_i x_i}{V}, \qquad y_C = \frac{\sum \Delta V_i y_i}{V}, \qquad z_C = \frac{\sum \Delta V_i z_i}{V} \tag{2-42}$$

可见,均质物体的重心位置完全取决于物体的形状,即均质物体的重心与体积形心重合。

若物体不仅是均质的,而且是等厚平板,消去式(2-42)中的板厚,则得其平面图形的形心坐标公式为

$$x_C = \frac{\sum \Delta A_i x_i}{A}, \qquad y_C = \frac{\sum \Delta A_i y_i}{A}, \qquad z_C = \frac{\sum \Delta A_i z_i}{A} \tag{2-43}$$

求物体重心时,需注意如下几点。

(1)利用物体的对称性求重心。

很多常见的物体往往具有一定的对称性,如具有对称面、对称轴或对称中心,此时,重心必在物体的对称面、对称轴或对称中心上。

(2)积分法求重心。

在求基本规则形体的形心时,可将形体分割成无限多块微小的形体。在此极限情况下,式(2-41)、式(2-42)和式(2-43)均可写成定积分形式,即

$$x_C = \frac{\int_C x \, \mathrm{d}G}{G}, \qquad y_C = \frac{\int_C y \, \mathrm{d}G}{G}, \qquad z_C = \frac{\int_C z \, \mathrm{d}G}{G} \tag{2-44}$$

体积、面积等形心公式可依此类推。这是计算物体重心和形心的基本方法。

机械设计手册中,可查得用此法求出的常用基本几何形体的形心位置,表 2.1 列出了其中的几种。

表 2.1　基本形体的形心位置

图　　形	形心位置	图　　形	形心位置
三角形	$y_C = \dfrac{h}{3}$　　$A = \dfrac{1}{2}bh$	抛物线	$x_C = \dfrac{1}{4}l$　　$y_C = \dfrac{3}{10}b$　　$A = \dfrac{1}{3}hl$
梯形	$y_C = \dfrac{h(a+2b)}{3(a+b)}$　　$A = \dfrac{h}{2}(a+b)$	扇形	$x_C = \dfrac{2r\sin\alpha}{3\alpha}$　$\left(A = \alpha r^2,\ \text{半圆的}\ \alpha = \dfrac{\pi}{2}\right)$　$x_C = \dfrac{4r}{3\pi}$

(3)组合体的重心求法。

工程中很多构件往往是由几个简单的基本形体组合而成的,即所谓组合体,若组合体中每

一基本形体的重心(或形心)是已知的,则整个组合体的重心(或形心)可用式(2-42)或式(2-43)求出。

思考题与习题

2-1　回答下列问题。

(1) 作用力与反作用力是一对平衡力吗?

(2) 题2-1图(a)所示三铰拱架上的作用力 F,可否依据力的可传性原理把它移到点 D? 为什么?

(3) 二力平衡条件、加减平衡力系原理能否用于变形体? 为什么?

(4) 只受两个力作用的构件称为二力构件,这种说法对吗?

(5) 确定约束反力方向的基本原则是什么?

(6) 等式 $F=F_1+F_2$ 与 $F=F_1+F_2$ 的区别何在?

(7) 题2-1图(b)、(c)所画出的两个力三角形各表示什么意思? 二者有什么区别?

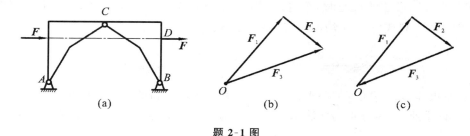

题 2-1 图

2-2　作出题2-2图所示物系中每个刚体的受力图。设接触面都是光滑的,没有画重力矢的物体都不计重力。

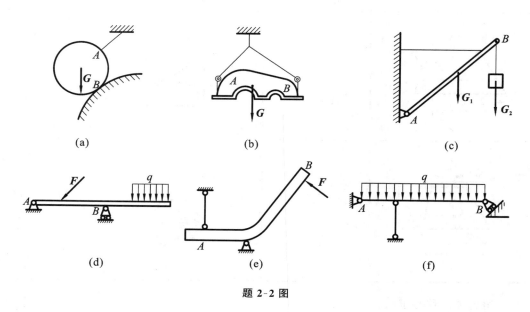

题 2-2 图

2-3　试分别画出题 2-3 图所示结构中 AB 与 BC 的受力图。

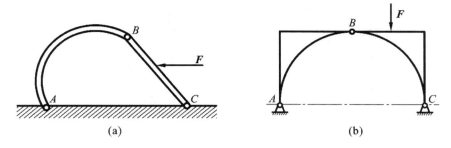

(a)　　　　　　　　　　　　(b)

题 2-3 图

2-4　画出题 2-4 图所示物体的受力图(各构件的自重不计,摩擦不计):

(1) 图(a)中的杆 DH、BC、AC 及整个系统;

(2) 图(b)中的杆 DH、AB、CB 及整个系统。

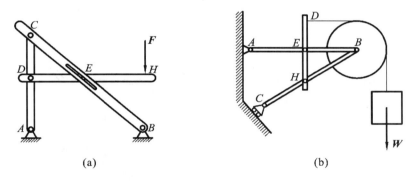

(a)　　　　　　　　　　　　(b)

题 2-4 图

2-5　试用解析法求题 2-5 图所示平面汇交力系的合力。

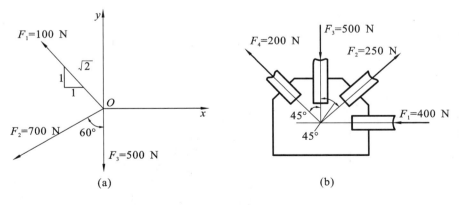

(a)　　　　　　　　　　　　(b)

题 2-5 图

2-6　简易起重机用钢丝绳吊起重 $W = 2000$ N 的重物如题 2-6 图所示,各杆自重不计,A、B、C 三处简化为铰链连接,求杆 AB 和 AC 受到的力(滑轮尺寸和摩擦不计)。

2-7　试计算题 2-7 图所示物体中力 F 对点 O 之矩。

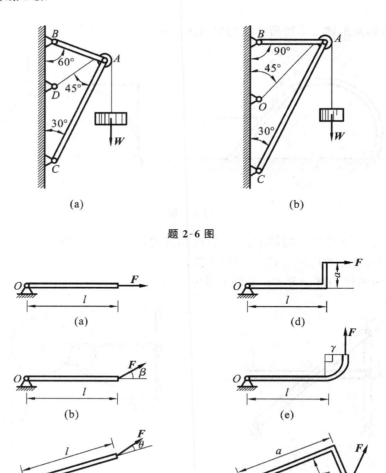

题 2-6 图

题 2-7 图

2-8　一个 450 N 的力作用在点 A,方向如题 2-8 图所示。求:(1)此力对点 D 的矩;(2)要得到与(1)问相同的力矩,应在点 C 加水平力的大小与指向;(3)要得到与(1)问相同的力矩,在点 C 应加的最小力是多少?

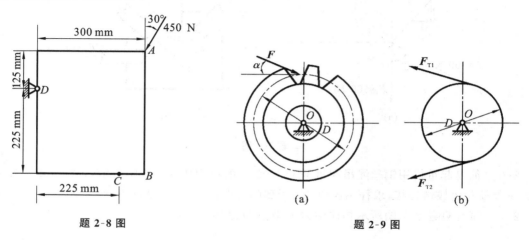

题 2-8 图

题 2-9 图

2-9 求题 2-9 图所示齿轮和皮带上各力对点 O 之矩。已知：$F=1\ kN,\alpha=20°,D=160\ mm$，$F_{T1}=200\ N,F_{T2}=100\ N$。

2-10 构件的载荷及支承情况如题 2-10 图所示，$l=4\ m$，求支座 A、B 的约束反力。

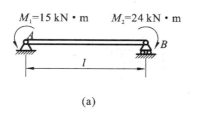

(a)

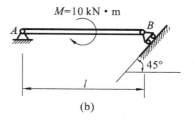

(b)

题 **2-10** 图

2-11 锻锤工作时，若锻件给锻锤的反作用力有偏心，如题 2-11 图所示，已知打击力 $F=1000\ kN$，偏心距 $e=20\ mm$，锤体高 $h=200\ mm$，求锤头给两侧导轨的压力。

2-12 一均质杆重 1 kN，将其竖起，如题 2-12 图所示。在图示位置平衡时，求绳子的拉力和 A 处的支座反力。

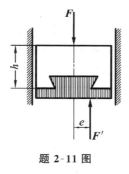

题 **2-11** 图

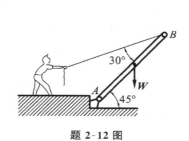

题 **2-12** 图

2-13 水塔总重量 $G=160\ kN$，固定在支架 A、B、C、D 上，A 为固定铰链支座，B 为活动铰支，水箱右侧受风压为 $q=16\ kN/m$，如题 2-13 图所示。为保证水塔平衡，试求 A、B 间最小距离。

2-14 题 2-14 图所示汽车起重机的车重 $W_Q=26\ kN$，臂重 $G=4.5\ kN$，起重机旋转及固定部分的重量 $W=31\ kN$。设伸臂在起重机对称面内。试求题 2-14 图所示位置汽车不致翻倒的最大起重载荷 G_P。

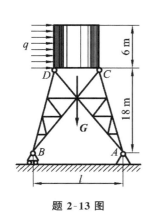

题 **2-13** 图

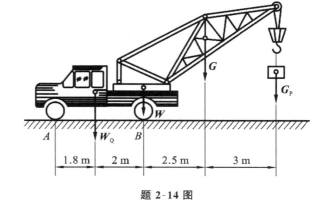

题 **2-14** 图

2-15　已知在边长为 a 的正六面体上有 $F_1=6$ kN，$F_2=2$ kN，$F_3=4$ kN，如题 2-15 图所示。试计算各力在三坐标轴上的投影。

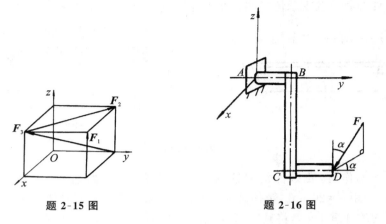

题 2-15 图　　　　　　　　　　题 2-16 图

2-16　已知作用于手柄之力为 $F=100$ N，$AB=10$ cm，$BC=40$ cm，$CD=20$ cm，$\alpha=30°$，如题 2-16 图所示。试求 F 对 y 轴之矩。

2-17　变速箱中间轴装有两直齿圆柱齿轮，其分度圆半径分别为 $r_1=100$ mm，$r_2=72$ mm，啮合点分别在两齿轮的最低与最高位置，如题 2-17 图所示。图中的尺寸单位为 mm。已知齿轮压力角 $\alpha=20°$。在齿轮 1 上的圆周力 $F_1=1.58$ kN。试求当轴平衡时作用于齿轮 2 上的圆周力 F_2 与 A、B 轴承的反力。

2-18　求对称工字形钢截面的形心，尺寸如题 2-18 图所示。

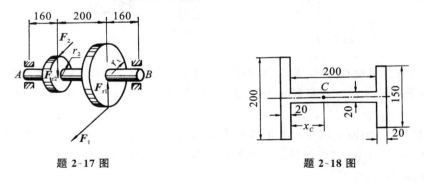

题 2-17 图　　　　　　　　　　题 2-18 图

承载能力分析

◀ 任务 1   承载能力分析基本知识 ▶

一、材料力学的任务

机器和机构都是由若干构件组成的。这些构件工作时都要承受力的作用,为确保构件在规定的工作条件和使用寿命期间能正常工作,须满足以下要求。

1)足够的强度

在材料力学中,构件抵抗破坏的能力称为强度。在载荷作用下构件应不至于破坏,即具有足够的强度。

2)足够的刚度

构件抵抗变形的能力称为刚度。在载荷作用下构件所产生的变形应在工程允许的范围以内,即具有足够的刚度。

3)足够的稳定性

某些细长杆件(或薄壁构件)在轴向压力达到一定的数值时,会失去原来的平衡形态,从而丧失工作能力,这种现象称为失稳。所谓稳定性是指构件维持原有形态平衡的能力。

构件的强度、刚度和稳定性与所用材料的力学性能有关,而材料的力学性能必须由实验来测定。此外,还有些实际工程问题至今无法由理论分析来解决,必须依赖于实验手段。

由此可见,材料力学的任务是:在保证构件满足强度、刚度和稳定性要求的前提下,以最经济的代价为构件选择最适合的材料,确定合理的截面形状与尺寸,提供必要的理论基础、计算方法和实验技术。

二、外力的形式

1. 分布力或分布载荷

作用于构件的外力又称为载荷,是一个物体对另一物体的作用力。按外力作用方式,外力可分为体积力和表面力。作用在杆件内部各个质点上的力称为体积力,例如,重力、电磁力、惯性力等都是体积力。体积力的单位是 N/m^3(牛顿/米^3)。表面力是作用于物体表面上的力,又可分为分布力和集中力。沿某一面积连续作用于结构上的外力,称为分布力或分布载荷,用 q 来表示,单位是 N/m^2(牛顿/米^2)或 MN/m^2(兆牛/米^2)。

压力容器内部的气体或液体对容器内壁的作用力,风对建筑物墙面的作用力及水对水坝的作用力等都是表面力,均为分布载荷。沿长度方向分布的分布力单位是 N/m(牛顿/米)或 kN/m(千牛/米)。这里主要研究沿长度(轴向)方向分布的载荷,例如,楼板对屋梁的作用力,即以沿梁轴线每单位长度作用多少力来度量。一般情况下 q 是轴向坐标的函数,即 $q = q(x)$,$q(x)$ 称为分布载荷。如果 q 在其分布长度内为常数,则称为均布载荷。

2. 集中力或集中载荷

若外力分布的面积远小于受力物体的整体尺寸,或沿长度的分布长度远小于轴线的长度,则这样的外力可以看成是作用于一点的集中力。例如,火车车轮对钢轨的压力、汽车对大桥桥面的压力等都可看作是集中力。集中力的单位是 N(牛顿)或 kN(千牛)。

3. 集中力偶

载荷以力偶的形式施加在杆件上,如图 3.1 所示。

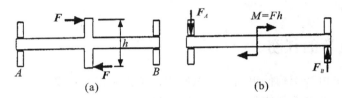

图 3.1　集中力偶

4. 静载荷与动载荷

按载荷随时间变化而变化的情况,载荷可以分为静载荷和动载荷。若载荷由零缓慢地增加到某一定值以后即保持不变,则这样的载荷称为静载荷。随时间变化而变化的载荷则为动载荷,动载荷又可分为交变载荷和冲击载荷。随时间变化而作周期性变化的载荷称为交变载荷,如齿轮转动时轮齿的受力即为交变载荷。物体的运动在瞬时内发生突变所引起的载荷称为冲击载荷,如急刹车时飞轮的轮轴、锻压时汽锤杆所受的载荷、物体撞击构件时的作用力等都是冲击载荷。材料在静载荷和动载荷作用下的力学行为有很大差别,分析方法也不完全相同。

5. 约束反力

与分离体相连的物体对分离体的作用称为约束,其作用力称为约束力或约束反力。通常,载荷往往是作为已知力给出的,而约束反力需要经过平衡分析求解出来。

三、杆件变形的基本形式

构件的形式按其几何形状可分为多种,但最常见的形式是杆件,即长度尺寸远大于横向尺寸的构件。杆件的几何特征由轴线和横截面描述。横截面与杆的长度方向相垂直;横截面形心的连线称为轴线。根据轴线的特征,杆件可分为直杆和曲杆;根据横截面的特征,杆件可分为等截面杆和变截面杆。材料力学主要研究等截面直杆,简称等直杆。

杆件变形的基本形式有以下四种:①轴向拉伸与压缩,如图 3.2 所示;②剪切,如图 3.3 所示;③扭转,如图 3.4 所示;④弯曲,如图 3.5 所示。

图 3.2　拉伸与压缩

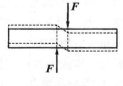

图 3.3　剪切

图 3.4 扭转

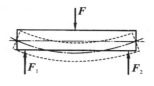

图 3.5 弯曲

四、内力、截面法、应力

1. 内力

构件工作中受到的其他物体对它的作用力称为外力,包括主动力和约束反力。外力的作用,会引起物体内部各质点之间的相对位置以及相互作用力发生改变,表现出来就是构件发生了变形。构件内部质点之间相互作用力(固有内力)的改变量即由外力作用而引起的"附加内力",简称内力。内力随外力大小的不同而变化,当内力达到某一限度时就会引起构件的破坏。因此,构件的内力大小及其分布方式与其承载能力之间有密切的关系,研究和分析内力是解决强度、刚度等问题的基础。

2. 截面法

截面法是分析、计算内力的方法,就是假想用一截面把构件截为两部分,取其中一部分作为研究对象,并以内力代替另一部分对研究部分的作用,根据研究部分内力与外力的平衡来确定内力的大小和方向。截面法是材料力学分析内力的基本方法。

如图 3.6 所示,杆件在外力 F_1、F_2、F_3 和 F_4 的作用下平衡,欲求杆件的内力。可用一假想的截面将杆件一分为二,任取其中一段来研究。由于杆件处于平衡状态,所以截开后其中任一段也应平衡,这时可利用静力平衡条件来列出平衡方程,求出截面 $m—m$ 上的内力。

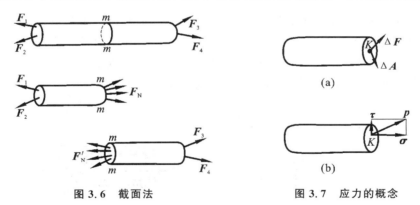

图 3.6 截面法

图 3.7 应力的概念

3. 应力

截面法可以确定杆件截面上内力的合力,但不能确定内力在截面上的分布密度,由此需引入应力的概念。

如图 3.7(a)所示,在杆件截面上任一点 K 周围,取一微面积 ΔA,ΔA 上内力的合力为 ΔF,则它们的比值为

$$p_m = \frac{\Delta F}{\Delta A} \tag{3-1}$$

式中:p_m——ΔA 上的平均应力。

一般内力不是均匀分布的,这时平均应力 p_m 随 ΔA 的大小不同而变化,不能反映内力分布的真实情况。为确切地反映点 K 处的内力集度,将 ΔA 减小,当 ΔA 趋近于零时,得

$$p = \lim_{\Delta A \to 0} \frac{\Delta F}{\Delta A} = \frac{dF}{dA} \tag{3-2}$$

式中:p——点 K 的全应力,表明了内力系在点 K 的集度。

p 是一个矢量,通常把 p 分解为两个正交的分量:垂直于截面的分量 σ 称为正应力,切于截面的分量 τ 称为切应力,如图3.7(b)所示。

应力的单位是 Pa(帕),$1\ Pa = 1\ N/m^2$。另外,在工程实践中还常用 MPa 和 GPa 来表示单位,其换算关系为 $1\ MPa = 10^6\ Pa$,$1\ GPa = 10^9\ Pa$。

◀ 任务 2   轴向拉伸或压缩时的内力 ▶

一、轴向拉伸与压缩的概念

为了研究构件内力的分布及大小,通常采用截面法,它的过程可归纳为以下三个步骤。

(1) 在需要求内力的截面处,假想用一垂直于轴线的截面把构件分成两个部分,保留其中任一部分作为研究对象,称为分离体。

(2) 将弃去的另一部分对保留部分的作用力用截面上的内力代替。

(3) 对保留部分(分离体)建立平衡方程式,由已知外力求出截面上内力的大小和方向。

在使用截面法求内力时,构件在被截开前,静力学中的力系等效代换及力的可传性是不适用的。

工程中有很多杆件是承受轴向拉伸或压缩的。例如,简易吊车中的杆 AB(见图3.8)是受拉伸的杆件,而油缸活塞杆(见图3.9)则是受压缩的杆件。其受力特点为:作用于杆件的外力合力的作用线与杆件的轴线相重合。其变形为沿杆轴线方向的伸长或缩短,杆件的这种变形称为轴向拉伸或压缩,轴向拉伸或压缩杆件的力学简图如图3.2所示。

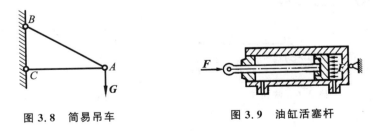

图 3.8   简易吊车   图 3.9   油缸活塞杆

二、拉(压)杆的内力计算、轴力图

1. 内力计算

图3.10(a)所示的拉杆受两个力 F 的作用,现用截面法求其内力。

用截面 m—m 假想将杆截为两段,取右段为研究对象,并单独画出。同时,用内力合力 F_N 表示右段对左段的作用,如图3.10(b)所示。根据平衡条件列出平衡方程为

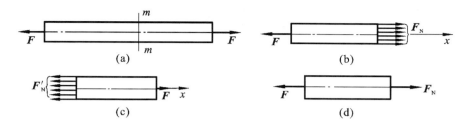

图 3.10 拉杆内力计算

$$\sum F_{ix} = 0, \qquad F_N - F = 0$$

求得
$$F_N = F$$

如果取左段为研究对象,如图 3.10(c)所示,所得结果相同,即
$$F_N' = F$$

F_N 和 F_N' 是作用力与反作用力的关系,即对同一截面来说,选取不同部分为研究对象,所得内力必等值、反向。

由于外力 F 沿杆的轴线方向,内力也可合成为一个合力 F_N,作用于杆轴线,故称为轴力,如图 3.10(d)所示。

轴力的正负号规定为:轴力的正负号由杆件的变形确定,当轴力沿轴线离开截面,即与横截面外法线方向一致时为正,这时杆件受拉;反之轴力为负,杆件受压。一般未知指向的轴力可假设为正向,由计算结果的正负判断截面受拉还是受压。

例 3-1 如图 3.11 所示,杆件在 A、B、C、D 各截面处作用有外力,求横截面 1—1、2—2、3—3 处的轴力。

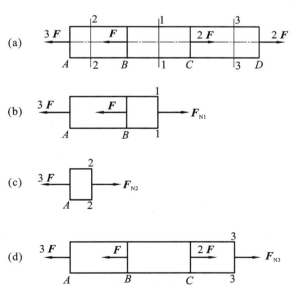

图 3.11 杆件的轴力

解 由截面法,沿各所求截面将杆件切开,取左段为研究对象,在相应截面分别画出轴力 F_{N1}、F_{N2}、F_{N3},列平衡方程 $\sum F_{ix} = 0$。

由图 3.11(b),得

$$F_{N1} - 3F - F = 0 \tag{1}$$
$$F_{N1} = 3F + F = 4F$$

同理,由图 3.11(c),得

$$F_{N2} - 3F = 0 \tag{2}$$
$$F_{N2} = 3F$$

由图 3.11(d),得

$$F_{N3} + 2F - 3F - F = 0 \tag{3}$$
$$F_{N3} = 3F - 2F + F = 2F$$

由式(1)、(2)、(3),不难得到以下结论:

拉(压)杆各横截面上的轴力在数值上等于该截面一侧(研究段)各外力的代数和。外力离开该截面时取为正,指向该截面时取为负,即

$$F_N = \sum_{i=1}^{n} F_i \tag{3-3}$$

2. 轴力图

工程上受拉、压的杆件往往同时受多个外力作用,称为多力杆。这时,杆上不同轴段的轴力将不同,为了清楚地表达轴力随截面位置变化而变化的情况,可以用轴力图来表示。轴力图的画法为:可按选定的比例尺,用平行于杆件轴线的坐标表示杆件截面的位置,用垂直于杆件轴线的另一坐标表示轴力数值的大小,正轴力画在坐标轴正向,反之画在负向。这样绘出的图形称为轴力图。

例 3-2 图 3.12(a)所示为一等截面直杆,其受力情况如图所示,试作其轴力图。

解 (1)作杆的受力图(见图 3.12(b)),求约束反力 $\boldsymbol{F}_A$。

根据 $\sum F_{ix} = 0$,得

$$-F_A - F_1 + F_2 - F_3 + F_4 = 0$$
$$F_A = (-40 + 55 - 25 + 20)\ \text{kN} = 10\ \text{kN}$$

(2)求各段横截面上的轴力并作轴力图。

计算轴力可用截面法,亦可直接应用式(3-3),因而不必再逐段截开和作研究段的分离体图。在计算时,取截面左侧或右侧均可,一般取外力较少的杆段为好。

AB 段,有 $F_{N1} = F_A = 10\ \text{kN}$ (考虑左侧)

BC 段,有 $F_{N2} = F_A + F_1 = 50\ \text{kN}$ (考虑左侧)

CD 段,有 $F_{N3} = F_4 - F_3 = -5\ \text{kN}$ (考虑右侧)

DE 段,有 $F_{N4} = F_4 = 20\ \text{kN}$ (考虑右侧)

由以上计算结果可知,杆件在 CD 段受压,其他各段均受拉。最大轴力 F_{Nmax} 在 BC 段,其轴力图如图 3.12(c)所示。

三、轴向拉伸或压缩时横截面上的正应力

取一等截面直杆,在其侧面作两条垂直于杆轴的直线 ab 和 cd,然后在杆两端施加一对轴向拉力 $\boldsymbol{F}$ 使杆发生变形,此时直线 ab、cd 分别平移至 $a'b'$、$c'd'$,且仍保持为直线(见图 3.13(a))。由变形现象可以推知,原为平面的横截面,变形后仍保持为平面,这就是平面假设。设想杆由纵向纤维组成,根据平面假设,等直杆在轴向拉力作用下,其横截面间的纵向纤维的伸

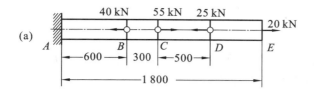

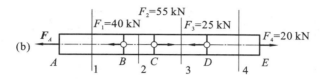

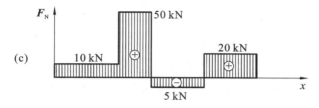

图 3.12　轴力图

长量是相等的。由均匀性假设,既然性质相同的纵向纤维得到了同样的伸长,可以推想它们的受力是相同的。因而,横截面上各点只有正应力且均匀分布(见图 3.13(b)),故横截面上各点的正应力可以直接表示为

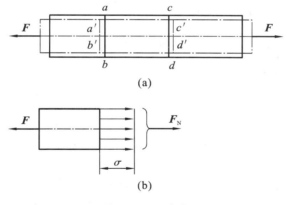

图 3.13　正应力

$$\sigma = \frac{F_N}{A} \quad 或 \quad \sigma = \frac{F}{A} \tag{3-4}$$

式中:σ —— 杆横截面上的正应力,正负号由轴力的符号决定,即拉应力为正,压应力为负;

$\quad\quad F_N$ —— 横截面上的轴力;

$\quad\quad A$ —— 横截面的面积。

四、轴向拉伸或压缩变形计算

　　轴向拉伸或压缩时,杆件的变形主要表现为沿轴向的伸长或缩短,即纵向变形。由试验可知,当杆沿轴向伸长(或缩短)时,其横向尺寸也会相应缩小(或增大),即产生垂直于轴线方向的

横向变形。

1. 纵向变形

设一等截面直杆原长为 l，横截面的面积为 A。在轴向拉力 F 的作用下，长度由 l 变为 l_1（见图 3.14(a)）。杆件沿轴线方向的伸长量为

$$\Delta l = l_1 - l \tag{3-5}$$

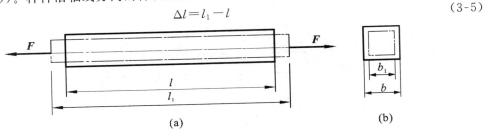

图 3.14　纵向变形

拉伸时，Δl 为正；压缩时，Δl 为负。杆件的伸长量与杆的原长有关，为了消除杆件原长的影响，将 Δl 除以 l，即以单位长度的伸长量表示杆件变形的程度，称为纵向线应变，用 ε 表示，即

$$\varepsilon = \frac{\Delta l}{l} \tag{3-6}$$

ε 是一个无量纲的量，其正负号与 Δl 的正负号一致。

2. 胡克定律

试验证明：若杆横截面上的正应力不超过某一限度，则杆件的伸长量 Δl 与轴力 F_N、杆的长度 l 成正比，与横截面面积 A 成反比，即

$$\Delta l \propto \frac{F_N l}{A} \tag{3-7}$$

引入比例常数 E，则上式可写为

$$\Delta l = \frac{F_N l}{EA} \tag{3-8}$$

上式称为胡克定律。

将式(3-4)和式(3-6)代入上式，可得

$$\sigma = E\varepsilon \tag{3-9}$$

式中：E——材料的弹性模量，其单位与应力相同，常用单位为 GPa。

这是胡克定律的另一形式。可表述为：若应力不超过比例极限，则横截面上的正应力与纵向线应变成正比。材料的弹性模量由试验测定，见第 1 章表 1.1。

弹性模量表示杆在受拉(压)时抵抗弹性变形的能力。由式(3-8)可看出，EA 越大，杆件的变形 Δl 就越小，故称 EA 为杆件的抗拉(压)刚度。

3. 横向变形

在轴向外力作用下，杆件沿轴向伸长(缩短)的同时，横向尺寸也将缩小(增大)。设横向尺寸由 b 变为 b_1（见图 3.14(b)），则横向线应变为

$$\varepsilon' = \frac{\Delta b}{b} = \frac{b_1 - b}{b} \tag{3-10}$$

ε' 也为一个无量纲的量。

拉伸时，纵向伸长 $\varepsilon > 0$；横向变细，$\varepsilon' < 0$。

压缩时,纵向缩短 $\varepsilon<0$;横向增粗,$\varepsilon'>0$。

4. 泊松比

试验表明,对于同一种材料,当应力不超过比例极限时,横向线应变与纵向线应变之比的绝对值为常数。比值 ν 称为泊松比,也称横向变形系数,即

$$\nu=\left|\frac{\varepsilon'}{\varepsilon}\right| \tag{3-11}$$

由于这两个应变的正负号恒相反,故有

$$\varepsilon'=-\nu\varepsilon \tag{3-12}$$

泊松比 ν 是材料的另一个弹性常数,为一个无量纲的量,由试验测得。工程上常用材料的泊松比见第 1 章表 1.1。

例 3-3 图 3.15(a)所示为一阶梯形钢轴,已知材料的弹性模量 $E=200$ GPa,AC 段的横截面面积为 $A_{AB}=A_{BC}=500$ mm²,CD 段的横截面面积为 $A_{CD}=250$ mm²,杆的各段长度及受力情况如图所示。试求:

(1)杆横截面上的轴力和正应力;

(2)杆的总变形。

解 (1)求各段杆横截面上的轴力。

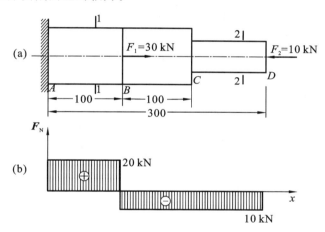

图 3.15 阶梯形钢轴

AB 段,有 $\quad F_{N1}=F_1-F_2=(30-10)\text{kN}=20$ kN

BC 段与 CD 段,有 $\quad F_{N2}=F_2=-10$ kN

(2)画轴力图。

轴力图如图 3.15(b)所示。

(3)计算各段正应力。

AB 段,有 $\quad \sigma_{AB}=\frac{F_{N1}}{A_{AB}}=\frac{20\times10^3}{500\times10^{-6}}$ Pa$=4.0\times10^7$ Pa$=40$ MPa

BC 段,有 $\quad \sigma_{BC}=\frac{F_{N2}}{A_{BC}}=-\frac{10\times10^3}{500\times10^{-6}}$ Pa$=-2.0\times10^7$ Pa$=-20$ MPa

CD 段,有 $\quad \sigma_{CD}=\frac{F_{N3}}{A_{CD}}=-\frac{10\times10^3}{250\times10^{-6}}$ Pa$=-4.0\times10^7$ Pa$=-40$ MPa

（4）杆的总变形。

杆的总变形 Δl_{AD} 等于各段杆变形的代数和，即

$$\Delta l_{AD} = \Delta l_{AB} + \Delta l_{BC} + \Delta l_{CD} = \frac{F_{N1} l_{AB}}{EA_{AB}} + \frac{F_{N2} l_{BC}}{EA_{BC}} + \frac{F_{N2} l_{CD}}{EA_{CD}}$$

将有关数据代入，即得

$$\Delta l_{AD} = \frac{1}{200 \times 10^9} \times (\frac{20 \times 10^3 \times 0.10}{500 \times 10^{-6}} - \frac{10 \times 10^3 \times 0.10}{500 \times 10^{-6}} - \frac{10 \times 10^3 \times 0.10}{250 \times 10^{-6}}) \text{ m}$$
$$= -0.01 \times 10^{-3} \text{ m} = -0.01 \text{ mm}$$

负值说明整个杆件是缩短的。

五、拉(压)杆件的强度计算

1. 许用应力的确定

由金属材料拉压试验可知，杆件受到的应力如果超过所用材料的屈服强度 σ_s 及抗拉强度 σ_b，便会因产生过大的塑性变形或发生破坏等强度不足而丧失正常的工作能力，即失效。因此，工程中根据材料的屈服强度 σ_s 或抗拉强度 σ_b，考虑杆件的实际工作情况，规定了保证杆件具有足够的强度所允许承担的最大应力值，称为许用应力，常用符号 $[\sigma]$ 表示。显然，只有当杆件所受的应力小于或等于其许用应力时，杆件才具有足够的强度。

从理论上讲，应取屈服强度 σ_s 或抗拉强度 σ_b 为许用应力 $[\sigma]$ 的值。但由于实际工作中有很多难以确定的因素，如载荷的变动、杆件材质的不均匀性和载荷计算的不准确性等，若取 σ_s 或 σ_b 为 $[\sigma]$，则很难保证杆件有足够的强度。因此，为了保证杆件的安全可靠，需要使其有一定的强度储备。为此，应将极限应力 σ_s 或 σ_b 除以一个大于1的系数 S，并将结果作为许用应力 $[\sigma]$。计算如表 3.1 所示。

表 3.1　拉伸和压缩时的许用应力 $[\sigma]$

塑性材料	脆性材料	
许用拉(压)应力 $[\sigma]$	许用拉应力 $[\sigma_t]$	许用压应力 $[\sigma_c]$
$[\sigma] = \frac{\sigma_s}{S}$ 或 $[\sigma] = \frac{\sigma_{0.2}}{S}$	$[\sigma_t] = \frac{\sigma_{bt}}{S}$	$[\sigma_c] = \frac{\sigma_{bc}}{S}$

注：表中符号参看图 1.6。

对于安全系数，必须根据杆件的实际工作情况，进行综合分析。若安全系数偏大，则许用应力 $[\sigma]$ 值低，杆件安全性高，但结构尺寸过大，不经济；若安全系数小，则许用应力 $[\sigma]$ 值高，杆件的结构尺寸虽小了，但安全性又降低了。因此，安全系数的确定，应综合考虑安全性和经济性指标，通常要考虑下列几方面因素。

（1）载荷确定的准确性。考虑设计计算的简化与实际情况的差异程度。

（2）杆件材质的均匀性。考虑同一牌号材料，因冶炼、毛坯制造工艺水平等方面的影响而造成的性能差异。

（3）工作载荷的情况。考虑杆件工作中，所受载荷的不稳定性及杆件的重要性。

在设计计算过程中，若不能准确掌握实际情况，或杆件的材质均匀性差，或载荷变动较大，以及杆件失效后会引起严重后果等，则安全系数要取大值；反之，取较小的值。

许用应力和安全系数的具体数据，可查阅相关专业的标准确定。一般机械设计中，在静载

条件下,对于塑性材料,取 $S=1.5\sim2.0$;对于脆性材料,取 $S=2.0\sim5.0$,若材质均匀性差,且杆件很重要,也可取 $S=3.0\sim9.0$。

2. 杆件的强度条件

为使杆件在工作中安全可靠(即强度足够),其所受的最大工作正应力 σ_{max} 必须小于或等于其在拉伸(压缩)时的许用正应力 $[\sigma]$,即

$$\sigma_{max}=\frac{F_N}{A}\leqslant[\sigma] \tag{3-13}$$

式中:F_N、A ——危险截面的轴力和截面面积。

式(3-13)称为拉(压)杆件的强度条件,是对拉(压)杆件进行强度分析和计算的依据。杆件中最大工作应力所在的截面称为危险截面。等截面直杆的危险截面位于轴力最大处;而变截面杆的危险截面,必须综合轴力和截面面积两方面来确定。

上述强度条件,可以解决三种类型的强度计算问题。

(1)校核强度。

若已知杆件尺寸,所受载荷和材料的许用应力,则由式(3-13)可校核杆件是否满足强度要求,即

$$\sigma_{max}\leqslant[\sigma] \tag{3-14}$$

(2)设计截面尺寸。

若已知杆件所受的载荷和材料的许用应力,则由式(3-13)得

$$A\geqslant\frac{F_N}{[\sigma]} \tag{3-15}$$

由此先确定出面积,再根据截面形状得相应的尺寸。

(3)确定许用载荷。

若已知杆件尺寸和材料的许用应力,则由式(3-13)得

$$F_{N\,max}\leqslant[\sigma]A \tag{3-16}$$

由上式算出杆件所能承受的最大轴力,从而确定杆件的许用载荷 $[F]$。

例 3-4 图 3.16(a)所示为一刚性梁 ACB 由圆杆 CD 在点 C 悬挂连接,B 端作用有集中载荷 $F=25$ kN,已知:杆 CD 的直径 $d=20$ mm,许用应力 $[\sigma]=160$ MPa。

(1)试校核杆 CD 的强度;

(2)试求结构中杆 CD 的许用载荷 $[F]$。

解 (1)校核杆 CD 的强度。

因杆 CD 是二力杆,故取杆 AB 为研究对象作受力图(见图 3.16(b))求 F_{CD}。

由平衡方程 $\sum M_{iA}=0$,有

$$2F_{CD}l-3Fl=0$$

$$F_{CD}=\frac{3}{2}F$$

则杆 CD 的轴力为 $F_N=F_{CD}=\frac{3}{2}F$。

杆 CD 的工作应力为

$$\sigma_{CD}=\frac{F_N}{A_{CD}}=\frac{\dfrac{3F}{2}}{\dfrac{\pi d^2}{4}}=\frac{6\times25\times10^3}{\pi\times(0.020)^2}\ \text{Pa}=1.194\times10^8\ \text{Pa}=119.4\ \text{MPa}$$

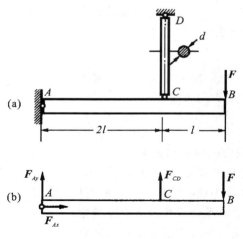

图 3.16 刚性梁受力分析

即 $\sigma_{CD} < [\sigma]$，所以杆 CD 的强度足够。

（2）求杆 CD 的许用载荷 $[F]$。

由
$$\sigma_{CD} = \frac{F_{CD}}{A_{CD}} = \frac{6F}{\pi d^2} \leqslant [\sigma],$$

得
$$F \leqslant \frac{\pi d^2 [\sigma]}{6} = \frac{\pi \times (0.020)^2 \times 160 \times 10^6}{6} \text{ N} = 33.5 \times 10^3 \text{ N} = 33.5 \text{ kN}$$

由此得结构中杆 CD 的许用载荷 $[F] = 33.5$ kN。

例 3-5 如图 3.17(a)所示的三角形托架,其杆 AB 由两根等边角钢所组成。已知载荷 $F = 75$ kN,钢的许用应力 $[\sigma] = 160$ MPa。试选择等边角钢的型号。

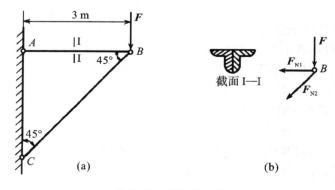

图 3.17 三角形托架

解 （1）杆 AB、BC 均为二力杆件,为求杆 AB 的轴力,取节点 B 为研究对象,受力如图 3.17(b)所示。

列出平衡方程为
$$\sum F_{ix} = 0, \quad F_{N1} + F_{N2}\cos 45° = 0$$
$$\sum F_{iy} = 0, \quad F + F_{N2}\sin 45° = 0$$

联立求解,得

$$F_{N1} = F = 75 \text{ kN}, \qquad F_{N2} = -\sqrt{2}F = -106 \text{ kN}$$

（2）确定杆 AB 横截面面积。根据强度条件，有

$$A \geqslant \frac{F_{N1}}{[\sigma]} = \frac{75 \times 10^3}{160 \times 10^6} \text{ m}^2 = 0.469 \times 10^{-3} \text{ m}^2 = 469 \text{ mm}^2$$

（3）选择角钢型号。查本书附录 A 部分型钢表可知，边厚为 3 mm 的 4 号等边角钢的横截面面积为 2.539 cm² = 253.9 mm²。采用两个这样的角钢，其总横截面积为 253.9 mm² × 2 = 507.8 mm² > 469 mm²，故能满足设计要求。

3．应力集中现象

前面分析的等截面直杆在轴向拉伸（压缩）时，横截面上的正应力是均匀分布的。但工程中，由于结构或工艺上的需要，有些杆件常开有孔、槽或留有凸肩、表面切割螺纹等，使截面形状在这些部位发生突变，应力值急剧增加，而距突变区较远处应力又渐趋均匀。这种由于截面的突变而导致的局部应力增大的现象，称为应力集中。图 3.18 所示的拉杆在截面1—1上，靠近孔边的小范围内应力很大，而离开孔边较远处的应力降低许多，且分布较均匀。应力集中的程度，通常以最大局部应力与被削弱截面上的平均应力之比来衡量，称为理论应力集中系数或集中因素，以 K_t 表示，即

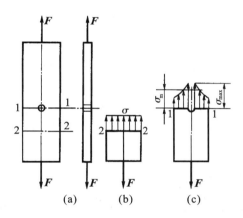

图 3.18　内应力

$$K_t = \frac{\sigma_{max}}{\sigma_m} \tag{3-17}$$

在静载荷作用下，应力集中对于塑性材料和脆性材料产生的影响是不同的。图 3.19（a）所示的带有小圆孔的杆件，拉伸时孔边缘将产生应力集中。塑性材料具有明显的屈服阶段，当 σ_{max} 达到屈服点应力 σ_s 时，杆件在此局部产生塑性变形，该处的变形可以继续增大，而应力数值不增加。若载荷继续加大，尚未屈服的区域的应力随之增加而相继达到 σ_s（见图3.19（b）），直到整个截面上的应力都达到 σ_s 时，应力分布趋于均匀（见图3.19（c））。所以，材料的塑性性质具有缓和应力集中的作用。脆性材料则不同，由于脆性材料无屈服阶段，局部最大应力随载荷的增加而增加，一直到达材料的抗拉强度 σ_b 时，孔边缘处就出现裂纹，从而发生断裂。因此，对于脆性材料的杆件应考虑应力集中的影响。

在交变应力或受冲击载荷作用下，无论是塑性材料还是脆性材料，应力集中都会影响杆件的强度。

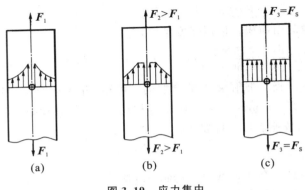

图 3.19　应力集中

◀ 任务3　剪切与挤压 ▶

一、剪切

1. 剪切的概念

工程结构中的许多连接件,如铆钉、螺栓、键、销等,受力后产生的主要变形为剪切,剪切是杆件的基本变形形式之一。

图 3.20 所示为一剪床剪切钢板的示意图。钢板在上、下刀刃产生的力 F 作用下,在相距很近的 δ 区域内,钢板左右两部分将沿中间截面 $m—m$ 发生相对错动,当力 F 足够大时,钢板被剪断。

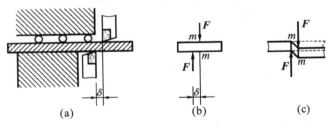

图 3.20　剪切原理

图 3.21(a)所示为一铆钉连接简图。在被连接件(钢板)上受到外力 F 的作用后,力由两块钢板传到铆钉与钢板的接触面上,铆钉受到大小相等、方向相反的两组分布力(合力为 F)的作用,其上下两部分将沿中间截面 $m—m$ 发生相对错动的变形,如图 3.21(b)、(c)所示。

由上述两例可见,剪切的受力特点是:作用在杆件两侧面上且与杆轴线垂直的外力的合力大小相等、方向相反,作用线相距很近。其变形为杆件两部分在中间截面 $m—m$ 沿作用力的方向上发生相对错动。杆件的这种变形称为剪切。杆件所沿发生相对错动的中间截面 $m—m$ 称为剪切面。

只有一个剪切面的剪切称为单剪,如上述两例。有两个剪切面的剪切称为双剪,如图 3.22 中螺栓所受的剪切。剪切面上的内力仍然可用截面法求得,它也是分布内力的合力,称为剪力,

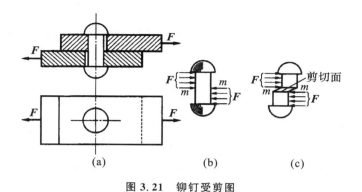

图 3.21 铆钉受剪图

用 F_s 表示,如图 3.23(c)所示。剪切面上分布内力的集度即为切应力 τ(见图 3.23(d))。

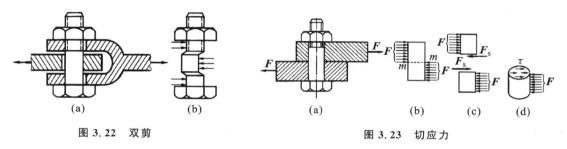

图 3.22 双剪　　　　　　　　　　　**图 3.23 切应力**

2. 剪切的实用计算

切应力在剪切面上分布的情况比较复杂。为便于计算,工程中通常采用实用计算方法,即根据构件的实际破坏情况,作出粗略、简单但基本符合实际情况的假设,作为强度计算的依据。在这种实用计算中,假设切应力在剪切面内是均匀分布的(见图 3.23),按此假设计算出的切应力实质上是截面上的平均应力,称为名义切应力,即

$$\tau = \frac{F_s}{A_s} \qquad (3\text{-}18)$$

材料的极限切应力 τ_u 是用试验方法得到的。将此极限切应力除以适当的安全因数,即得材料的许用切应力为

$$[\tau] = \frac{\tau_u}{n} \qquad (3\text{-}19)$$

由此建立剪切强度条件为

$$\tau = \frac{F_s}{A_s} \leqslant [\tau] \qquad (3\text{-}20)$$

大量实践结果表明,剪切的实用计算能满足工程实际的要求。工程中常用材料的许用切应力,可以从机械设计手册中查得。

对于剪切问题,工程上除应用式(3-20)进行剪切的强度校核,以确保构件正常工作外,有时会遇到相反的问题,即所谓剪切破坏。例如,车床传动轴的保险销,当载荷超过极限值时,保险销首先被剪断,从而保护车床的重要部件。而冲压模具冲裁工件时则是利用剪切破坏来达到加工目的的。剪切破坏的条件为

$$F_b \geqslant \tau_b A_s \qquad (3\text{-}21)$$

式中:F_b——破坏时横截面上的剪力;

τ_b——材料的抗剪切强度。

剪切强度条件同样可解决三类问题:校核强度、设计截面尺寸和确定许用载荷。

二、挤压

1. 挤压的概念

铆钉等连接件在外力的作用下发生剪切变形的同时,在连接件和被连接件接触面上互相压紧,产生局部压陷变形,以至压溃破坏,这种现象称为挤压,如图 3.24(a)所示。接触面上的压力称为挤压力,用 F_{bs} 表示。由挤压力引起的接触面上的表面压强,习惯上称为挤压应力,用 σ_{bs} 表示。

应当注意,挤压与压缩的概念是不同的。压缩变形是指杆件的整体变形,其任意横截面上的应力是均匀分布的;挤压时,挤压应力只发生在构件接触的局部表面,一般并不均匀分布。

2. 挤压的实用计算

与切应力在剪切面上的分布相类似,挤压面上挤压应力的分布也较复杂,如图 3.24(b)所示。为了简化计算,工程中同样采用挤压实用计算方法,即假设挤压应力在挤压面上是均匀分布的,如图 3.24(c)所示。按这种假设所得的挤压应力称为名义挤压应力。当接触面为平面时,挤压面就是实际接触面;对于圆柱状连接件,接触面为半圆柱面,挤压面面积 A_{bs},取为实际接触面的正投影面,即其直径面面积 $A_{bs}=td$(见图 3.24(c)),因此有

$$\sigma_{bs}=\frac{F_{bs}}{A_{bs}} \tag{3-22}$$

也可通过试验得到材料的极限挤压应力,除以适当的安全系数 n,即得材料的许用挤压应力为

$$[\sigma_{bs}]=\frac{\sigma_u}{n} \tag{3-23}$$

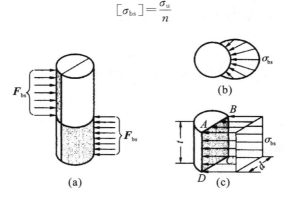

图 3.24 挤压计算

由此建立挤压强度条件为

$$\sigma_{bs}=\frac{F_{bs}}{A_{bs}}\leqslant[\sigma_{bs}] \tag{3-24}$$

挤压应力是连接件与被连接件之间的相互作用。当二者材料不同时,应对其中许用挤压应力较低的材料进行挤压强度校核。工程实践证明,挤压的实用计算能满足工程实际的要求。工程中常用材料的许用挤压应力,可以从机械设计手册中查到。

例 3-6 机车挂钩的销钉连接如图 3.25(a)所示。已知挂钩厚度 $t=8$ mm,销钉材料的

$[\tau] = 60$ MPa，$[\sigma_{bs}] = 200$ MPa，机车的牵引力 $F = 20$ kN，试选择销钉的直径。

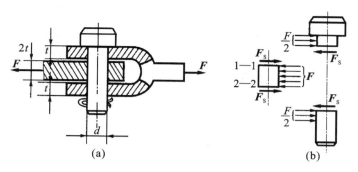

图 3.25 销钉连接

解 （1）求剪力 F_s，销钉受力情况如图 3.25(b)所示，因销钉受双剪，故每个剪切面上的剪力为 $F_s = \dfrac{F}{2}$，剪切面面积为 $A_s = \dfrac{\pi d^2}{4}$。

（2）根据剪切强度条件设计销钉直径。

由式（3-20）可得

$$A_s = \frac{\pi d^2}{4} \geqslant \frac{F/2}{[\tau]}$$

有

$$d \geqslant \sqrt{\frac{2F}{\pi[\tau]}} = \sqrt{\frac{2 \times 20 \times 10^3}{\pi \times 60 \times 10^6}} \text{ m} = 14.57 \times 10^{-3} \text{ m} = 14.57 \text{ mm}$$

取 $d = 15$ mm。

（3）根据挤压强度条件设计销钉直径。

由图 3.25(b)可知，销钉上、下部挤压面上的挤压力 $F_{bs} = \dfrac{F}{2}$，挤压面面积 $A_{bs} = td$，由式（3-24）得

$$A_{bs} = t \cdot d \geqslant \frac{F/2}{[\sigma_{bs}]}$$

即

$$d \geqslant \frac{F}{2t[\sigma_{bs}]} = \frac{20 \times 10^3}{2 \times 0.008 \times 200 \times 10^6} \text{ m} = 6.25 \times 10^{-3} \text{ m} \approx 7 \text{ mm}$$

故选 $d = 15$ mm，可同时满足挤压和剪切强度的要求。

◀ 任务 4　扭　　转 ▶

一、扭转的概念

扭转变形是杆件的基本变形之一。扭转变形是指杆件在若干截面内受到转向不同的外力偶作用，使杆件的轴线变成螺旋线形状的一种变形形式，如图 3.26 所示。

工程上受到扭转的杆件很常见。例如，汽车转向盘轴（见图 3.27），在操纵汽车方向时，双手在转向盘上施加的一对力构成力偶与下端的阻力偶使转向盘轴受扭。又如汽车传动轴、电动机轴、搅拌器轴、车床主轴等，都受扭转作用。

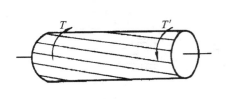

图 3.26　扭转变形

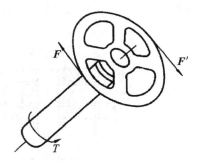

图 3.27　转向盘轴

从以上实例可以看出,杆件产生扭转变形的受力特点是:在垂直于杆件轴线的平面内,作用着一对大小相等、转向相反的力偶。其变形特点是:各横截面绕轴线发生相对转动,工程上常将以扭转变形为主要变形的杆件称为轴。本节只讨论圆截面直轴的扭转问题。

二、外力偶矩、扭矩和扭矩图

1. 外力偶矩

在分析轴扭转时的强度、刚度条件之前,首先要分析轴的受力情况。在工程实际中,作用在轴上的外力偶矩 T 往往不是直接给出来的,而是要通过已知轴所传递的功率 P 和轴的转速 n 求出。它们之间的关系为

$$T = \frac{9550P}{n} \tag{3-25}$$

式中:T——轴所受的外力偶矩;

　　　P——轴所传递的功率;

　　　n——轴的转速。

从式(3-25)可看出,轴所承受的力偶矩与传递的功率成正比,与轴的转速成反比。当轴所传递的功率相同时,则高速轴所受外力偶矩较小,低速轴所受外力偶矩较大。因此,在同一传动系统中,低速轴的轴径要大于高速轴轴径。

2. 扭矩

已知作用在轴上的所有外力偶矩后,即可用"截面法"计算圆轴扭转时各横截面上的内力。如图 3.28(a)所示轴 AB,在其两端垂直于杆轴线的平面内,作用有一对反向力偶,杆件处于平衡状态。为了求出轴的内力,用一假想截面 m—m 将轴一分为二,先研究左段的平衡,其上受一外力偶矩 T 作用,要使左段平衡,截面 m—m 上必有一力偶矩 M_n 与外力偶矩 T 相平衡,即截面上的内力是一力偶矩。

根据平衡条件得

$$\sum M = 0, \qquad M_n - T = 0$$
$$M_n = T$$

M_n 是轴在扭转时截面上的内力偶矩,称为扭矩。如果研究右段的平衡,会得到同一截面上大小相等、方向相反的扭矩 M_n',实际上二者是作用力与反作用力的关系。

扭矩的正负号规定如下:用右手螺旋定则判断,右手四指绕向表示扭矩绕轴线方向,则大拇

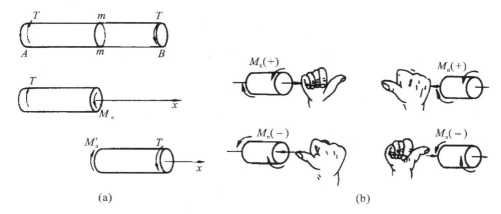

图 3.28 扭矩计算与方向

指指向与截面外法线方向一致时扭矩为正,反之扭矩为负,如图 3.28(b)所示。同一截面的扭矩符号是一致的,如上例中扭矩 M_n、M_n' 均为正。一般未知扭矩画其正方向。

3. 扭矩图

当轴上作用有两个以上外力偶时,则轴上各段扭矩 M_n 的大小和方向有所不同。为了形象地表达轴上各截面扭矩大小和符号的变化情况,可用扭矩图来表示。

在扭矩图上,以平行于轴线的直线为横轴,轴上各点表示轴上横截面的位置,纵轴表示扭矩的大小;按照选定的比例尺,正扭矩画在纵轴正向,负扭矩画在负向。根据扭矩图可清楚地看出轴上扭矩随截面的变化规律,便于分析轴上的危险截面,以便进行强度计算。

例 3-7 如图 3.29(a)所示,有一传动轴 AD,已知轴的转速为 $n=300$ r/min,主动轮 A 的输入功率 $P_A=400$ kW,三个从动轮 B、C、D 的输出功率分别为 $P_B=120$ kW、$P_C=120$ kW、$P_D=160$ kW,试求各段轴的扭矩并画出传动轴的扭矩图,确定最大扭矩 $|M_n|_{\max}$。

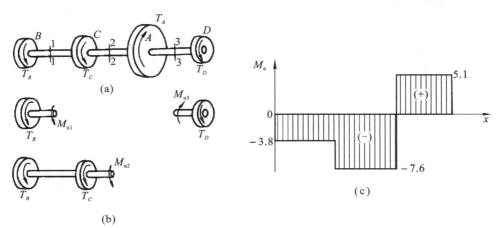

图 3.29 传动轴

解 (1)先求出主、从动轮上所受的外力偶矩。

$$T_A = \frac{9550 P_A}{n} = \frac{9550 \times 400}{300} \text{ N} \cdot \text{m} = 1.27 \times 10^4 \text{ N} \cdot \text{m} = 12.7 \text{ kN} \cdot \text{m}$$

$$T_B = T_C = \frac{9550 P_B}{n} = \frac{9550 \times 120}{300} \text{ N} \cdot \text{m} = 3.8 \times 10^3 \text{ N} \cdot \text{m} = 3.8 \text{ kN} \cdot \text{m}$$

$$T_D = \frac{9550 P_D}{n} = \frac{9550 \times 160}{300} \text{ N} \cdot \text{m} = 5.1 \times 10^3 \text{ N} \cdot \text{m} = 5.1 \text{ kN} \cdot \text{m}$$

（2）截面法求各段轴的扭矩：在 BC、CA、AD 段任取截面 1—1、2—2、3—3，并取相应轴段为研究对象，画受力图如图 3.29(b)所示。由平衡条件得

$$\sum M_{1-1} = 0, \qquad M_{n1} = -T_B = -3.8 \text{ kN} \cdot \text{m}$$

$$\sum M_{2-2} = 0, \qquad M_{n2} = -(T_B + T_C) = -7.6 \text{ kN} \cdot \text{m}$$

$$\sum M_{3-3} = 0, \qquad M_{n3} = T_D = 5.1 \text{ kN} \cdot \text{m}$$

（3）画扭矩图如图 3.29(c)所示，最大扭矩 $|M_n|_{\max} = 7.6 \text{ kN} \cdot \text{m}$。

从上例的分析可知：轴上任一截面的扭矩等于该截面以左或以右轴段上各外力偶矩的代数和。

三、圆轴扭转应力和变形

前面分析了圆轴扭转时横截面上的内力，即扭矩的计算。为了对受扭圆轴进行强度和刚度计算，还需进一步分析讨论扭转时的应力和变形。

1. 圆轴扭转时横截面上的应力

1）扭转试验

为了分析圆轴扭转时横截面上应力的分布情况，现取一等直圆轴，事先在圆轴表面画上若干平行于轴线的纵向线和垂直于轴线的圆周线，然后在圆轴两端分别作用一外力偶矩 T，使圆轴发生扭转变形，如图 3.30 所示。

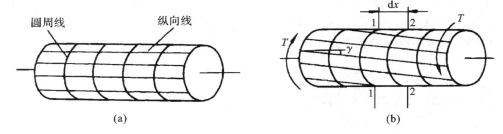

图 3.30　圆轴扭转实验

通过观察其变形过程，可以发现以下特点。

（1）各圆周线形状、大小以及相邻圆周线之间距离均未改变，只是绕轴线转过了一定的角度。

（2）各纵向线都倾斜了同一角度 γ，使圆轴表面的小方格变成了菱形。

根据以上观察到的现象可作出如下假设：圆轴扭转后各横截面仍保持为平面，而且各截面之间的距离不变，只是各截面绕轴线转过了一定角度，各半径线仍为直线。

以上假设称为平面假设。根据这一假设，可作出如下分析。

圆轴扭转时，由于横截面间距离未变，即线应变 $\varepsilon = 0$，所以横截面上没有正应力。横截面绕轴线相对转动，即发生了相对错动，出现剪切变形，故横截面上有切应力存在。由于截面半径长度未变，故切应力应垂直于半径方向。即圆轴扭转时，横截面上只有垂直于半径方向的切应力 τ，而无正应力 σ。

2）切应力分布规律

圆轴扭转时横截面上切应力 τ 的分布规律为：横截面上任一点的切应力大小与该点到圆心

的距离成正比,并垂直于半径方向呈线性分布。此规律可表示为

$$\tau_\rho = \frac{M_n}{I_p}\rho \tag{3-26}$$

式中:ρ——截面上任一点到中心的距离;

M_n——所求截面上的扭矩值;

I_p——横截面对圆心的极惯性矩;

τ_ρ——半径为 ρ 处的切应力。

圆心处(即 $\rho=0$)$\tau=0$,圆轴表面处($\rho=\rho_{max}$)切应力为最大。

圆轴扭转时横截面上最大切应力为

$$\tau_{max} = \frac{M_n R}{I_p} \tag{3-27}$$

式(3-27)中,R 和 I_p 均为与截面尺寸有关的几何量,可令 $W_p = I_p/R$,则有

$$\tau_{max} = \frac{M_n}{W_p} \tag{3-28}$$

式中:W_p——抗扭截面系数。

3) 截面的极惯性矩和抗扭截面系数的计算

工程上,轴的形状通常采用实心圆和空心圆两种,如图 3.31 所示。它们的 I_p、W_p 计算公式如下。

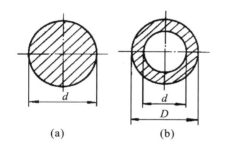

图 3.31　轴的截面形状

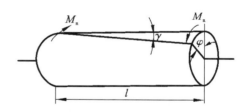

图 3.32　轴扭转时的变形

(1) 实心圆截面。

极惯性矩为 $$I_p = \frac{\pi d^4}{32}$$

抗扭截面系数为 $$W_p = \frac{\pi d^3}{16}$$

(2) 空心圆截面。

极惯性矩为 $$I_p = \frac{\pi}{32}(D^4 - d^4) = \frac{\pi D^4}{32}(1-\alpha^4)$$

抗扭截面系数为 $$W_p = \frac{\pi}{16D}(D^4 - d^4) = \frac{\pi D^3}{16}(1-\alpha^4)$$

式中:D、d——空心轴的外、内径;

α——内、外径之比,$\alpha = d/D$。

2. 圆轴扭转时的变形

圆轴扭转时,其变形可用扭转角 φ 来表示。所谓扭转角,是指变形时圆轴上任意两截面相对转过的角度,如图 3.32 所示,其单位是 rad(弧度)。

由理论分析可证明,扭转角 φ 与扭矩 M_n 以及两截面间的距离 l 成正比,而与材料的切变模量 G 及轴横截面的极惯性矩 I_p 成反比,即

$$\varphi = \frac{M_n l}{GI_p} \qquad (3-29)$$

式中:G——轴材料的切变模量;

$\quad\quad GI_p$——抗扭刚度,它反映了圆轴的材料和横截面尺寸两个方面因素抵抗扭转变形的能力,GI_p 越大,圆轴抵抗扭转变形的能力就越强。

注意:两截面之间的扭矩、直径有变化时,需分段计算各段的扭转角,然后求其代数和。扭转角的正负号与扭矩的相同。

从式(3-29)可看出,扭转角 φ 的大小与距离 l 有关。为消除 l 的影响,工程上常用"单位长度扭转角 θ"来表示其变形的程度,其计算公式为

$$\theta = \frac{\varphi}{l} = \frac{M_n}{GI_p} \qquad (3-30)$$

式中:θ——单位长度扭转角(rad/m),而工程中常用((°)/m)作为 θ 的单位。因此,θ 的计算公式为

$$\theta = \frac{M_n}{GI_p} \times \frac{180°}{\pi} \qquad (3-31)$$

四、圆轴扭转时强度和刚度的计算

1. 强度条件

为了保证轴在扭转时能安全工作,轴的危险截面上的最大切应力 τ_{max} 必须不超过材料的许用切应力 $[\tau]$,即

$$\tau_{max} = \frac{M_n}{W_p} \leqslant [\tau] \qquad (3-32)$$

式中:M_n——轴上危险截面的扭矩(绝对值);

$\quad\quad W_p$——危险截面的抗扭截面系数;

$\quad\quad [\tau]$——材料的许用切应力。

所谓危险截面,对于等截面轴是指扭矩最大的截面;而对于阶梯轴,应该是扭矩大而抗扭截面系数小的截面,需综合考虑 M_n 和 W_p 两个因素来定。许用切应力 $[\tau]$ 则可通过 $[\sigma]$ 来近似确定,即

对于塑性材料 $\qquad\qquad [\tau] = (0.5 \sim 0.6)[\sigma]$

对于脆性材料 $\qquad\qquad [\tau] = (0.8 \sim 1.0)[\sigma]$

2. 刚度条件

圆轴在扭转时,除了须满足强度条件外,还应该具有足够的刚度,以免产生过大的变形,影响机械的精度;尤其对于一些精密机械,刚度条件往往起重要作用。因此,对于圆轴,扭转时的刚度条件往往要加以限制。通常要求单位长度扭转角 θ 不得超过许用单位长度扭转角 $[\theta]$,即

$$\theta = \frac{180°M_n}{GI_p\pi} \leqslant [\theta] \qquad (3-33)$$

$[\theta]$ 值根据轴的工作条件和机器运转的精度要求等因素确定,一般规定如下:

对于精密机械的轴 $\qquad\qquad [\theta] = (0.25 \sim 0.5)$ (°)/m

对于一般传动轴　　　　　　$[\theta]=(0.1\sim1.0)\ (°)/m$

对于精度要求不高的轴　　　$[\theta]=(1.0\sim2.5)\ (°)/m$

具体数值可参考机械设计手册。

例 3-8　图 3.33 所示为汽车传动轴(见图中轴 AB),由 45 钢无缝管制成,其外径 $D=90$ mm,内径 $d=85$ mm,材料的许用切应力 $[\tau]=60$ MPa,工作时最大扭矩 $M_n=1.5\times10^3$ N·m。

(1)试校核轴的强度;

(2)若将传动轴 AB 改为实心轴,且其强度相同,试确定轴的直径 D',并比较空心轴和实心轴的重量。

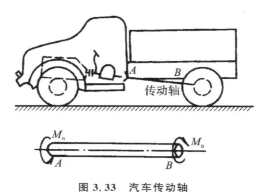

图 3.33　汽车传动轴

解　(1)校核轴的强度。

$$\alpha=\frac{d}{D}=\frac{85}{90}=0.944$$

抗扭截面系数为

$$W_p=\frac{\pi D^3}{16}(1-\alpha^4)=\frac{\pi(90\times10^{-3})^3}{16}(1-0.944^4)\ m^3=29.4\times10^{-6}\ m^3$$

最大切应力为

$$\tau_{max}=\frac{M_n}{W_p}=\frac{1.5\times10^3}{29.4\times10^{-6}}\ Pa=5.1\times10^7\ Pa=51\ MPa$$

由于 $\tau_{max}=51$ MPa$<[\tau]$,所以强度足够。

(2)轴 AB 改为实心轴后确定轴径 D'。因要求实心轴与空心轴强度相同,故有

$$\tau'_{max}=\frac{M_n}{W'_p}=51\ MPa$$

$$W'_p=\frac{\pi D'^3}{16}=\frac{M_n}{\tau'_{max}}=\frac{1.5\times10^3}{51\times10^6}$$

$$D'=\sqrt[3]{\frac{16\times1.5\times10^3}{\pi\times51\times10^6}}\ m=0.053\ m=53\ mm$$

在两轴材料相同、长度相等的情况下,其重力之比应等于横截面面积之比,于是有

$$\frac{Q_s}{Q_K}=\frac{A_s}{A_K}=\frac{\pi D'^2/4}{\pi(D^2-d^2)/4}=\frac{53^2}{90^2-85^2}=3.2$$

也就是说,改为实心轴后,其重力是空心轴的 3.2 倍。可见,在其他条件相同的情况下,采用空心轴可减小重力及减少材料消耗。在工程上,空心轴有着广泛的应用。

◀ 任务 5　平 面 弯 曲 ▶

一、平面弯曲概述

1. 弯曲的概念

在工程实际中,常常会遇到发生弯曲的杆件。例如,桥式起重机的大梁(见图3.34)、火车轮轴(见图3.35)等。这类杆件受力的共同特点是,外力(横向力)与杆轴线相垂直;变形时杆轴线由直线变成曲线。这种变形称为弯曲变形。工程上将以弯曲为主要变形的杆件统称为梁。

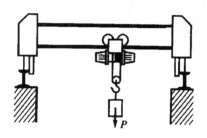

图 3.34　桥式起重机

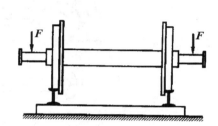

图 3.35　火车轮轴

工程中常见的梁,其横截面通常有一个纵向对称轴。该对称轴与梁的轴线组成梁的纵向对称面(见图3.36)。若梁上所有外力、外力偶作用在梁的纵向对称平面内,则梁变形时其轴线在此平面内弯曲成一条平面曲线,这种弯曲称为平面弯曲。

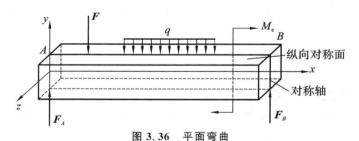

图 3.36　平面弯曲

平面弯曲是弯曲问题中最基本和最常见的情况。上述起重机的大梁和火车轮轴的弯曲即为平面弯曲。

2. 梁的分类及计算简图

工程中受弯杆件的支承情况是复杂多样的。为了便于分析,有必要根据杆件的变形情况将这些支承简化,从而将实际受弯杆件抽象为梁的计算简图。

1) 支承的简化

(1) 固定端。凡是在梁的支承处,不允许梁的端面有相对移动和相对转动的,均可简化为固定端。如图3.37所示,车床刀架上的刀具,其支承可简化为固定端。固定端的简化形式与约束反力如图3.38所示。

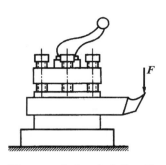

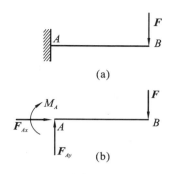

图 3.37　车床刀架上的刀具　　　　图 3.38　约束反力简化形式

（2）固定铰支座。凡是在梁的支承处，不允许梁有相对移动，但允许其横截面有相对转动的，均可简化为固定铰支座。如图 3.39 所示车床主轴的前支承 A 处的轴承限制主轴沿径向和轴向的移动，但由于间隙等原因，允许主轴在支承处的横截面作微小转动，故可简化为固定铰支座。固定铰支座的简化形式与约束反力如图 3.40(b) 所示。

（3）可动铰支座。凡是在梁的支承处，限制梁在支承处垂直于支承面的移动，但允许梁沿轴向的移动以及转动的，可简化为可动铰支座。如车床主轴的后支承 B（见图 3.39），滚动轴承只能约束主轴沿径向的移动，故可简化为可动铰支座。可动铰支座的简化形式与约束反力如图 3.40(c) 所示。

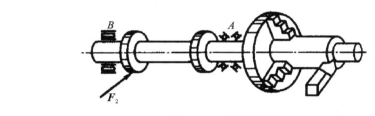

图 3.39　支座的类型

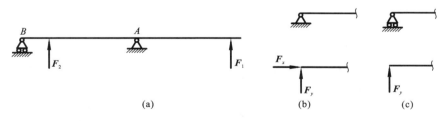

图 3.40　支座简图

2）工程梁的分类

根据梁的支承简化情况，在实际工程中常见的梁分为三种。

（1）简支梁：梁的一端为固定铰支座，另一端为可动铰支座，如图 3.41(a) 所示。

（2）外伸梁：梁的一端（或两端）伸出支座以外的简支梁，如图 3.41(b) 所示。

（3）悬臂梁：一端为固定端，另一端为自由端的梁，如图 3.41(c) 所示。

在对称弯曲情况下，梁的主动力与约束反力构成平面力系。上述简支梁、外伸梁和悬臂梁的约束反力，都能由静力平衡方程确定，因此，又统称为静定梁。

在工程实际中，有时为了提高梁的强度和刚度，采取增加梁的支承的办法，此时静力平衡方程就不足以确定梁的全部约束反力,这种梁称为静不定梁或超静定梁。

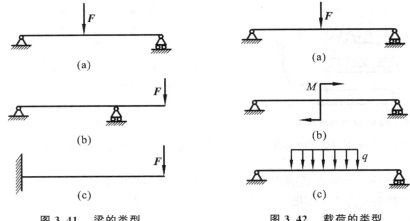

图 3.41 梁的类型   图 3.42 载荷的类型

3)作用于梁上的载荷的分类

作用于梁上的载荷可简化为以下三种形式。

(1)集中力:指通过一微小段梁作用在梁上的横向力,如图 3.42(a)所示。

(2)集中力偶:指作用于梁纵向平面内的外力偶,如图 3.42(b)所示。

(3)分布载荷:在梁的部分长度或全长上连续分布的横向力。如均匀分布,则称为均布载荷,常用载荷集度 q 来表示,其单位为 N/m 或 kN/m,如图 3.42(c)所示。梁的自重等就属此类载荷。

二、梁弯曲时的内力

1. 梁的内力(剪力与弯矩)

作用于梁上的外力以及支承对梁的约束反力都是梁的外载荷。支承对梁所产生的约束反力一般都由静力平衡条件求得。在外载荷的作用下,梁要产生弯曲变形,梁的各横截面内就必定存在相应的内力。梁的内力可由截面法求出。

设梁 AB 受横向力 F_1、F_2、F_3 作用(见图 3.43(a)),相应的支反力为 F_{Ay}、F_{By}。现求距 A 端 x 处横截面 m—m 上的内力。用截面法,沿横截面 m—m 将梁切开,任取其中一段,例如,左段作为研究对象。因原来梁处于平衡状态,故左段梁在外力及截面处内力的共同作用下亦应保持平衡。因外力 F_{Ay} 及 F_1,均垂直于梁的轴线,故一般地,在截面 m—m 上应有一个与截面相切的力 F_s 和一个在外力所在平面内的力偶 M 与之平衡(见图 3.43(b))。F_s 和 M 分别称为剪力和弯矩。剪力和弯矩的数值可由左段梁的平衡方程确定。

由 $$\sum F_y = 0, \qquad F_{Ay} - F_1 - F_s = 0$$

得 $$F_s = F_{Ay} - F_1$$

即剪力 F_s 等于左段梁上所有外力的代数和。

由 $$\sum M_C = 0, \qquad -F_{Ay}x + F_1(x-a) + M = 0$$

得 $$M = F_{Ay}x - F_1(x-a)$$

矩心 C 为截面 m—m 的形心,于是弯矩 M 等于左段梁上所有外力对截面形心 C 的力矩的

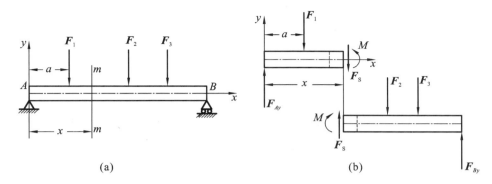

图 3.43　梁受横向力分析

代数和。

2. 剪力和弯矩的符号规定

如果以右段梁为研究对象,同样可求得截面 $m—m$ 上的剪力和弯矩,它们与取左段梁时求得的剪力和弯矩数值相同但方向相反,分别构成作用力和反作用力关系。为使以上两种情况所得同一横截面的内力具有相同的正、负号,对剪力与弯矩的正负作以下规定:在所切横截面的内侧截取一微段,凡使该微段有作顺时针方向转动趋势的剪力为正(见图 3.44(a)),反之为负(见图 3.44(b));使该微段弯曲变形为凹向上的弯矩为正(见图 3.44(c)),反之为负(见图 3.44(d))。

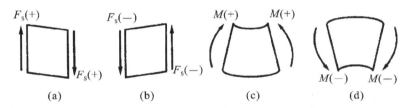

图 3.44　剪力和弯矩的符号

综上所述,可得如下结论:弯曲时梁横截面上的剪力在数值上等于该截面一侧外力的代数和;横截面上的弯矩在数值上等于该截面一侧外力对该截面形心的力矩的代数和。

当由外力直接计算横截面上的内力时,按照以上的正、负号规定,对于剪力,截面左侧的向上外力或右侧的向下外力产生正剪力,反之为负。至于弯矩,向上的外力(不论在截面的左侧或右侧)产生正弯矩,反之为负;或截面左侧的顺时针力偶及截面右侧的逆时针力偶产生正弯矩,反之为负。

利用上述规则,可直接根据截面左侧或右侧梁上的外力求横截面上的剪力和弯矩。

例 3-9　简支梁如图 3.45 所示,试求图中各指定横截面上的剪力和弯矩。

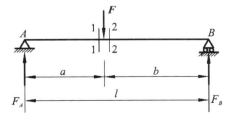

图 3.45　简支梁

解 (1) 求 A、B 支座的反力。

$$\sum M_B = 0, \qquad F_A = \frac{Fb}{l}$$

$$\sum M_A = 0, \qquad F_B = \frac{Fa}{l}$$

(2) 求截面 1—1 内力。

以左段为研究对象,根据平衡条件列平衡方程可求得该截面的剪力和弯矩分别为

$$F_{s1} = F_A = \frac{Fb}{l}, \qquad M_1 = F_A a = \frac{Fab}{l}$$

显然,弯矩和剪力均为正值。

(3) 求截面 2—2 内力。仍以左段为研究对象,同样可求得该截面的剪力和弯矩分别为

$$F_{s2} = F_A - F = -\frac{Fa}{l}, \qquad M_2 = F_A a - F \times 0 = \frac{Fab}{l}$$

弯矩为正值,剪力为负值。

三、剪力图与弯矩图

1. 剪力方程和弯矩方程

由上节可求出任意横截面上的剪力和弯矩,一般地,它们随横截面的位置不同而变化。如果沿梁的轴线方向选取 x 坐标表示横截面的位置,则各横截面上的剪力和弯矩可以表示为 x 坐标的函数,即

$$F_s = F_s(x), \qquad M = M(x) \tag{3-34}$$

上述二函数式称为剪力方程和弯矩方程。

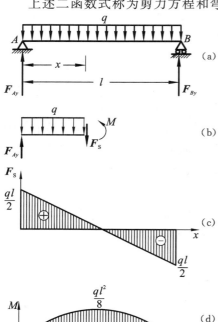

图 3.46　简支梁受力分析

如果以 x 为横坐标轴,以 F_s 或 M 为纵坐标轴,分别绘制 $F_s = F_s(x)$ 和 $M = M(x)$ 函数曲线,这样得出的图形分别称为剪力图和弯矩图。

利用剪力图和弯矩图,很容易确定梁的最大剪力和最大弯矩,以及梁的危险截面的位置。所以画剪力图和弯矩图往往是梁的强度和刚度计算中的重要步骤。

下面举例说明剪力图和弯矩图的作法。

例 3-10 图 3.46(a)所示为简支梁,在全梁上受集度 q 的均布载荷。试作此梁的剪力图和弯矩图。

解 (1) 求支座反力。

由 $\sum M_A = 0$ 及 $\sum M_B = 0$,得

$$F_{Ay} = F_{By} = \frac{ql}{2}$$

(2) 列剪力方程和弯矩方程。

取 A 为坐标轴原点,并在截面 x 处切开取左段为研究对象(见图 3.46(b)),则

$$F_s = F_{Ay} - qx = \frac{ql}{2} - qx \quad (0 < x < l) \tag{a}$$

$$M = F_{Ay}x - \frac{qx^2}{2} = \frac{qlx}{2} - \frac{qx^2}{2} \quad (0 \leqslant x \leqslant l) \tag{b}$$

（3）画剪力图。

式（a）表明，剪力 F_s 是 x 的一次函数，所以剪力图是一斜直线

$$x = 0, \qquad F_s = \frac{ql}{2}$$

$$x = l, \qquad F_s = -\frac{ql}{2}$$

（4）画弯矩图。

式（b）表明，弯矩 M 是 x 的二次函数，弯矩图是一条抛物线。由方程

$$M(x) = \frac{qlx}{2} - \frac{qx^2}{2} = \frac{q}{2}(lx - x^2) = -\frac{q}{2}\left(x - \frac{l}{2}\right)^2 + \frac{ql^2}{8}$$

可知曲线顶点为 $\left(\frac{l}{2}, \frac{ql^2}{8}\right)$，开口向下。可按表 3.2 所列对应值确定几点。

表 3.2 弯矩图对应值

x	0	$\frac{l}{4}$	$\frac{l}{2}$	$\frac{3l}{4}$	l
M	0	$\frac{3ql^2}{32}$	$\frac{ql^2}{8}$	$\frac{3ql^2}{32}$	0

剪力图与弯矩图分别如图 3.46(c)、(d)所示。由图可知，剪力最大值在两支座 A、B 内侧的横截面上。$F_{smax} = \frac{ql}{2}$。弯矩的最大值在梁的中点，$M_{max} = \frac{ql^2}{8}$。

2. 总结剪力图和弯矩图的规律

（1）梁段上没有分布载荷时，剪力图为一水平直线；弯矩图为一斜直线。

（2）梁段上作用均布载荷 q 时，剪力图为一斜直线，弯矩图为二次曲线，且在剪力等于零时弯矩存在极值。

（3）集中力 F 作用的截面，剪力图发生突变，从截面左侧往右侧看，剪力突变的方向与集中力的作用方向一致；弯矩图出现一个尖角。

（4）在集中力偶 M_e 作用处，剪力图不受影响，弯矩图出现突变。从截面左侧往右侧看，M_e 逆时针时，弯矩图由上向下突变；M_e 顺时针时，弯矩图由下向上突变。

3. 简捷法作梁的内力图

由以上例题知，用列方程的方法绘制内力图时，梁上载荷越多，分段越多，方程也越多，但每个方程只算两至三点，且这些点均为支座或载荷作用点，称为控制点。如果掌握了上述绘图的规律，只需要直接用截面法求出各控制点的剪力和弯矩，再按规律绘图即可。此方法称为简捷绘制梁的内力图方法。

例 3-11 图 3.47(a)所示外伸梁。已知：$F = 20$ kN，$M_e = 40$ kN·m，$q = 10$ kN/m。试用简捷法绘制梁的剪力图和弯矩图。

解 （1）求支反力。

$$\sum M_B = 0, \qquad F_{Cy} = 25 \text{ kN}$$

$$\sum F_y = 0, \qquad F_{By} = 35 \text{ kN}$$

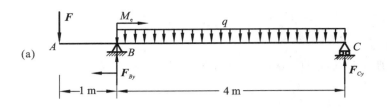

(a)

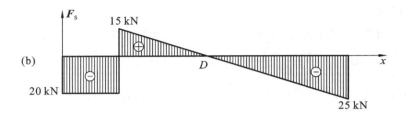

(b)

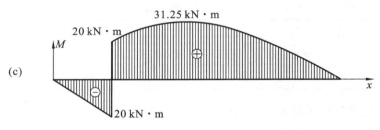

(c)

图 3.47 外伸梁受力分析

（2）画剪力图。

AB 段无分布载荷，剪力图为一水平直线。

有 $F_s = -F = -20$ kN 及 $F_{sB左} = F_s = -20$ kN。

BC 段有向下均布载荷，故剪力图为斜率为负的斜直线。B 处有集中力 F_{By} 向上，剪力突变量即为集中力数值 35 kN，故

$$F_{sB右} = (-20 + 35) \text{ kN} = 15 \text{ kN}$$

右端点支座 C 处有反力 F_{Cy}，即为其一侧截面之剪力，且由剪力正负号规则得

$$F_{sC} = -F_{Cy} = -25 \text{ kN}$$

用直线连接 B、C 处剪力值的两点，即得 BC 段剪力图（见图 3.47(b)）。

（3）画弯矩图。

AB 段无分布载荷，剪力为负，故弯矩图为斜率为负的斜直线。

$$M_A = 0, \qquad M_{B左} = -20 \text{ kN} \times 1 \text{ m} = -20 \text{ kN} \cdot \text{m}$$

用直线连接 A、B 处的弯矩值的两点，即得 AB 段弯矩图（见图 3.47(c)）。

BC 段有向下的均布载荷作用，故弯矩图为凹向下的抛物线。

B 处有集中力偶 M，弯矩突变量即为集中力偶数值 40 kN·m，集中力偶顺时针转，弯矩骤升，故 $M_{B右} = (-20 + 40)$ kN·m $= 20$ kN·m。

右端点支座无集中力偶，$M_C = 0$。

最大弯矩在剪力图中的点 D（即 $F_{sD} = 0$ 处），由相似三角形求得 $BD = 1.5$ m，$CD = 2.5$ m，因此，用截面法求得

$$M_{max} = M_D = \left(25 \times 2.5 - 10 \times 2.5 \times \frac{2.5}{2}\right) kN \cdot m = 31.25 \ kN \cdot m \text{（截开取 } CD \text{ 段分析）}$$

用光滑曲线连接三点，即得 BC 段弯矩图（见图 3.47(c)）。

四、梁的弯曲强度计算

与直杆的拉（压）情况相同,尽管求出了梁横截面上的剪力和弯矩,但却并不能以此判断梁的强度,即不知道梁是否发生破坏。为了解决梁的强度问题,必须进一步研究梁横截面上内力的分布规律,也就是要研究梁横截面上的应力。

梁在弯曲时,其横截面上既有剪力又有弯矩。剪力实际上是与横截面相切的分布内力系的合力,故横截面上应存在切应力 τ;而弯矩则是与横截面垂直的分布内力系合成所得的合力偶矩,因此横截面上也必然存在正应力 σ。

1. 纯弯曲时梁横截面上的正应力

若梁的各个横截面上仅有弯矩而无剪力,则梁的横截面上仅有正应力而无切应力,这时梁的弯曲称为纯弯曲。若梁的横截面上同时存在弯矩和剪力,这种弯曲就称为横力弯曲或剪切弯曲。例如,图 3.48 所示梁段 CD 上,只有弯矩,没有剪力——纯弯曲。梁段 AC 和 BD 上,既有弯矩,又有剪力——横力弯曲。

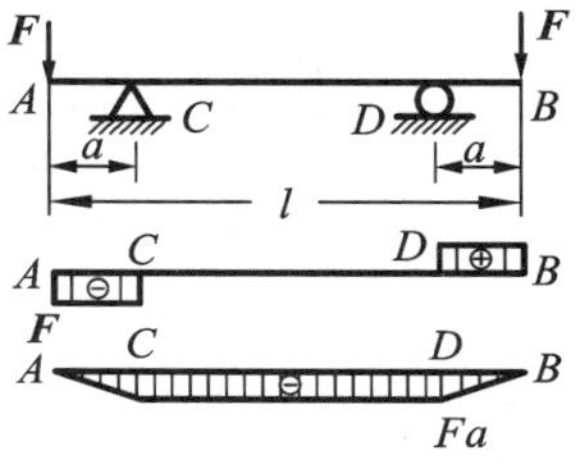

纯弯曲是梁的最简单也是最基本的弯曲形式,本节通过对纯弯曲时梁横截面正应力分布规律的分析和计算,推导出梁的弯曲强度条件。要想分析正应力的分布规律并计算正应力,还必须从梁的几何变形入手,并考虑变形的物理关系和静力学关系。

图 3.48　纯弯曲与横力弯曲

1）变形几何关系

取一截面具有纵向对称轴的等直梁,在其侧面画两条代表横截面的横向直线 mm 及 nn,并在横向线间靠近顶面和底面画两条纵向线 aa 与 bb（见图3.49(a)）。然后在梁的两端纵向对称面内施加一对等值、反向的力偶,使梁产生纯弯曲变形（见图3.49(b)）,通过这一试验可观察到如下现象。

（1）横向直线 mm 和 nn 在梁变形后仍为直线,且仍然垂直于已经变成弧线的 $a'a'$ 和 $b'b'$,只是相对旋转了一个角度。

（2）纵向线变成了弧线,梁下部的纵向线 bb 变成弧线 $b'b'$ 后伸长了,而上部的纵向线 aa 变成弧线 $a'a'$ 后则缩短了,因此,梁的矩形横截面上部变宽,下部变窄。

由以上现象可以看出,原为平面的横截面变形后仍保持为平面,且仍垂直于变形后梁的

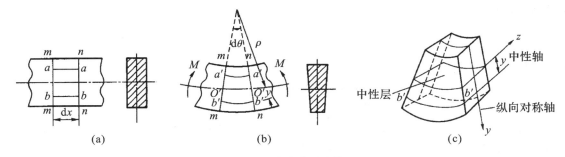

图 3.49　弯曲变形中性层

轴线,只是绕横截面内某一轴旋转了一个角度。设想梁由无数纵向纤维组成,且所有纵向纤维只受轴向拉伸与压缩,相互之间无挤压。由上述结果及变形的连续性可知,从变宽缩短的顶部纤维 $a'a'$ 到变窄伸长的底部纤维 $b'b'$ 之间必有一层长度不变的纤维,这一纤维层称为中性层,中性层与横截面的交线,称为中性轴(见图 3.49(c))。

根据这一假设可得梁的弯曲变形本质为:梁的弯曲变形就是横截面绕其中性轴产生了转动。

2) 物理关系

当梁横截面上的正应力没有超过比例极限时,由胡克定律可得横截面距中性层距离为 y 处的正应力 σ 为

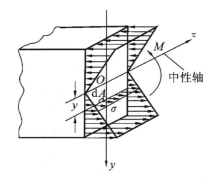

图 3.50 弯曲正应力的分布规律

$$\sigma = E\varepsilon = E\frac{y}{\rho} \qquad (3\text{-}35)$$

上式表示出了横截面上正应力的分布规律,即:横截面上任一点处的正应力与它到中性轴的距离 y 成正比,与中性层距离相同的点,正应力相等,距离中性层越远,正应力越大,中性轴上各点的正应力为零。由此可得横截面上各点的正应力分布情况,如图 3.50 所示。

为了准确计算正应力值,必须确定中性轴的位置与曲率半径 ρ 的大小,而这又需要通过应力与内力间的静力学关系来解决。

3) 静力学关系

梁发生纯弯曲时,横截面上只有弯矩而无剪力,且弯曲变形时横截面绕中性轴 z 转动。所以,横截面上所有内力合成的结果只有一个对中性轴 z 的弯矩 M,而沿梁轴线的分量 F_N 和对横截面对称轴的弯矩 M_y 均为零。

通过对静力学和截面形心进行分析可得如下结论:

(1) 纯弯曲时,横截面的中性轴必通过截面的形心;

(2) 纯弯曲时,中性轴的曲率半径的计算公式为

$$\frac{l}{\rho} = \frac{M}{EI_z} \qquad (3\text{-}36)$$

式(3-36)中,EI_z 值越大,则梁弯曲的曲率半径 ρ 越大,中性轴的曲率就越小,也就是梁的弯曲变形越小;反之,EI_z 值越小,则梁的弯曲变形越大。因此,EI_z 值的大小反映了梁抵抗弯曲变形的能力,故 EI_z 称为梁的弯曲刚度。将式(3-35)代入式(3-36),得到纯弯曲梁横截面上任意一点正应力的计算公式为

$$\sigma = \frac{My}{I_z} \qquad (3\text{-}37)$$

式中:M——截面上的弯矩;

y——截面上所求应力点到中性轴的距离;

I_z——横截面对中性轴 z 的惯性矩。

I_z 是一个仅与横截面形状和尺寸有关的几何量,可以通过理论计算来求得。一般地,各种平面几何图形的 I_z 查表 3.3 或机械设计手册即可。

在用式(3-37)计算正应力时,M 和 y 均以绝对值代入,而正应力的正负号则可由弯矩图中

弯矩的正负直接判断或由梁的变形情况来确定,即梁凹入一侧受压,凸出一侧受拉。

由式(3-37)可知,在截面的上、下边缘处,y 达到最大值,因此,梁横截面上的最大弯曲正应力发生在此处,其值为

$$\sigma_{max} = \frac{My_{max}}{I_z} \tag{3-38}$$

令

$$W_z = \frac{I_z}{y_{max}} \tag{3-39}$$

式中:W_z——横截面对于中性轴 z 的弯曲截面系数。

与惯性矩 I_z 一样,W_z 也是一个只与截面形状和尺寸有关的几何量,于是,梁横截面上的最大弯曲应力为

$$\sigma_{max} = \frac{M}{W_z} \tag{3-40}$$

表 3.3 列出了几种常用几何图形的截面惯性矩 I_z 和弯曲截面系数 W_z 的计算公式。

表 3.3 几种常用几何图形的惯性矩和弯曲截面系数值

图形形状	形心位置	截面惯性矩	弯曲截面系数
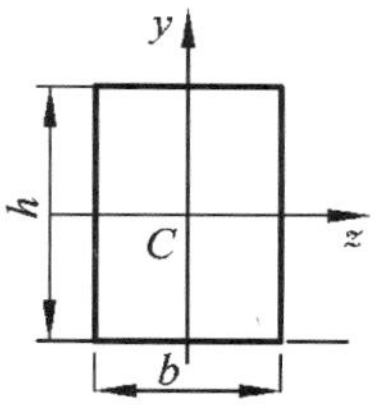	点 C	$I_y = \dfrac{b^3 h}{12}$ $I_z = \dfrac{bh^3}{12}$	$W_z = \dfrac{bh^2}{6}$
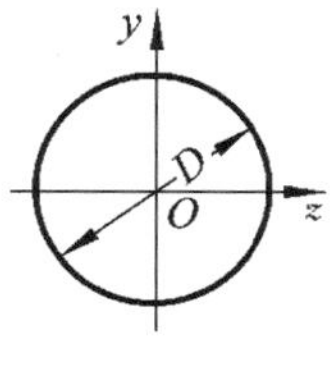	圆心 O	$I_y = I_z = \dfrac{\pi D^4}{64}$	$W_z = \dfrac{\pi D^3}{32}$
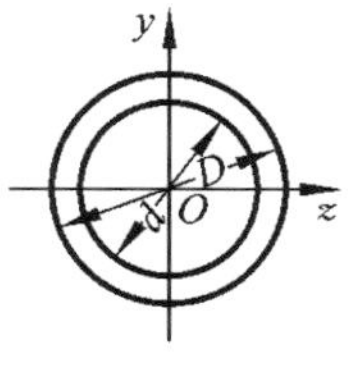	圆心 O	$I_y = I_z = \dfrac{\pi}{64}(D^4 - d^4)$	$W_z = \dfrac{\pi D^3}{32}(1 - \alpha^4)$ $\left(\alpha = \dfrac{d}{D}\right)$
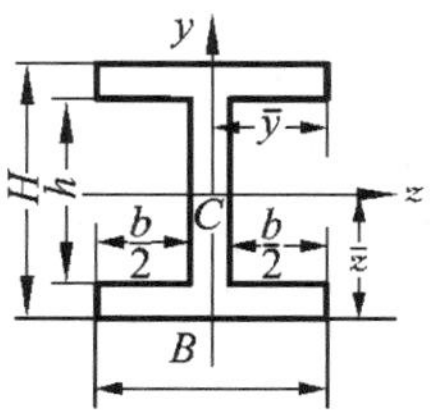	中心 C	$I_z = \dfrac{BH^3 - bh^3}{12}$	$W_z = \dfrac{BH^3 - bh^3}{6H}$

例 3-12　图 3.51(a)所示为矩形截面简支梁。已知：$F = 5$ kN，$a = 180$ mm，$b = 30$ mm，$h = 60$ mm。试分别求将截面竖放和横放时梁横截面上的最大正应力。

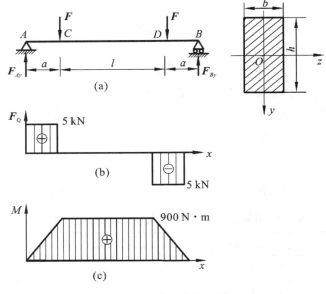

图 3.51　简支梁受力图

解　(1) 求支座反力。根据外力平衡条件列平衡方程可解得支座反力为

$$F_{Ay} = F_{By} = 5 \text{ kN}$$

(2) 画出剪力图和弯矩图(见图 3.51(b)、(c))。由图可知，在 CD 段横截面上剪力为零，故 CD 段为纯弯曲段，截面上弯矩值为

$$M_{max} = M_C = 900 \text{ N} \cdot \text{m}$$

(3) 求竖放时最大正应力。先由表 3.3 查得矩形截面的截面弯曲系数 W_z 的计算公式，代入式(3-40)中，即可求出竖放时横截面上的最大正应力为

$$\sigma_{max} = \frac{M}{W_z} = \frac{M}{\dfrac{bh^2}{6}} = \frac{900}{\dfrac{0.03 \times 0.06^2}{6}} \text{ Pa} = 50 \times 10^6 \text{ Pa} = 50 \text{ MPa}$$

同理，可求得横放时横截面上的最大正应力为

$$\sigma_{max} = \frac{M}{W_y} = \frac{M}{\dfrac{b^2 h}{6}} = \frac{900}{\dfrac{0.06 \times 0.03^2}{6}} \text{ Pa} = 100 \times 10^6 \text{ Pa} = 100 \text{ MPa}$$

由本例可知，矩形截面梁的横截面放置方位不同，其最大正应力值也不同，即梁的弯曲强度不同。矩形截面梁的横截面竖放比横放时强度高。

2. 横力弯曲时梁横截面上的正应力

但在工程实际中，梁的变形多为横力弯曲，横截面上不仅有正应力还有切应力。因此，梁的横截面将发生翘曲，不再保持为平面，纵向纤维之间也往往存在挤压应力。但通过试验和进一步的分析研究可知，当梁的跨度 l 与横截面的高度 h 之比大于 5 时，横截面上的切应力对弯曲正应力分布规律的影响甚小，其误差不超过 1%，所以根据式(3-37)来计算横力弯曲时的正应力，其精度足以满足工程上的强度要求。

横力弯曲时，各截面上的弯矩 M 不再是常量，要随横截面的位置不同而变化。因此，对于

等截面梁来说,其最大正应力应发生在弯矩最大的截面的上、下边缘处。计算公式为

$$\sigma_{max} = \frac{M_{max}}{W_z} \qquad (3\text{-}41)$$

最大弯曲正应力所在的截面称为梁的危险截面。

3. 梁的弯曲强度条件

由前面分析可知,σ_{max}一般发生在危险截面上离中性轴最远的边缘处。为使梁安全可靠地工作,梁横截面上的最大工作应力 σ_{max} 应满足不发生失效的条件,即 σ_{max} 不能超过梁所用材料的许用应力。由此可建立弯曲强度条件为

$$\sigma_{max} = \frac{M_{max}}{W_z} \leqslant [\sigma] \qquad (3\text{-}42)$$

应该指出,式(3-42)只适用于抗拉强度和抗压强度相同的材料(如钢制梁)且梁的截面形状以中性轴为对称轴(如矩形、圆形、工字形、箱形、圆环形等)的场合。此时因梁的凸侧和凹侧应力大小相等,所以只需计算一侧应力即可。

而对于抗拉强度和抗压强度不同的脆性材料(如铸铁梁),或梁的截面形状不以中性轴为对称轴(如槽形、T 字形、角形截面等)的情况,由于抗拉强度和抗压强度不同,且梁的凸侧和凹侧应力大小不相等,因此应按拉、压两种情况分别进行强度计算,计算公式为

$$\sigma_{max} = \frac{M_{max}}{W_z} \leqslant [\sigma_t] \qquad (3\text{-}43)$$

或

$$\sigma_{max} = \frac{M_{max}}{W_z} \leqslant [\sigma_c] \qquad (3\text{-}44)$$

与拉(压)强度条件的应用相似,弯曲强度条件同样可以用来解决强度校核、截面尺寸设计和确定最大许用载荷三方面的强度问题。下面通过例题说明弯曲强度条件的应用。

例 3-13 图 3.52(a)所示阶梯圆截面轴,CD 段受均布载荷 $q = 1000$ kN/m 作用。已知直径 $D = 330$ mm,$d = 250$ mm,材料的许用应力 $[\sigma] = 160$ MPa。试校核轴的强度。

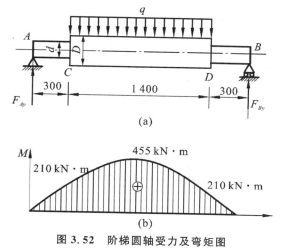

图 3.52 阶梯圆轴受力及弯矩图

解 (1)求支座约束反力。根据外力平衡条件,列平衡方程求得支座约束反力为

$$F_{Ay} = F_{By} = 700 \text{ kN}$$

(2)绘制弯矩图,确定最大弯矩及危险截面。因只需校核强度,可不必求出剪力和画剪力图,根据弯矩方程可画出梁的弯矩图如图 3.52(b)所示。由弯矩图可知,梁的中点弯矩最大,该处可能是危险截面;另外,在梁的 C、D 两处截面上,尽管弯矩不是最大,但该处是截面尺寸发生

变化处,截面上的应力有可能最大。因此应分别校核梁的中点和 C 或 D 处截面的强度。先求出这些点的弯矩值,即

$$M_A = M_B = 0, \quad M_C = M_D = 210 \text{ kN} \cdot \text{m}, \quad M_{\max} = 445 \text{ kN} \cdot \text{m}$$

(3)校核强度。

AC 段或 BD 段上截面 C(或 D),由式(3-41),有

$$\sigma_{\max} = \frac{M}{W} = \frac{210 \times 10^3}{\frac{\pi \times 0.25^3}{32}} \text{ Pa} = 1.37 \times 10^8 \text{ Pa}$$

$$= 137 \text{ MPa} \leqslant [\sigma]$$

同理,CD 段危险截面上,$M_{\max} = 445 \text{ kN} \cdot \text{m}$,则

$$\sigma_{\max} = \frac{M}{W} = \frac{445 \times 10^3}{\frac{\pi \times 0.33^3}{32}} \text{ Pa} = 1.26 \times 10^8 \text{ Pa} = 126 \text{ MPa} \leqslant [\sigma]$$

两危险截面处的强度均满足要求,故梁弯曲强度足够。

4. 提高梁的弯曲强度的主要措施

从前面的分析和计算可知,在其他条件相同的情况下,选择不同的轴为中性轴或选择不同的截面形状,均能使梁的弯曲正应力降低,使其弯曲强度提高,以满足经济要求。提高梁弯曲强度的关键在于减小弯曲正应力 $\sigma_{\max}$。由式(3-42)可知,要使 $\sigma_{\max}$ 减小,可从 $M_{\max}$ 和 W_z 两个方面考虑,一是在相同载荷的情况下设法减小最大弯矩 $M_{\max}$;二是在截面面积相同的情况下增大抗弯截面系数 W_z,因此工程上可采取以下几项措施。

1) 合理布置梁的支座和载荷

在载荷相同的情况下,梁的支座安排不同、载荷布置不同均可使最大弯矩发生变化,可通过合理布置梁的支座和载荷来降低最大弯矩值。如图 3.53(a)所示受均布载荷作用的简支梁,其弯矩最大值 $M_{\max} = ql^2/8$。若将支座改为图 3.53(b)所示位置,则从弯矩图可知最大弯矩 $M'_{\max} = ql^2/40$,是原来的 1/5,弯曲承载能力提高了 4 倍。

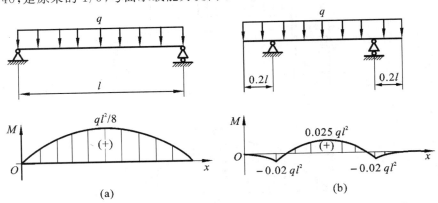

图 3.53　合理布置梁的支座

又如图 3.54(a)所示,受集中力 F 作用的简支梁 AB,其最大弯矩 $M_{\max} = Fl/4$。若在梁上增加一副梁,如图 3.54(b)所示,则集中力通过副梁作用于点 C、D,弯矩最大值 $M_{\max}$ 减小为 $Fl/8$,比原来降低了一半。因此,承载能力提高了一倍。集中力作用下的简支梁,将载荷作用点靠近支座或设法将载荷分散作用,都将显著地降低最大弯矩值。在工程上,常将轴上齿轮尽可能靠近轴承,就是这个道理。

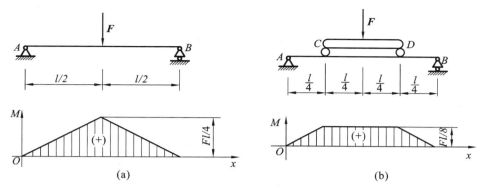

图 3.54 合理布置梁的载荷

2）选择合理的截面形状

由弯曲强度条件可知，抗弯截面系数 W_z 越大，梁的抗弯曲强度越高。因此，应尽量选择横截面面积较小，而抗弯截面系数大的截面形状，即 W_z/A 值大的截面是合理截面。工程中常用截面的 W_z/A 值如下，设各式中 $h=d=D$。

对于圆形截面
$$\frac{W_z}{A} = \frac{\pi d^3/32}{\pi d^2/4} = 0.125d$$

对于矩形截面
$$\frac{W_z}{A} = \frac{bh^2/6}{bh} = 0.167h$$

对于工字钢
$$\frac{W_z}{A} = (0.27 \sim 0.31)h$$

对于槽钢
$$\frac{W_z}{A} = (0.27 \sim 0.31)h$$

对于圆环截面
$$\frac{W_z}{A} = 0.205D$$

从上述表达式可得如下结论：工字钢和槽钢的截面比较好。

从弯曲正应力的分布可知，横截面上、下边缘处正应力最大，而靠近中性轴处的正应力很小。为了物尽其用，可将截面挖空，使材料得到充分利用，提高经济性。

对于抗拉、压强度相等的材料，可选对称于中性轴的截面，使最大拉应力、压应力同时接近许用应力值；而对于抗拉、压强度不等的材料，一般抗压强度大于抗拉强度，最好采用中性轴靠近受拉一侧的截面，可实现最大拉应力和最大压应力同时接近许用拉、压应力。

3）采用等强度梁

一般情况下，梁截面上弯矩随截面位置不同而变化。若能在弯矩较大处采用较大截面、弯矩较小处采用较小截面，就能实现全梁强度基本相等，即等强度梁。图 3.55（a）所示悬臂梁、图 3.55（b）所示阶梯梁及图 3.55（c）所示汽车车架上的纵梁等均为等强度梁。采用等强度梁既能满足强度要求，又减少了材料的消耗。

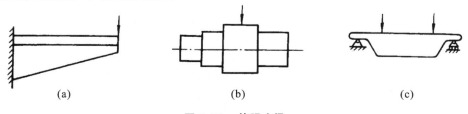

图 3.55 等强度梁

任务6 梁的变形与刚度计算

一、弯曲变形

工程上的各种梁除了要求其具有足够的强度以外,还要求其具有足够的刚度,以使其工作时变形不致过大,否则会引起振动,影响机器运转的精度,甚至导致失效。例如,图3.56所示的传动齿轮轴,如果弯曲变形过大,会影响两齿轮的正常啮合,加剧轴承的磨损。因此,必须限制齿轮轴的弯曲变形。

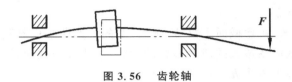

图 3.56   齿轮轴

另一方面,弯曲变形也有可利用的一面,例如,汽车上的钢板弹簧,就是通过其弯曲变形来缓冲车辆振动的。下面对梁的弯曲变形加以简单分析。

如图3.57所示悬臂梁,在点B受集中力F作用后,梁的轴线AB弯曲变形成为一条平面曲线AB',称为挠曲线。

建立如图3.57所示xAw坐标系,梁上距离点A为x的截面形心C移至了点C',则点C在弯曲变形时沿垂直于梁轴线方向的位移CC'称为挠度,用w表示。由于挠曲线是一条曲率半径很大的较平缓的曲线,因而点C沿x轴方向的位移很小,可忽略不计。从图上可看出,截面的位置不同,挠度值w也不等。因此,挠度是横坐标x的函数,即

$$w = f(x) \tag{3-45}$$

式(3-45)称为挠曲线方程。

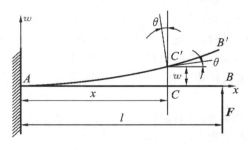

图 3.57   梁的弯曲变形

梁在弯曲变形时,其上任一截面都绕其中性轴转过一定角度,称为转角,用θ表示。转角θ也就是挠曲线在点C处的切线与x轴的夹角,如图3.57所示。由于θ角很小,因此有

$$\theta \approx \tan\theta = w' = f'(x) \tag{3-46}$$

式(3-46)表明,转角近似等于挠曲线方程对x的一阶导数。

挠度和转角的大小反映了梁在弯曲变形时,梁的横截面移动和转动的程度,故用于衡量梁的变形大小。挠度和转角的正负号规定如下:挠度与坐标轴w正方向一致时为正,反之为负;变形时截面逆时针转向的转角为正,反之为负。

挠曲线方程是研究梁的弯曲变形的基本方程,梁的变形可用积分法求得(可参考有关资料,本书不作详述)。梁在简单载荷作用下的挠度和转角的计算公式可查表 3.4。

表 3.4　梁在简单载荷作用下的变形

序号	梁的简图	挠曲线方程	梁端面转角 (绝对值)	最大挠度 (绝对值)
1		$w=-\dfrac{M_{e}x^{2}}{2EI}$	$\theta_{B}=\dfrac{M_{e}l}{EI}(\curvearrowright)$	$w_{B}=\dfrac{M_{e}l^{2}}{2EI}(\downarrow)$
2		$w=-\dfrac{M_{e}x^{2}}{2EI}$ $(0\leqslant x\leqslant a)$ $w=-\dfrac{M_{e}a}{EI}\left[(x-a)+\dfrac{a}{2}\right]$ $(a\leqslant x\leqslant l)$	$\theta_{B}=\dfrac{M_{e}a}{EI}(\curvearrowright)$	$w_{B}=\dfrac{M_{e}a}{EI}\left(l-\dfrac{a}{2}\right)(\downarrow)$
3		$w=-\dfrac{Fx^{2}}{6EI}(3l-x)$	$\theta_{B}=\dfrac{Fl_{2}}{2EI}(\curvearrowright)$	$w_{B}=\dfrac{Fl^{3}}{3EI}(\downarrow)$
4		$w=-\dfrac{Fx^{2}}{6EI}(3a-x)$ $(0\leqslant x\leqslant a)$ $w=-\dfrac{Fa^{2}}{6EI}(3x-a)$ $(a\leqslant x\leqslant l)$	$\theta_{B}=\dfrac{Fa^{2}}{2EI}(\curvearrowright)$	$w_{B}=\dfrac{Fa^{2}}{6EI}(3l-a)(\downarrow)$
5		$w=-\dfrac{qx^{2}}{24EI}(x^{2}-4lx+6l^{2})$	$\theta_{B}=\dfrac{ql^{3}}{6EI}(\curvearrowright)$	$w_{B}=\dfrac{ql^{4}}{8EI}(\downarrow)$
6		$w=-\dfrac{M_{e}x}{6lEI}(l^{2}-x^{2})$	$\theta_{A}=\dfrac{M_{e}l}{6EI}(\curvearrowright)$ $\theta_{B}=\dfrac{M_{e}l}{3EI}(\curvearrowleft)$	$w_{max}=\dfrac{M_{e}l^{2}}{9\sqrt{3}EI}(\downarrow)$ $\left(x=\dfrac{1}{\sqrt{3}}\right)$ $w_{\frac{l}{2}}=\dfrac{M_{e}l}{16EI}(\downarrow)$
7		$w=\dfrac{M_{e}x}{6lEI}(l^{2}-3b^{2}-x^{2})$ $(0\leqslant x\leqslant a)$ $w=\dfrac{M_{e}}{6lEI}\big[-x^{3}+3l(x-a)^{2}$ $+(l^{2}-3b^{2})x\big]$ $(a\leqslant x\leqslant l)$	$\theta_{A}=\dfrac{M_{e}}{6lEI}(l^{2}-3b^{2})(\curvearrowleft)$ $\theta_{B}=\dfrac{M_{e}}{6lEI}(l^{2}-3a^{2})(\curvearrowleft)$ $\theta_{C}=\dfrac{M_{e}}{6lEI}(3a^{2}+3b^{2}-l^{2})$ $(\curvearrowleft)$	

续表

序号	梁的简图	挠曲线方程	梁端面转角（绝对值）	最大挠度（绝对值）
8		$w=-\dfrac{Fx}{48EI}(3l^2-4x^2)$ $\left(0\leqslant x\leqslant\dfrac{l}{2}\right)$	$\theta_A=\dfrac{Fl^2}{16EI}(\curvearrowright)$ $\theta_B=\dfrac{Fl^2}{16EI}(\curvearrowleft)$	$w=\dfrac{Fl^3}{48EI}(\downarrow)$
9		$w=-\dfrac{Fbx}{6lEI}(l^2-x^2-b^2)$ $(0\leqslant x\leqslant a)$ $w=-\dfrac{Fb}{6lEI}\Big[\dfrac{l}{b}(x-a)^3+$ $(l^2-b^2)x-x^3\Big]$ $(a\leqslant x\leqslant l)$	$\theta_A=\dfrac{Fab(l+b)}{6lEI}(\curvearrowright)$ $\theta_B=\dfrac{Fab(l+a)}{6lEI}(\curvearrowleft)$	$w_{\max}=\dfrac{Fb(l^2-b^2)^{\frac{3}{2}}}{9\sqrt{3}lEI}(\downarrow)$ $\left(x=\sqrt{\dfrac{l^2-b^2}{3}},a\geqslant b\right)$ $w_{\frac{l}{2}}=\dfrac{Fb(3l^2-4b^2)}{48EI}(\downarrow)$
10		$w=-\dfrac{qx}{24EI}(l^3-2lx^2+x^3)$	$\theta_A=\dfrac{ql^3}{24EI}(\curvearrowright)$ $\theta_B=\dfrac{ql^3}{24EI}(\curvearrowleft)$	$w=\dfrac{5ql^4}{384EI}(\downarrow)$
11		$w=\dfrac{Fax}{6lEI}(l^2-x^2)$ $(0\leqslant x\leqslant l)$ $w=-\dfrac{F(x-l)}{6EI}\Big[a(3x-l)$ $-(x-l)^2\Big]$ $(l\leqslant x\leqslant l+a)$	$\theta_A=\dfrac{Fal}{6EI}(\curvearrowleft)$ $\theta_B=\dfrac{Fal}{3EI}(\curvearrowright)$ $\theta_C=\dfrac{Fa}{6EI}(2l+3a)(\curvearrowright)$	$w_C=\dfrac{Fa^2}{3EI}(l+a)(\downarrow)$
12		$w=-\dfrac{M_ex}{6lEI}(x^2-l^2)$ $(0\leqslant x\leqslant l)$ $w=-\dfrac{M_e}{6EI}(3x^2-4xl+l^2)$ $(l\leqslant x\leqslant l+a)$	$\theta_A=\dfrac{M_el}{6EI}(\curvearrowleft)$ $\theta_B=\dfrac{M_el}{3EI}(\curvearrowright)$ $\theta_C=\dfrac{M_e}{3EI}(l+3a)(\curvearrowright)$	$w_C=\dfrac{M_ea}{6EI}(2l+3a)(\downarrow)$
13		$w=\dfrac{qa^2}{12EI}\left(lx-\dfrac{x^3}{l}\right)$ $(0\leqslant x\leqslant l)$ $w=$ $-\dfrac{qa^2}{12EI}\Big[\dfrac{x^3}{l}-\dfrac{(2l+a)(x-l)^3}{al}$ $+\dfrac{(x-l)^4}{2a^2}-lx\Big]$ $(l\leqslant x\leqslant l+a)$	$\theta_A=\dfrac{qa^2l}{12EI}(\curvearrowleft)$ $\theta_B=\dfrac{qa^2l}{6EI}(\curvearrowright)$ $\theta_C=\dfrac{qa^2}{6EI}(1+a)(\curvearrowright)$	$w_C=\dfrac{qa^3}{24EI}(3a+4l)(\downarrow)$ $w_l=\dfrac{qa^2l^2}{18\sqrt{3}EI}(\uparrow)$ $\left(x=\dfrac{1}{\sqrt{3}}\right)$

从表 3.4 可看出，梁的变形与 EI 成反比，说明 EI 能表示梁抵抗弯曲变形的能力，称为抗弯强度。

当梁上同时受几种载荷共同作用，而梁的变形较小并服从胡克定律时，梁上每一种载荷所产生的变形不受同时作用的其他载荷的影响，即每一种载荷的作用是彼此独立互不干扰的。这时，几种载荷共同作用下产生的变形等于每一种载荷单独作用时产生的变形的代数和，这一方法称为叠加法。应用这一方法和表 3.4 的计算公式，便可以较方便地求出复杂载荷作用下梁的弯曲变形。

例 3-14　外伸梁 AD，在点 C 受到力 $\boldsymbol{F}$ 作用而变形，如图 3.58 所示。试求截面 A、B、C、D 的挠度和转角。

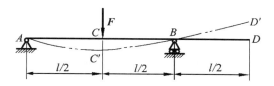

图 3.58　求梁的挠度和转角

解　梁受力 $\boldsymbol{F}$ 作用后，其变形如图 3.58 的双点画线所示，截面 C、D 分别移至 C'、D'。

（1）由于 A、B 为支座，故挠度 $w_A = w_B = 0$，它们的转角可查表 3.4 第 8 项，得

$$\theta_A = -\frac{Fl^2}{16EI}, \qquad \theta_B = \frac{Fl^2}{16EI}$$

（2）由于 $\boldsymbol{F}$ 作用于 AB 中点 C，变形后挠曲线在点 C 的切线与 x 轴夹角为 0，即 $\theta_C = 0$，C 的挠度可查表 3.4 第 8 项，得

$$w_C = -\frac{Fl^3}{48EI}$$

（3）在 BD 段内弯矩为 0，BD 段挠曲线实际上为直线 BD'，因此有

$$\theta_D = \theta_B = \frac{Fl^2}{16EI}$$

点 D 挠度可利用几何关系求出，由 $\tan\theta_D = w_D / (l/2)$，得

$$w_D = \tan\theta_D \, \frac{l}{2} \approx \frac{l}{2}\theta_D = \frac{Fl^3}{32EI}$$

二、梁的弯曲刚度计算

为保证受弯梁能安全工作，必须限制梁上最大挠度和最大转角（绝对值）不超过许用值，即梁的刚度条件为

$$|w|_{\max} \leqslant [w] \tag{3-47}$$

$$|\theta|_{\max} \leqslant [\theta] \tag{3-48}$$

式中：$[w]$——梁材料的许用挠度；

$[\theta]$——材料的许用转角。

这两个许用值可根据梁的工作性质来确定。

对于一般用途轴　　$[w] = (0.0003 \sim 0.0005)l$（$l$ 为跨度，以下同）

对于刚度要求高的轴　$[w] = 0.0002l$

对于普通机床主轴	$[w] = (0.0001 \sim 0.0005)l$
	$[\theta] = 0.001 \sim 0.005 \ rad$
对于起重机大梁	$[w] = (0.001 \sim 0.002)l$
对于汽车发动机曲轴	$[w] = 0.05 \sim 0.06 \ mm$
对于滑动轴承处	$[\theta] = 0.001 \ rad$
对于向心轴承处	$[\theta] = 0.005 \ rad$

设计时,通常根据强度条件、结构要求,确定梁的截面尺寸,然后校核其刚度。对于刚度要求高的轴,其截面尺寸往往由刚度条件所决定。

例 3-15 一单梁桥式起重机横梁用 28b 工字钢制成,如图 3.59 所示,跨度 $l = 7.5$ m,材料的弹性模量 $E = 2 \times 10^5$ MPa,起吊载荷和电动葫芦重 23 kN,许用挠度 $[w] = l/500 = 15$ mm,试校核梁的刚度。

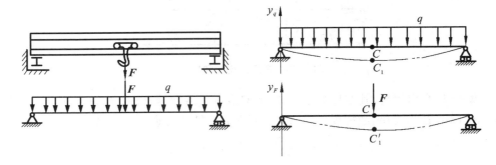

图 3.59 单梁桥式起重机横梁

解 (1) 将起重机横梁简化为受集中力 F 和梁本身自重(均布载荷 q)作用的简支梁,查附录 A 部分型钢表得:28b 工字钢,$q = 47.888 \times 9.8 = 469$ N/m,$I_x = 7480$ cm⁴。

(2) 计算梁的变形。查表 3.4,分别求出 F 和 q 单独作用时梁的中点 C 的挠度分别为

$$w_{C_q} = -\frac{5ql^4}{384EI_x} = -\frac{5 \times 469 \times 7.5^3}{384 \times 2 \times 10^5 \times 10^6 \times 7480 \times 10^{-8}} \ m = -0.00129 \ m = -1.29 \ mm$$

$$w_{C_F} = -\frac{Fl^3}{48EI_x} = -\frac{23 \times 10^3 \times 7.5^3}{48 \times 2 \times 10^5 \times 10^6 \times 7480 \times 10^{-8}} \ m = -0.0135 \ m = -13.5 \ mm$$

再利用叠加原理求两种载荷同时作用时点 C 的挠度为

$$|w|_{max} = |-13.5 - 1.29| \ mm = 14.79 \ mm$$

(3) 校核刚度。

由于 $|w|_{max} = 14.79$ mm $< [w] = 15$ mm,因此梁的刚度足够。

◀ 任务 7 弯曲与扭转的组合变形 ▶

前面分别讨论了杆件的几种基本变形下的强度和刚度计算方法。然而,实际工程结构中有些构件的受力情况是复杂的,构件往往会发生两种或两种以上的基本变形,这种变形称为组合变形。工程中许多受扭构件同时又发生弯曲变形,称为弯扭组合变形,它是机械传动中常见的一种组合变形形式。这里只分析圆轴的弯扭组合变形。

一、弯扭组合变形的计算步骤

在弯扭组合变形下建立杆件强度条件的步骤如下。

（1）对杆件作受力分析，将作用于杆件上的各外力向轴心简化，并将外力分为两组，一组是使杆件发生扭转变形的力，另一组是使杆件发生弯曲变形的力。

（2）分别计算两组外力作用下杆件的内力（扭矩 M_n 和弯矩 M），作出相应的扭矩图和弯矩图，并据此确定杆件的危险截面（最大弯矩所在截面）。

（3）分别计算危险截面上与扭矩对应的最大切应力 τ_{max} 以及与最大弯矩对应的最大正应力 $|\sigma|_{max}$，作为强度计算的依据。

（4）按弯扭组合强度条件进行计算。

下面结合实例进行分析说明。汽车发动机冷却系统中风扇带轮轴经简化后的受力图，如图 3.60(a) 所示，其中 A 端可视为固定端，B 端带轮上作用有切向力 F_1、F_2 $(F_1 > F_2)$，带轮直径为 d，轴长为 l，现分析其强度的计算方法。

（1）分析 AB 轴受力，并画出其计算简图。

利用力的平移原理将作用于轮缘上的力 F_1、F_2 向轮心 B 平移，得到作用于轮心上的力 $F = F_1 + F_2$ 以及附加力偶 $T = (F_1 - F_2)d/2$，如图 3.60(b) 所示。力 F 使 AB 轴弯曲，T 使 AB 轴受扭，即轴发生弯扭组合变形。

（2）计算在 F 和 T 各自作用下轴截面上的扭矩和弯矩，并画出扭矩图和弯矩图。扭矩图和弯矩图如图 3.60(c) 所示。由弯矩图可知，最大弯矩出现在 A 右侧截面，故 A 右侧为危险截面。

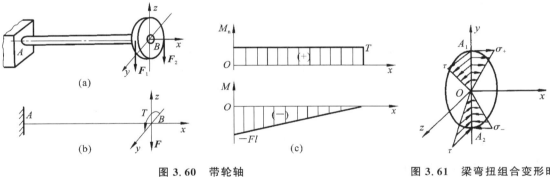

图 3.60　带轮轴　　　　　　　　　　　　图 3.61　梁弯扭组合变形时截面的应力分布

（3）计算危险截面的应力。

与扭矩对应的是切应力 $\tau = M_n/W_P$。式中，W_P 为抗扭截面系数。与弯矩对应的是正应力 $\sigma = \pm M/W_z$。式中，W_z 为抗弯截面系数。

正应力 σ 位于与横截面垂直的 xOy 平面内，切应力 τ 位于横截面内，它们的分布如图 3.61 所示，即 σ 和 τ 位于两个互相垂直的平面内。最大正应力 σ_{max} 出现在截面 A 的上、下边缘点 A_1、A_2，最大切应力 τ_{max} 则出现在整个横截面的外圆周上各点。

（4）建立强度条件。

由于截面 A 上除了正应力 σ 外，还有切应力 τ，属于复杂应力状态。对于这类复杂应力状态下强度条件的建立，不能沿用前面介绍的拉（压）、扭转、弯曲等基本变形时的单向应力状态的强度公式。因为复杂应力状态下应力的组合是多样化的，显然试验难以完整进行。但是，通过找出引起材料破坏的原因，可探索复杂应力状态下材料破坏的规律。经过长期的研究分析，人们提出了强度理论。强度理论认为,无论是单向应力还是复杂应力状态,材料的破坏都是由某一特定因素引起的。因此,利用单向应力状态下的试验结果(如拉伸试验测得的 σ_s、σ_b 值等),可建立既能满足工程需要又简单的强度计算公式。目前广泛使用的有四种强度理论。对于机械工程上中常用的金属材料等塑性材料,第三、第四强度理论与实际较吻合。下面简单介绍第三、第四强度理论。

二、强度理论简介

第三强度理论(最大切应力理论)认为:最大切应力是引起材料屈服破坏的主要因素,无论材料处于何种状态,只要材料内一点最大切应力 τ_{max} 达到材料的极限应力 τ_u,即发生塑性屈服破坏。其强度表达式为

$$\tau_{max} \leqslant [\tau] \tag{3-49}$$

由实验可知,在弯扭组合时,最大切应力为

$$\tau_{max} = \frac{\sqrt{\sigma^2 + 4\tau^2}}{2} \tag{3-50}$$

对于塑性材料,$[\tau]$ 与 $[\sigma]$ 之间的关系为 $[\tau] = [\sigma]/2$。因此,第三强度理论的强度条件表达式可写成

$$\sigma_{r3} = \sqrt{\sigma^2 + 4\tau^2} \leqslant [\sigma] \tag{3-51}$$

第四强度理论(畸变能理论)认为:引起材料塑性屈服破坏的主要因素是畸变能密度。无论材料处于何种应力状态,只要构件内危险点处的畸变能密度 ν_d 达到材料在单向拉伸时发生塑性屈服破坏的极限畸变能密度 ν_u,该点处的材料就会发生塑性屈服破坏。其强度表达式为

$$\sigma_{r4} = \sqrt{\sigma^2 + 3\tau^2} \leqslant [\sigma] \tag{3-52}$$

式中:σ_{r3}、σ_{r4}——按第三、第四强度理论计算时 σ 和 τ 的当量应力。

把 $\sigma = M/W_z$、$\tau = M_n/W_p$ 代入上述两式(圆轴 $W_p = 2W_z$),得

$$\sigma_{r3} = \frac{\sqrt{M^2 + M_n^2}}{W_z} \leqslant [\sigma] \tag{3-53}$$

$$\sigma_{r4} = \frac{\sqrt{M^2 + 0.75M_n^2}}{W_z} \leqslant [\sigma] \tag{3-54}$$

式(3-54)只适用于由塑性材料制成的弯扭组合变形的实心圆截面和空心圆截面轴。

例 3-16 图 3.62(a)所示为减速器中的高速轴,动力由电动机通过联轴器输入。已知轴长 $l = 1.2\ m$,中间装有齿轮,齿轮上所受的力 $F = 14\ kN$,分度圆直径为 $D = 128\ mm$,轴的直径为 $d = 100\ mm$,轴材料的许用应力 $[\sigma] = 50\ MPa$。试校核该轴的强度。

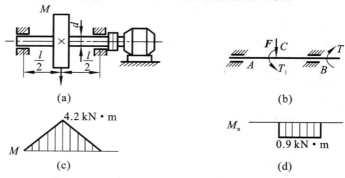

图 3.62 减速器高速轴

解 （1）将作用在齿轮上的力简化到轴线并由力的平移定理求出力偶矩的值。画出该轴的计算简图如图 3.62(b)所示。

$$F=14 \text{ kN}, \qquad T_1=F\frac{D}{2}=14\times\frac{128\times10^{-3}}{2} \text{ kN} \cdot \text{m}=0.9 \text{ kN} \cdot \text{m}$$

（2）绘制弯矩图和扭矩图。如图 3.62(c)、(d)所示，从图 3.62 可以看出，截面 C 为危险截面，由弯矩方程和扭矩图可求得该截面上的最大弯矩值及扭矩值分别为

$$M_{\max}=4.2 \text{ kN} \cdot \text{m}, \qquad M_n=0.9 \text{ kN} \cdot \text{m}$$

（3）强度校核。根据第四强度理论可得

$$\sigma_r=\frac{\sqrt{M^2+0.75M_n^2}}{W_z}=\frac{\sqrt{(4.2\times10^3)^2+0.75\times(0.9\times10^3)^2}}{\dfrac{\pi\times0.1^3}{32}} \text{ Pa}$$

$$=4.35\times10^7 \text{ Pa}=43.5 \text{ MPa}$$

由此可知，$\sigma_r<[\sigma]$，故该轴强度足够。

思考题与习题

3-1 试用截面法求题 3-1 图中各杆指定截面的轴力，并作出轴力图。

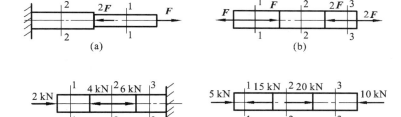

(a)　　　　(b)

(c)　　　　(d)

题 3-1 图

3-2 题 3-2 图所示直杆截面为正方形，边长 $a=200$ mm，$l=4$ m，$F=10$ kN，比重 $\gamma=20$ kN/m³，在考虑杆自重时，求截面 1—1、2—2 上的轴力。

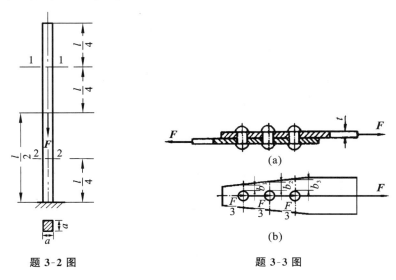

题 3-2 图　　　　**题 3-3 图**

3-3 题 3-3 图(a)所示为用铆钉连接的板件,板件的受力情况如题 3-3 图(b)所示。已知: $F=7$ kN, $t=1.5$ mm, $b_1=4$ mm, $b_2=5$ mm, $b_3=6$ mm。试绘制板件的轴力图。

3-4 试求题 3-4 图所示各轴在指定横截面 1—1、2—2 和 3—3 上转矩。

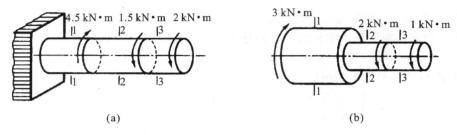

(a)   (b)

题 3-4 图

3-5 试绘出题 3-5 图所示各轴的转矩图。

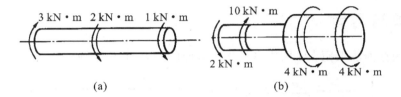

(a)   (b)

题 3-5 图

3-6 如题 3-6 图所示,传动轴转速 $n=250$ r/min,轮 B 输入功率 $P_B=7$ kW,轮 A、C、D 输出功率分别为 $P_A=3$ kW, $P_C=2.5$ kW, $P_D=1.5$ kW,试绘该轴的转矩图。

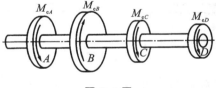

题 3-6 图

3-7 构件上的某一点,若任何方向都无应变,则该点无位移,试问这种说法是否正确?为什么?

3-8 试作出题 3-8 图所示各梁的弯矩图,并求出 $|M|_{max}$。

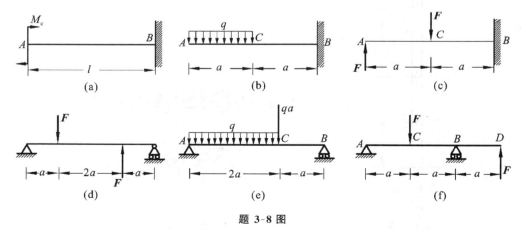

(a)   (b)   (c)

(d)   (e)   (f)

题 3-8 图

3-9 如题 3-9 图所示传动轴,在截面 A 处的输入功率 $P_A = 15$ kW,在截面 B、C 处的输出功率分别为 $P_B = 10$ kW,$P_C = 5$ kW,已知轴的转速 $n = 60$ r/min。试绘出该轴的扭矩图。

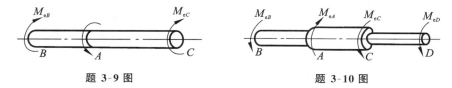

题 3-9 图   题 3-10 图

3-10 如题 3-10 所示传动轴,在截面 A 处的输入功率 $P_A = 30$ kW,在截面 B、C、D 处的输出功率 $P_B = P_C = P_D = 10$ kW。已知轴的转速 $n = 300$ r/min,BA 段直径 $D_1 = 40$ mm,BC 段直径 $D_2 = 50$ mm,CD 段直径 $D_3 = 30$ mm。材料的许用切应力 $[\tau] = 60$ MPa,试校核此轴的强度。

3-11 已知某实心圆轴的转速 $n = 200$ r/min,所传递的功率 $P = 100$ kW;材料的许用切应力 $[\tau] = 40$ MPa,切变模量 $G = 80$ GPa,许用扭转角 $[\theta] = 0.6(°)/m$。试按强度条件和刚度条件设计轴的直径。

3-12 有一钢制的空心圆截面轴,其内径 $d = 60$ mm,外径 $D = 100$ mm,所须承受的最大扭矩 $M_n = 1000$ N·m,许用扭转角 $[\theta] = 0.5$ (°)/m;材料的许用切应力 $[\tau] = 60$ MPa,切变模量 $G = 80$ GPa。试校核该轴的强度和刚度。

3-13 求题 3-13 图所示各梁中截面 1—1 上的剪力和弯矩。并用内力方程法绘制各梁的剪力图和弯矩图。

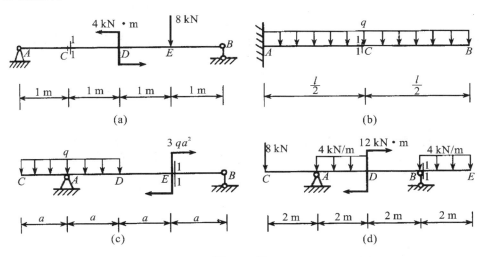

题 3-13 图

3-14 用简捷法绘制题 3-14 图所示各梁的剪力图和弯矩图。

3-15 题 3-15 图所示悬臂梁受集中力 $F = 10$ kW 和均布载荷 $q = 28$ kN/m 作用。计算 A 右截面上 a、b、c、d 四点处的正应力。

3-16 由工字钢制成的简支梁受力如题 3-16 图所示。已知材料的许用应力 $[\sigma] = 170$ MPa,试选择工字钢的型号。

3-17 一悬臂钢梁如题 3-17 图所示。钢的许用应力 $[\sigma] = 170$ MPa。试按正应力强度条件选择下述截面的尺寸,并比较所能消耗的材料,哪种截面最经济。

(1)圆形截面;(2)正方形截面;(3)宽高之比为 $b:h = 1:2$ 的矩形截面;(4)工字形截面。

3-18 切削工件时,刀具的受力情况如题 3-18 图(a)所示。已知 $F = 2$ kN,许用应力 $[\sigma] =$

200 MPa,刀具横截面尺寸如题 3-18 图(b)所示。试校核刀具的强度。

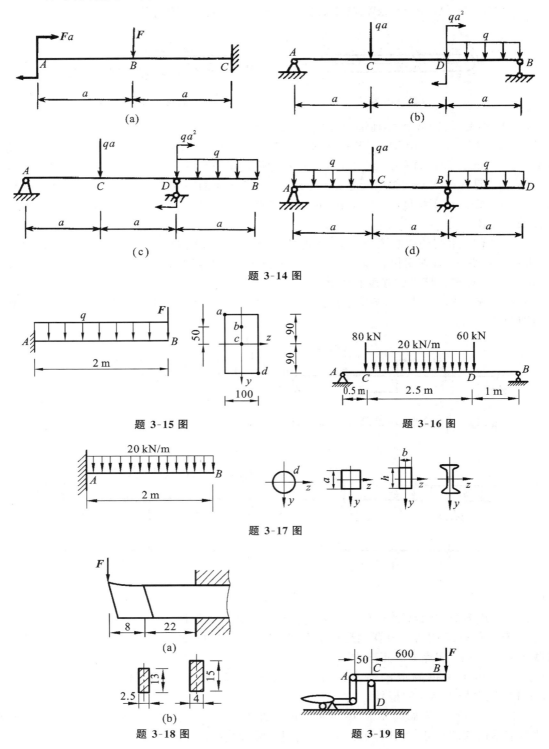

题 3-14 图

题 3-15 图

题 3-16 图

题 3-17 图

题 3-18 图

题 3-19 图

3-19 剪力机构如题 3-19 图所示,图中杆 AB 与杆 CD 的截面均为圆形,材料相同,许用应力$[\sigma]=100$ MPa,若 $F=200$ N。试确定杆 AB 与杆 CD 的直径。

3-20　一跨度 $l=4$ m 的简支梁如题 3-20 图所示,梁由两根槽钢组成。其中 $q=10$ kN/m,$F=20$ kN,材料的许用应力 $[\sigma]=160$ MPa,梁的许用挠度 $[w]=\dfrac{l}{400}$,材料的弹性模量 $E=210$ GPa。试选定槽钢的型号,并校核梁的刚度(梁的自重不计)。

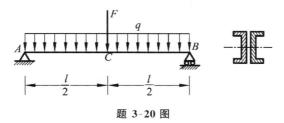

题 3-20 图

项目 4

平面机构的组成

机构是具有确定的相对运动的构件系统,其组成要素有构件和运动副。所有构件的运动平面都相互平行的机构称为平面机构,否则称为空间机构。本章仅讨论平面机构的情况,在生活和生产中,平面机构应用最多。

◀ 任务 1　机构的组成要素 ▶

一、构件及其类型

构件是机构中彼此相对运动的单元体。一个构件可以是一个单独制造的零件,如图4.1(a)所示的简单连杆;也可以是由若干零件连接构成的组合体,如图4.1(b)所示的结构复杂的连杆。

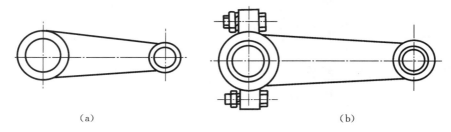

(a)　　　　　　　　　　　　　　　　　　(b)

图 4.1　连杆结构

构件按其在机构中的地位和功能分为机架、主动件和从动件等。机架是机构中相对静止用来支承各运动构件运动的构件,如图 4.2 所示内燃机主体机构的气缸体 4;主动件又称为原动件或输入件,是输入运动和动力的构件,如活塞 1;从动件又称为被动件或输出件,是直接完成机构运动要求,跟随主动件运动的构件,如连杆 2、3。

二、运动副

机构中各个构件之间必须有确定的相对运动。因此,构件的连接既要使两个构件直接接触,又能产生一定的相对运动,这种直接接触的活动连接称为运动副。如图 4.3 所示,轴承中的滚动体与内外圈的滚道(见图 4.3(a))、啮合中的一对齿廓(见图 4.3(b))、滑块与导轨(见图 4.3(c))均保持直接接触,并能产生一定的相对运动,因而都构成了运动副。两构件上直接参与接触而构成运动副的点、线或面称为运动副元素。

三、自由度和运动副约束

任何一个构件在空间自由运动时皆有 6 个自由度。它可表示为在直角坐标系内沿着 3 个

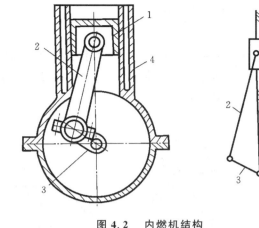

图 4.2　内燃机结构

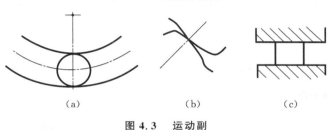

（a）　　　　　　　　（b）　　　　　　　　（c）

图 4.3　运动副

坐标轴的移动和绕 3 个坐标轴的转动。而对于一个作平面运动的构件,则只有 3 个自由度,如图 4.4 所示。即沿 x 轴和 y 轴移动,以及在 xOy 平面内的转动。把构件相对于参考系具有的独立运动参数的数目称为自由度。

两个构件通过运动副连接以后,相对运动受到限制。运动副对组成该副的两个构件间的相对运动所加的限制称为约束。引入 1 个约束条件将减少 1 个自由度,而约束的多少及约束的特点取决于运动副的形式。

1. 转动副

如图 4.5 所示的运动副限制了轴颈 2 沿 x 轴和 y 轴的移动,只允许轴颈绕轴承相对转动,这种运动副称为转动副,也称为回转副。转动副引入了 2 个约束,保留了 1 个自由度。

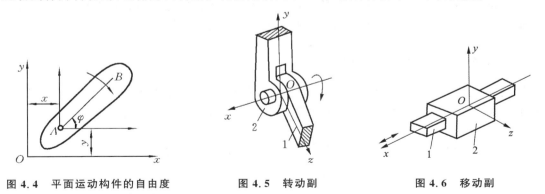

图 4.4　平面运动构件的自由度　　　图 4.5　转动副　　　图 4.6　移动副

2. 移动副

如图 4.6 所示的运动副,构件间只能沿 x 轴作相对移动,这种沿一个方向相对移动的运动副称为移动副。移动副也具有 2 个约束,保留了 1 个自由度。

转动副和移动副都是面接触,统称为低副。

3. 平面高副

如图 4.7 所示,在曲线(或曲面)构成的运动副中,构件 2 相对于构件 1 既可沿接触点处切线 $t-t$ 方向移动,又可绕接触点 A 转动,运动副保留了 2 个自由度,带进了 1 个约束。这种点接触或线接触的运动副称为平面高副,简称高副。

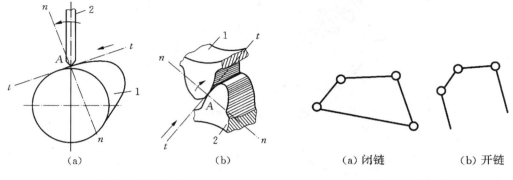

图 4.7　平面高副　　　　　　　图 4.8　运动链

四、运动链和机构

两个以上的构件通过运动副连接组成的系统称为运动链。运动链分为闭式运动链和开式运动链两种。所谓闭式运动链是指组成运动链的每个构件至少包含 2 个运动副,组成一个首末封闭的系统,开式运动链的构件中有的构件只包含 1 个运动副,它们不能组成一个封闭的系统,如图 4.8 所示。

◀◀ 任务 2　平面机构运动简图的绘制 ▶▶

实际构件的外形和结构往往很复杂,在研究机构运动时,为了突出与运动有关的因素,将那些无关的因素删掉,保留与运动有关的外形,用规定的符号和线条来代表构件和运动副,并按一定的比例表示各种运动副的相对位置。这种表示机构各构件之间相对运动的简化图形,称为机构运动简图。机构运动简图与原机构具有完全相同的运动特性。

一、构件、运动副的符号

构件均用直线或小方块等来表示,画有斜线的构件表示机架。两构件组成转动副时,其表达方法如图 4.9 所示。表示回转副的圆圈,其圆心必须与回转轴线重合。

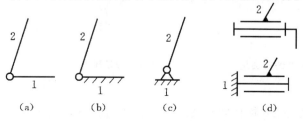

图 4.9　转动副的表达方法

两构件组成移动副的表达方法如图 4.10 所示,其导路必须与相对移动方向一致。

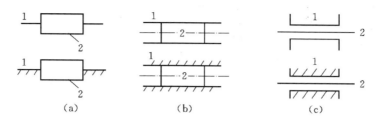

图 4.10　移动副的表达方法

两构件组成平面高副时,其运动简图中应画出两构件接触处的曲线轮廓。对于齿轮常用点划线画出其节圆,对于凸轮、滚子,习惯上画出其全部轮廓,如图 4.11 所示。

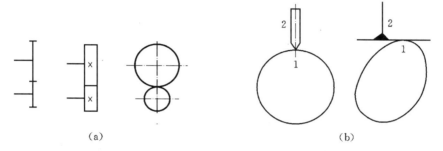

图 4.11　平面高副的表达方法

图 4.12(a)表示包含两个运动副元素的构件的各种表达方法,图 4.12(b)表示包含三个运动副元素的构件的各种表达方法,图 4.12(c)表示包含四个运动副元素的构件的表达方法,可供绘制机构运动简图时参考。齿轮副、凸轮副及机构运动简图常用符号如表 4.1 所示。

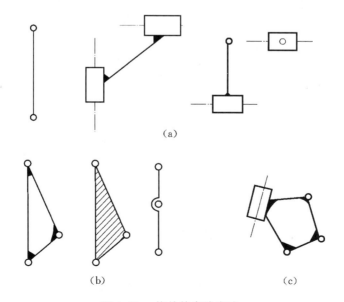

图 4.12　构件的表达方法

表 4.1　机构运动简图常用符号

名　称	符　号	名　称	符　号
杆的固定连接		转动副	
二副元素构件		移动副	
三副元素构件		电动机	
		向心普通轴承	
单向向心推力普通轴承		齿轮齿条机构	
凸轮机构		圆锥齿轮传动	
带传动		蜗杆传动	
链传动		棘轮机构	
外啮合圆柱齿轮机构		联轴器	
内啮合圆柱齿轮机构		制动器	

二、机构运动简图的绘制

绘制机构运动简图的步骤如下。

（1）分析机构的运动原理和结构情况,确定其原动件、机架、执行部分和传动部分;

（2）沿着运动传递路线,逐一分析每个构件间相对运动的性质,以确定运动副的类型和数目;

（3）选择视图平面,通常可选择机械中多数构件的运动平面为视图平面,必要时也可选择两个或两个以上的视图平面,然后将其画到同一图面上;

（4）选择适当的比例尺,定出各运动副的相对位置,并用各运动副的代表符号、常用机构的运动简图符号和简单的线条来绘制机构运动简图;

（5）从原动件开始,按传动顺序标出各构件的编号和运动副的代号。在原动件上标出箭头以表示其运动方向。

例 4-1 绘制图 4.13(a)所示颚式破碎机主体机构运动简图。

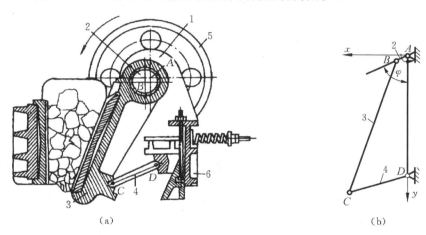

(a)　　　　　　　　　　　　　　(b)

图 4.13　颚式破碎机的机构运动简图

解 （1）分析机构运动,识别机构的结构。

图示的颚式破碎机中,带轮 5 和偏心轴 2 固接在一起绕轴心 A 转动,偏心轴 2 带动颚 3 与机架 1 之间装有肘板 4,动颚运动时就可不断地破碎矿石。由此可知,机架 1、原动件(偏心轴)2、从动件(动颚)3 和肘板 4 等四个构件组成四杆机构。

偏心轴 2 与机架 1 绕轴心 A 相对转动,偏心轴 2 与动颚 3 绕轴心 B 相对转动。由此可知,整个机构有 A、B、C、D 四个转动副。

（2）选择视图平面、比例尺,绘制机构运动简图。

对于平面机构,选构件运动平面为视图平面可将平面机构表达清楚,故不需再选辅助视图平面。所以本例选择图 4.13(a)所在平面为视图平面。

根据图纸的大小、实际机构的大小和能清楚表达机构的结构为依据,选择长度比例尺。

$$\mu_l = \frac{实际尺寸(\text{m})}{图上尺寸(\text{mm})}$$

在图 4.13(b)中,过机架 A、D 两点作坐标系 xAy,画转动副 A、B、C、D,各转动副间距离按比例计算。原动件 2 与 y 轴的夹角 φ 可自行决定。

用简单线条连成构件2、3、4及机架1,在原动件2上标注带箭头的圆弧,在机架1上画出斜线,便得到图4.13(b)所示的机构运动简图。

◀ 任务3 平面机构的自由度 ▶

一、机构具有确定相对运动的条件

运动链和机构都是由构件和运动副组成的系统,机构要实现预期的运动传递和变换,必须使其运动具有可能性和确定性。如图4.14所示,由3个构件通过3个转动副连接而成的系统就没有运动的可能性。如图4.15所示的五杆系统,若取构件1作为主动件,当给定角度时,构件2、3、4既可以处在实线位置,也可以处在虚线或其他位置,因此,其从动件的位置是不确定的。但如果给定构件1、4的位置参数,则其余构件的位置就都被确定下来。如图4.16所示的四杆机构,当给定构件1的位置时,其他构件的位置也被相应确定。

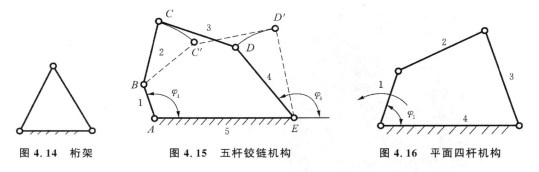

图4.14 桁架   图4.15 五杆铰链机构   图4.16 平面四杆机构

由此可见,无相对运动的构件组合或无规则乱动的运动链都不能实现预期的运动变换。将运动链的一个构件固定为机架,当运动链中一个或几个主动件位置确定时,其余从动件的位置也随之确定,则称机构具有确定的相对运动。那么究竟取一个还是几个构件作主动件,这取决于机构的自由度。机构的自由度就是机构具有的独立运动的数目,因此,当机构的主动件等于自由度数时,机构就具有确定的相对运动。

二、平面机构自由度的计算

在平面机构中,各构件相对于某一构件所需独立运动的参变量数目,称为机构的自由度。它取决于机构中活动构件的数目以及连接各构件的运动副类型和数目。

设一个平面机构中除去机架后其余活动构件的数目为n个。而一个不受任何约束的构件在平面中有3个自由度,故一个机构中全部活动构件在平面内共具有$3n$个自由度。当2个构件连接成运动副后,其运动受到约束,自由度将减少。自由度减少的数目,应等于运动副引入的约束数目。由于平面机构中的运动副只可能是高副或低副,其中每个低副引入的约束数为2,每个高副引入的约束数为1。因此,对于平面机构,若各构件之间共构成了P_L个低副和P_H个高副,则它们共引入$2P_L+P_H$个约束。平面机构自由度F计算公式为

$$F=3n-2P_L-P_H \tag{4-1}$$

式中:F——机构的自由度;

n——活动构件的数目；

P_L——低副的数目；

P_H——高副的数目。

由式(4-1)可知,机构自由度 F 取决于活动构件的数目以及运动副的性质和数目。

例如,图 4.14 所示桁架的自由度为 $F=3n-2P_L-P_H=3\times2-2\times3-0=0$,它的各杆件之间不可能产生相对运动;图 4.15 所示五杆铰链机构其自由度为 $F=3n-2P_L-P_H=3\times4-2\times5-0=2$,原动件数小于机构自由度数,机构运动不确定,表现为任意乱动;图4.16所示平面四杆机构其自由度为 $F=3n-2P_L-P_H=3\times3-2\times4-0=1$。原动件数等于机构自由度,机构有确定的运动。

综上所述,机构具有确定运动的条件是:机构自由度必须大于零、且原动件数与其自由度必须相等。

三、计算机构自由度的注意事项

应用式(4-1)计算机构的自由度时,必须注意以下问题。

1. 复合铰链

由 2 个以上构件组成 2 个或更多个共轴线的转动副,即为复合铰链,如图 4.17(a)所示为 3 个构件在 A 处构成复合铰链。由其侧视图 4.17(b)可知,此 3 个构件共组成 2 个共轴线转动副。当由 m 个构件组成复合铰链时,则应当组成 $m-1$ 个共轴线转动副。

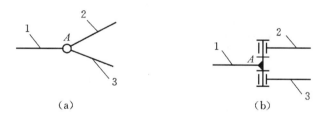

图 4.17　复合铰链

例 4-2　计算图 4.18 所示直线机构的自由度。

解　该机构的活动构件数 $n=7$,点 A、B、D、E 为复合铰链,各有 2 个转动副,所以,低副数 $P_L=10$,高副数 $P_H=0$,则该机构的自由度为

$$F=3n-2P_L-P_H=3\times7-2\times10-0=1$$

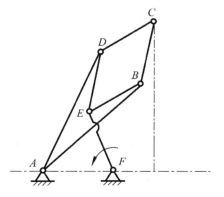

图 4.18　直线机构

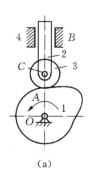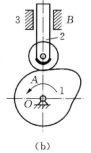

图 4.19　局部自由度

2. 局部自由度

机构中常出现一种与输出构件运动无关的自由度,称为局部自由度或多余自由度。在计算机构自由度时,可预先排除。如图 4.19(a)所示的平面凸轮机构中,为了减少高副接触处的磨损,在从动件上安装一个滚子 4,使其与凸轮轮廓线滚动接触。显然,滚子绕其自身轴线转动与否并不影响凸轮与从动件间的相对运动,因此,滚子绕其自身轴线的转动为机构的局部自由度,在计算机构的自由度时,应预先将转动副 C 除去不计,或如图 4.19(b)所示,设想将滚子 4 与从动件 2 固连在一起作为一个构件来考虑。这样在机构中,$n=2$,$P_L=2$,$P_H=1$,其自由度为 $F=3n-2P_L-P_H=3\times2-2\times2-1=1$,即此凸轮机构中只有 1 个自由度。

3. 虚约束

在运动副引入的约束中,有些约束对机构自由度的影响是重复的。这些对机构运动不起限制作用的重复约束,称为虚约束或消极约束,在计算机构自由度时,应当除去不计。

图 4.20(a)所示的平行四边形机构中,如果以 $n=4$,$P_L=6$,$P_H=0$ 来计算,则 $F=3n-2P_L-P_H=3\times4-2\times6-0=0$。显然计算结果不符合实际,其原因是,该机构中的连杆作平移运动,因此,去掉一个构件的右图与左图的运动完全相同。这种起重复限制作用的约束称为虚约束。计算自由度时应先将产生虚约束的构件去掉(见图 4.20(b))再进行计算,可得到正确的结果为 $F=3n-2P_L-P_H=3\times3-2\times4-0=1$。

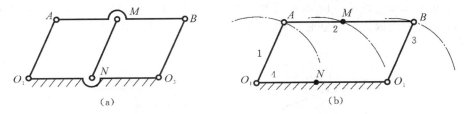

图 4.20 运动轨迹重合引入虚约束

平面机构的虚约束常出现于下列情况。

(1) 2 个构件之间组成多个导路平行的移动副时,只有 1 个移动副起作用,其余都是虚约束。

(2) 2 个构件之间组成多个轴线重合的转动副时,只有 1 个转动副起作用,其余都是虚约束。如图 4.21 所示,2 个轴承支承 1 根轴,只能看成 1 个转动副。

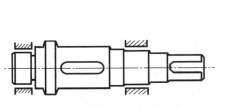

图 4.21 轴线重合的虚约束

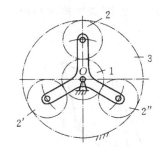

图 4.22 对称结构的虚约束

(3) 机构中对传递运动不起独立作用的对称部分,也为虚约束。如图 4.22 所示的轮系中,中心轮经过 3 个对称布置的小齿轮 2、2′ 和 2″ 驱动内齿轮 3,其中只有 1 个小齿轮对传递运动起独立作用。但由于其余 2 个小齿轮的加入,使机构增加了 2 个虚约束。

应当注意,对于虚约束,从机构的运动观点来看是多余的,但它能增加机构的刚性,改善其受力状况,因而被广泛采用。但是虚约束对机构的几何条件要求较高,因此对机构的加工和装配提出了较高的要求。

例 4-3 计算图 4.23(a)所示大筛机构的自由度。

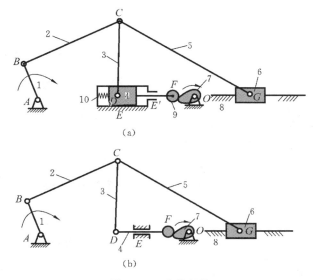

(a)

(b)

图 4.23 大筛机构

解 (1)分析。

构件 2、3、5 在 C 处组成复合铰链;滚子 9 绕自身轴线的转动为局部自由度;活塞 4 与缸体 8 在 E、E' 两处形成导路平行的移动副,其中之一为虚约束。弹簧不起限制作用,可略去。经以上处理后,得机构运动简图,如图 4.23(b)所示。其中 $n=7$,$P_L=9$,$P_H=1$。

(2)计算。

由自由度公式得 $F=3n-2P_L-P_H=2$,所以此机构应有两个原动件。

思考题与习题

4-1 机构具有确定相对运动的条件是什么?

4-2 在计算机构的自由度时要注意哪些事项?

4-3 机构运动简图有什么作用?如何绘制机构运动简图?

4-4 绘制题 4-4 图所示各机构的运动简图,并计算其自由度。

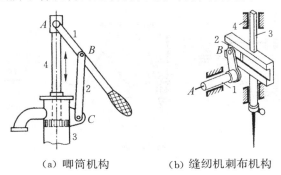

(a) 唧筒机构   (b) 缝纫机刺布机构

题 4-4 图

4-5 指出题 4-5 图所示机构运动简图中的复合铰链、局部自由度和虚约束,计算其机构自由度,并说明欲使其具有确定的相对运动需要几个原动件?

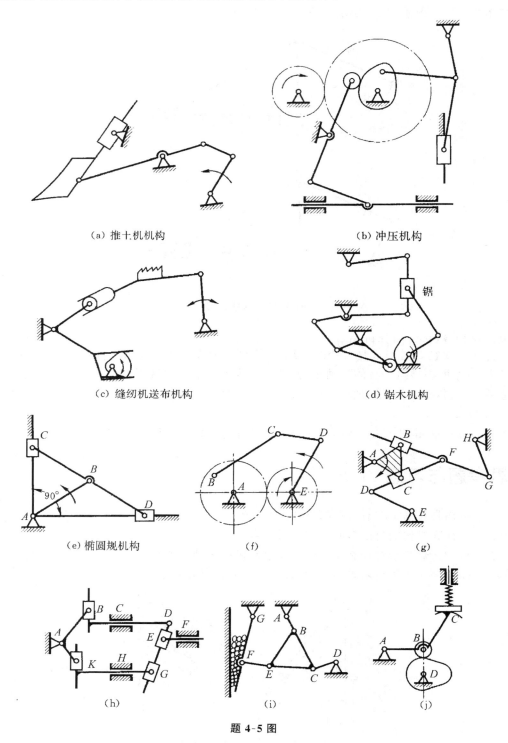

(a) 推土机机构   (b) 冲压机构

(c) 缝纫机送布机构   (d) 锯木机构

(e) 椭圆规机构   (f)   (g)

(h)   (i)   (j)

题 4-5 图

平面连杆机构

平面连杆机构是将各构件用转动副或移动副连接而成的平面机构。最简单的平面连杆机构是由四个构件组成的,简称为平面四杆机构。它的应用非常广泛,而且是组成多杆机构的基础。

◀ 任务 1 四杆机构的形式 ▶

全部用转动副组成的平面四杆机构称为铰链四杆机构,如图 5.1 所示。机构的固定件 4 称为机架;与机架用转动副相连接的杆 1 和杆 3 称为连架杆;不与机架直接连接的杆 2 称为连杆。能作整周转动的连架杆,称为曲柄。仅能在某一角度摆动的连架杆,称为摇杆。对于铰链四杆机构来说,机架和连杆总是存在的,因此可按照连架杆是曲柄还是摇杆,将铰链四杆机构分为三种基本形式:曲柄摇杆机构、双曲柄机构和双摇杆机构。

铰链四杆机构的运动副均为转动副,它是平面四杆机构的最基本的形式,其他形式的平面四杆机构都可看成是在它的基础上通过演化而成的。

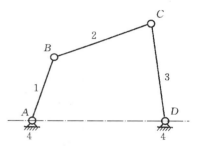

图 5.1 铰链四杆机构

一、四杆机构的基本形式

1. 曲柄摇杆机构

两连架杆一个为曲柄、另一个为摇杆的四杆机构,称为曲柄摇杆机构。图 5.2 所示的搅拌机和图 5.3 所示的缝纫机脚踏板机构均为曲柄摇杆机构。

曲柄摇杆机构的特点是它能将曲柄的整周回转运动变换成摇杆的往复摆动,相反它也能将摇杆的往复摆动变换成曲柄的连续回转运动。

2. 双曲柄机构

两连架杆均为曲柄的四杆机构称为双曲柄机构,图 5.4 所示的惯性筛和图 5.5 所示的机车车辆机构,均为双曲柄机构。惯性筛机构中,主动曲柄 AB 等速回转一周时,曲柄 CD 变速回转一周,使筛子 EF 获得加速度,从而将被筛选的材料分离。机车车辆机构是平行四边形机构,它使各车轮与主动轮具有相同的速度,其内含有一个虚约束,以防止曲柄与机架共线时运动不确定。

双曲柄机构的特点之一就是能将等角速度转动变为周期性变角速度转动。

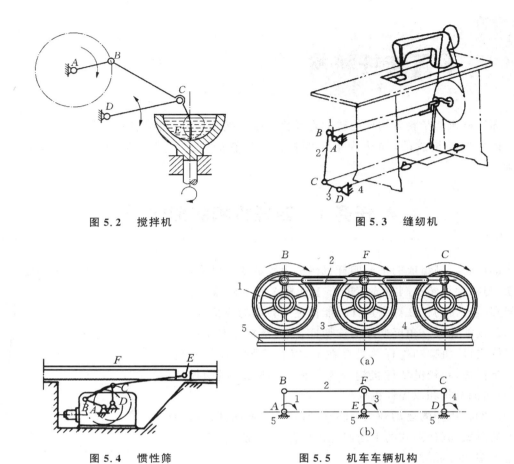

图 5.2　搅拌机

图 5.3　缝纫机

图 5.4　惯性筛

图 5.5　机车车辆机构

3. 双摇杆机构

若四杆机构的两连架杆均为摇杆,则此四杆机构称为双摇杆机构。在实际应用中,主要是通过适当的设计,将主动摇杆的摆角放大或缩小,使从动摇杆得到所需的摆角;或者利用连杆上某点的运动轨迹实现所需的运动。图 5.6 所示的起重机及图 5.7 所示的电风扇的摇头机构,均为双摇杆机构。图 5.6 所示的起重机中,杆 CD 摆动时,连杆 CB 上悬挂重物的点 E 在近似水平直线上移动。图 5.7 所示的机构中,电动机安装在摇杆 4 上,铰链 A 处装有一个与连杆 1 固接在一起的蜗轮。电动机转动时,电机轴上的蜗杆带动蜗轮迫使连杆 1 绕点 A 作整周转动,从而使连架杆 2 和 4 作往复摆动,达到风扇摇头的目的。

二、平面四杆机构的演化

除前面介绍的三种基本形式的铰链四杆机构以外,实际中还广泛使用着其他形式的四杆机构,都可看成是从铰链四杆机构演化而来的。

1. 转动副转化成移动副

在图 5.8(a)所示的曲柄摇杆机构中,当摇杆 DC 长度无限增加时,点 C 的运动轨迹便由弧

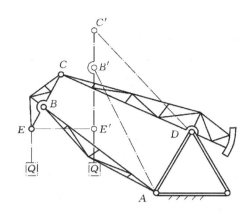

图 5.6 鹤式起重机

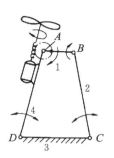

图5.7 电风扇的摇头机构

线变成了直线,摇杆 DC 变成了滑块,原来的转动副变成了移动副,曲柄摇杆机构变成了曲柄滑块机构。如果铰链 C 的运动轨迹 $m-m$ 通过曲柄的旋转中心 A,则称为对心曲柄滑机构,如图5.8(c)所示。如果 $m-m$ 不通过曲柄的旋转中心,有偏心距 e,则称偏置曲柄滑块机构,如图5.8(d)所示。

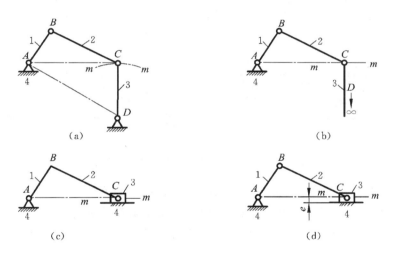

图 5.8 转动副转化成移动副

2. 扩大转动副

在曲柄摇杆机构中,当曲柄较短时,往往由于工艺、结构和强度等方面的需要,将转动副 B 的销轴半径扩大到超过曲柄长度,使曲柄成为绕点 A 转动的偏心轮机构,如图5.9所示。

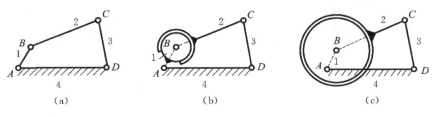

图 5.9 偏心轮机构

3. 变换机架

在图 5.10(a)所示的曲柄滑块机构中,若取构件 AB 为机架,则机构演化为图 5.10(b)、(c)所示的导杆机构。通过套筒 3 的构件 AC 称为导杆。若杆长 $L_1>L_2$,杆 2 整周回转时,杆 4 只能作绕点 A 的往复摆动,这种导杆机构称为摆动导杆机构,如图 5.10(b)所示;若杆长 $L_1<L_2$,杆 2 作整周回转时,杆 4 也作整周回转,这种导杆机构称为转动导杆机构,如图5.10(c)所示。

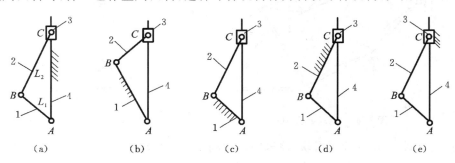

图 5.10　导杆机构

在图 5.10(a)所示的曲柄滑块机构中,若取构件 BC 为机架,则变成如图 5.10(d)所示的摇块机构,或称摆动滑块机构。这种机构广泛应用于摆动式内燃机和液压驱动装置内。如图 5.11 所示自卸卡车翻斗机构及其运动简图。在该机构中,因为液压油缸 3 绕铰链 C 摆动,故称为摇块。

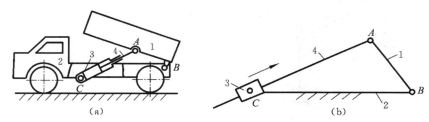

图 5.11　自卸卡车翻斗机构及其运动简图

在图 5.10(a)所示曲柄滑块机构中,若取杆 3 为固定件,即可得图 5.10(e)所示的固定滑块机构或称定块机构。这种机构常用于如图 5.12 所示抽水唧筒等机构中。

导杆机构在工程上常用作回转式油泵、牛头刨床和插床等工作机构。图 5.13 所示为牛头刨床的摆动导杆机构。

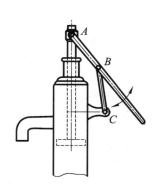

图 5.12　抽水唧筒机构

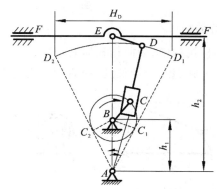

图 5.13　牛头刨床的摆动导杆机构

任务 2　平面四杆机构的基本特性

一、铰链四杆机构存在曲柄的条件

在实际中,大多数机器是由电动机及其他连续转动的动力装置来驱动的,这便要求机器的原动件能作整周回转运动。但是在四杆机构中有的连架杆能作整周回转运动而成为曲柄,有的则不能。那么铰链四杆机构在什么条件下有曲柄存在呢?下面讨论连架杆成为曲柄的条件。

图 5.14 所示为铰链四杆机构,图中 a、b、c、d 分别代表各杆长度。若连架杆 AB 既能转到 AB_1,又能转到 AB_2 的位置,则它就能绕点 A 整周转动而为曲柄。此时各杆的长度应满足:

在 $\triangle B_1C_1D$ 中 $\qquad\qquad a+d\leqslant b+c$ $\qquad\qquad(5\text{-}1)$

在 $\triangle B_2C_2D$ 中 $\qquad\qquad (d-a)+b>c$

即 $\qquad\qquad a+c\leqslant b+d$ $\qquad\qquad(5\text{-}2)$

$\qquad\qquad (d-a)+c>b$

即 $\qquad\qquad a+b\leqslant c+d$ $\qquad\qquad(5\text{-}3)$

以上三式中考虑了机构极限情况用了"$\leqslant$"号,然后将每两式相加化简后即得

$$a\leqslant b,\quad a\leqslant c,\quad a\leqslant d \qquad\qquad(5\text{-}4)$$

由上可知,铰链四杆机构中存在一个曲柄的条件如下。

(1) 曲柄是最短杆。

(2) 最短杆与最长杆之和小于或等于(极限情况下)其余两杆长度之和,此条件称为"杆长之和条件"。

进一步分析图 5.14 还可得知,当 AB 为曲柄时,组成转动副 A 及 B 的杆件均作相对整周回转。因此,在满足"杆长之和条件"下,若以最短杆为机架,它们之间的相对运动关系仍应保持不变,但此时两连架杆(AB 和 CD)均为曲柄,而得双曲柄机构。

综上所述,铰链四杆机构具有曲柄的条件如下。

(1) 最短杆与最长杆长度之和小于或等于其余两杆长度之和。

(2) 连架杆和机架中必有一杆是最短杆。

根据曲柄存在条件还可得到如下推论。

(1) 当四杆机构中最短杆与最长杆长度之和大于其余两杆长度之和时,则不论取何杆为机架,都只能得到双摇杆机构。

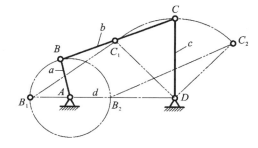

图 5.14　铰链四杆机构存在曲柄的条件

(2) 若四杆机构中最短杆与最长杆之和小于或等于其余两杆之和,当最短杆的邻边是机架时,机构成为曲柄摇杆机构;当最短杆本身为机架时成为双曲柄机构;当最短杆的对面杆为机架时成为双摇杆机构。

二、压力角和传动角

实际使用的连杆机构,不仅要保证实现预期的运动,而且要求传动时,具有轻便省力、效率

高等良好的传力性能。因此，要对机构的传力情况进行分析。

在图 5.15 所示的曲柄摇杆机构中，若不考虑构件的重力、惯性力以及转动副中的摩擦力等的影响，则当曲柄 AB 为原动件时，通过连杆 BC 作用于从动件 CD 上的力 F 沿 BC 方向，此力的方向与力作用点 C 的速度 v_C 方向之间的夹角用 α 表示。将 F 分解为沿 v_C 方向的切向力 F_T 和垂直于 v_C 的法向力 F_N，其中 $F_T = F\cos\alpha$ 为驱使从动件运动并做功的有效分力，而 $F_N = F\sin\alpha$ 不做功，仅增加转动副 D 中的径向压力。因此在 F 大小一定情况下，分力 F_T 越大也即 α 越小对机构工作越有利，故称 α 为压力角，它可反映力的有效利用程度。

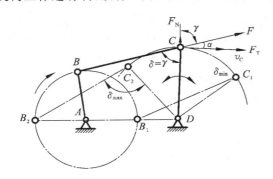
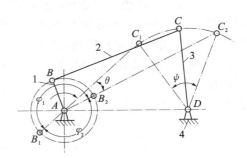

图 5.15　压力角和传动角　　　　　　图 5.16　曲柄摇杆机构的急回特性

机构在运转过程中，α 角是不断变化的。压力角的余角 γ 称为传动角。如图 5.15 所示，其中连杆 BC 与从动件 CD 之间所夹的锐角 δ 也等于传动角 γ。γ 越大对机构工作越有利。由于传动角易于观察和测量，因此工程上常以传动角 γ 来衡量机构的传动性能。为了使传动角不致过小，常要求其最小值 γ_{min} 大于许用传动角 $[\gamma]$。$[\gamma]$ 一般取为 40°~50°。

三、急回运动

如图 5.16 所示的曲柄摇杆机构，当主动件曲柄 AB 与连杆 BC 两次共线时，从动件摇杆分别处于 C_1D 及 C_2D 两个极限位置。当曲柄按等角速度 ω 由 AB_1 转过 φ_1 角至极限位置 AB_2 位置，摇杆则由极限位置 C_1D 转过 ψ 角至极限位置 C_2D；当曲柄再由 AB_2 按等角速度 ω 转过 φ_2（$\varphi_2 < \varphi_1$）至 AB_1 位置时，摇杆则由极限位置 C_2D 摆过 ψ 角回到极限位置 C_1D。因为曲柄 AB 的角速度 ω 恒定，所以 φ_1 大于 φ_2 就意味着摇杆来回摆动的平均速度不相等，回摆时的速度较大，产生急回运动。

一般用行程速度变化系数（简称行程速比系数）K 来衡量机构的急回运动。K 的定义为从动件回程平均角速度和工作行程平均角速度之比。机构具有急回特性，必有 K>1，则极位夹角 θ≠0。极位夹角的定义是指当机构的从动件分别位于两个极限位置时，主动件曲柄的两个相应位置之间所夹的锐角。θ 和 K 之间的关系为

$$K = \frac{\varphi_1}{\varphi_2} = \frac{180° + \theta}{180° - \theta} \tag{5-5}$$

$$\theta = 180° \frac{K-1}{K+1} \tag{5-6}$$

在各种形式的四杆机构中，只要极位夹角 θ≠0，则该机构具有急回特性，且 θ 角越大，急回程度就越大。生产中使用的牛头刨床及往复式运输机等机械，就是利用急回特性缩短了非生产时间，提高了生产效率。

四、死点

在铰链四杆机构中,当连杆与从动件处于共线位置时,主动件通过连杆传给从动件的驱动力必通过从动件铰链的中心,也就是说驱动力对从动件的回转力矩等于零。此时,无论施加多大的驱动力,均不能使从动件转动。把机构中的这种位置称为死点位置。如图 5.17 所示曲柄摇杆机构中,若摇杆 3 为主动件,而曲柄 1 为从动件,则当摇杆摆动到极限位置 C_1D 或 C_2D 时,连杆 2 与从动件 1 共线,从动件的传动角 $\gamma = 0°$,通过连杆加于从动件上的力将经过铰链中心 A,从而驱使从动件曲柄运动的有效分力为零。四杆机构是否存在死点位置,取决于连杆能否运动至与转动从动件(摇杆或曲柄)共线或与移动从动件移动导路垂直。

对于传动机构来说,机构有死点位置是不利的,为了使机构能顺利地通过死点位置,通常在曲柄轴上安装飞轮,利用飞轮的惯性来渡过死点位置,例如,家用缝纫机中的曲柄摇杆机构(将踏板往复摆动变换为带轮单向转动),就是借助于带轮的惯性来通过死点位置并使带轮转向不变的。

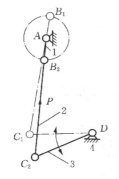

图 5.17 死点的位置

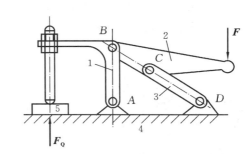

图 5.18 利用死点夹紧工件的夹具

但在工程实践中,有时也常常利用机构的死点位置来实现一定的工作要求,如图 5.18 所示的工件夹紧装置,当工件 5 需要被夹紧时,就是利用连杆 BC 与摇杆 CD 形成的死点位置,这时工件经杆 1、杆 2 传给杆 3 的力,通过杆 3 的传动中心 D。此力不能驱使杆 3 转动。故当撤去主动外力 F 后,在工作反力 F_Q 的作用下,机构不会反转,工件依然被可靠地夹紧。

◀ 任务 3 图解法设计平面四杆机构 ▶

平面四杆机构的设计是指根据工作要求选定机构的形式,根据给定的运动要求确定机构的几何尺寸。其设计方法有作图法、解析法和实验法。作图法比较直观,解析法比较精确,实验法常需试凑。

平面四杆机构的设计是根据已知条件来确定机构各构件的尺寸,一般可归纳为两类基本问题。

(1)实现已知运动规律,即要求主、从动件满足已知的若干组对应位置关系,包括满足一定的急回特性要求,或者在主动件运动规律一定时,从动件能精确或近似地按给定规律运动。

(2)实现已知运动轨迹,即要求连杆机构中作平面运动的构件上某一点精确或近似地沿着给定的轨迹运动。

在进行平面四杆机构运动设计时,往往还需要满足一些运动特性和传力特性等方面的要求,通常先按运动条件设计四杆机构,然后再检验其他的条件,如检验最小传动角、是否满足曲柄存在的条件、机构的运动空间尺寸等。

作图法是利用机构运动过程中各运动副位置之间的几何关系,通过作图获得有关运动尺寸,所以作图法直观形象,几何关系清晰,对于一些简单设计问题的处理是有效而快捷的,但由于作图误差的存在,所以设计精度较低。解析法是将运动设计问题用数学方程加以描述,通过方程的求解获得有关运动尺寸,故其直观性差,但设计精度高。随着数值计算方法的发展和计算机的普及应用,解析法已成为各类平面连杆机构运动设计的一种有效方法。

一、按连杆上若干给定位置设计

如图 5.19 所示,当给定连杆上铰链 B、C 及其三个给定位置 B_1C_1、B_2C_2 和 B_3C_3 时,B_1、B_2、B_3 及 C_1、C_2、C_3 三点所定圆的圆心分别为固定铰链 A 和 D。因为三点定圆,故已知连杆三个给定位置时,解唯一;给定连杆两个位置 B_1C_1、B_2C_2 时,A 和 D 可分别在 B_1B_2、C_1C_2 的垂直平分线上任选,解有无穷多,需有附加条件才能得到唯一解。若 B_1、B_2、B_3 或 C_1、C_2、C_3 在一条直线上,则得到含有一个移动副的低副机构。

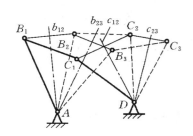

图 5.19 三个给定位置设计四杆机构

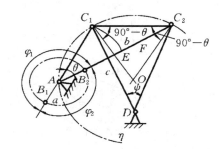

图 5.20 按行程速度变化系数设计四杆机构

二、按行程速度变化系数 K 设计

已知摇杆 CD 的长度 l_{CD}、摆角 ψ 和行程速度变化系数 K,试设计该曲柄摇杆机构。

设计的关键是确定固定铰链 A 的位置,具体设计步骤如下。

(1)选取适当比例尺 μ_l,按摇杆长度 l_{CD} 和摆角 ψ 作出摇杆的两极限位置 C_1D 和 C_2D,如图5.20所示;

(2)由式(5-6),$\theta=180°\dfrac{K-1}{K+1}$,算出极位夹角 θ;

(3)连接 C_1C_2,作 $\angle C_1C_2O=\angle C_2C_1O=90°-\theta$ 得一点 O,以点 O 为圆心,OC_1 为半径作辅助圆,则 C_1C_2 弧所对的圆心角为 2θ,C_1C_2 弧所对的圆周角为 θ;

(4)在辅助圆的圆周上允许范围内任选一点 A,则 $\angle C_1AC_2=\theta$;

(5)由于摇杆在极限位置时,连杆与曲柄共线,则有 $AC_1=BC-AB$,$AC_2=BC+AB$,故有

$$AB=\frac{AC_2-AC_1}{2} \tag{5-7}$$

$$BC=\frac{AC_2+AC_1}{2} \tag{5-8}$$

由上述两式求得 AB、BC 和由图中量取 AD 后,可得曲柄、连杆、机架的实际长度分别为

$$l_{AB} = AB \cdot \mu_l, \qquad l_{BC} = BC \cdot \mu_l, \qquad l_{AD} = AD \cdot \mu_l$$

思考题与习题

5-1 铰链四杆机构有哪几种类型?如何判别?它们各有什么运动特点?

5-2 下列概念是否正确,若不正确,请改正。

(1) 极位夹角就是从动件在两个极限位置的夹角;

(2) 压力角就是作用于构件上的力和速度的夹角;

(3) 传动角就是连杆与从动件的夹角。

5-3 加大四杆机构原动件的驱动力,能否使该机构越过死点位置?应采用什么方法越过死点位置?

5-4 根据题 5-4 图中注明的尺寸,判别各四杆机构的类型。

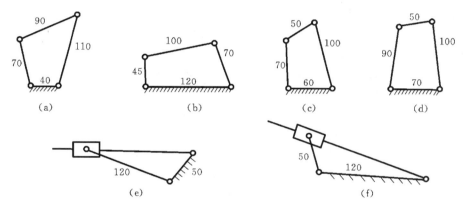

题 5-4 图

5-5 题 5-5 图所示各四杆机构中,原动件 1 作匀速顺时针转动,从动件 3 由左向右运动时,求:

(1) 各机构的极限位置图,并量出从动件的行程;

(2) 计算各机构行程速度变化系数;

(3) 作出各机构出现最小传动角(或最大压力角)时的位置图,并量出其大小。

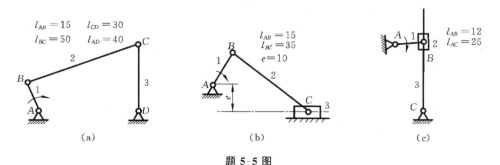

题 5-5 图

5-6 若题 5-5 图所示各四杆机构中,构件 3 为原动件、构件 1 为从动件,试作出该机构的

死点位置。

5-7 题5-7图所示铰链四杆机构$ABCD$中,AB长为a,欲使该机构成为曲柄摇杆机构、双摇杆机构,a的取值范围分别为多少?

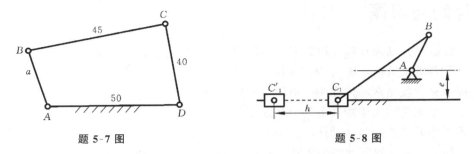

题 5-7 图   题 5-8 图

5-8 如题5-8图所示的偏置曲柄滑块机构,已知行程速度变化系数$k=1.5$ mm,滑块行程$h=50$ mm,偏距$e=20$ mm,试用图解法求:

(1)曲柄长度和连杆长度;

(2)曲柄为主动件时机构的最大压力角和最大传动角;

(3)滑块为主动件时机构的死点位置。

5-9 如题5-9图所示,已知铰链四杆机构各构件的长度,试问:

(1)这是铰链四杆机构基本形式中的何种机构?

(2)若以AB为主动件,此机构有无急回特性?为什么?

(3)当以AB为主动件时,此机构的最小传动角出现在机构何位置(在图上标出)?

5-10 设计一加热炉门启闭机构,如题5-10图所示。已知炉门上两活动铰链中心距为500 mm,炉门打开时,门面(温度高的一面)朝下,固定铰链设在垂直线yy上,其余尺寸如图示。

5-11 设计一牛头刨床刨刀驱动机构,如题5-11图所示。已知$l_{AC}=300$ mm,行程$H=450$ mm,行程速度变化系数$K=2$。

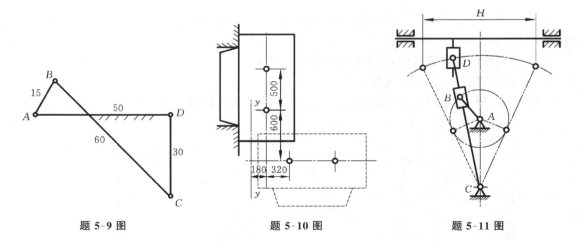

题 5-9 图   题 5-10 图   题 5-11 图

项目 6

凸轮机构

凸轮机构是由凸轮、从动件、机架以及附属装置组成的一种高副机构。其中凸轮是一个具有曲线轮廓的构件,通常作连续的等速转动、摆动或移动。从动件在凸轮轮廓的控制下,按预定的运动规律作往复移动或摆动。

◀ 任务 1 凸轮机构的应用及分类 ▶

一、凸轮机构的应用

在各种机器中,为了实现各种复杂的运动要求,广泛地使用着凸轮机构。下面先看两个凸轮使用的实例。

图 6.1 所示为内燃机的配气凸轮机构,凸轮 1 作等速回转,其轮廓将迫使推杆 2 作往复摆动,从而使气门 3 开启和关闭(关闭时借助于弹簧 4 的作用来实现的),以控制可燃物质进入气缸或废气的排出。

图 6.2 所示为自动机床中用来控制刀具进给运动的凸轮机构。刀具的一个进给运动循环包括:①刀具以较快的速度接近工件;②刀具等速前进来切削工件;③完成切削动作后,刀具快速退回;④刀具复位后停留一段时间等待更换工件等动作。然后重复上述运动循环。这样一个复杂的运动规律是由一个作等速回转运动的圆柱凸轮通过摆动从动件来控制实现的。其运动规律完全取决于凸轮凹槽曲线的形状。

由上述例子可以看出,从动件的运动规律是由凸轮轮廓曲线决定的,只要凸轮轮廓设计得当,就可以使从动件实现任意给定的运动规律。

同时,凸轮机构的从动件是在凸轮控制下,按预定的运动规律运动的。这种机构具有结构简单、运动可靠等优点。但是,由于它是高副机构,故接触应力较大,易于磨损,因此,多用于小载荷的控制或调节机构中。

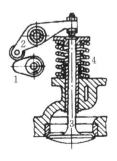

图 6.1 内燃机

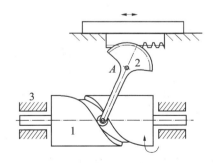

图 6.2 圆柱凸轮

二、凸轮机构的分类

根据凸轮及从动件的形状和运动形式的不同,凸轮机构的分类方法有以下四种。

1. 按凸轮的形状分类

1) 盘形凸轮

如图 6.1 所示,这种凸轮是一个具有变化向径的盘形构件,当它绕固定轴转动时,可推动从动件在垂直于凸轮轴的平面内运动。

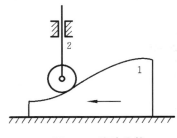

图 6.3　移动凸轮

2) 移动凸轮

如图 6.3 所示,当盘状凸轮的径向尺寸为无穷大时,则凸轮相当于作直线移动,称为移动凸轮。当移动凸轮作直线往复运动时,将推动推杆在同一平面内作上下往复运动。有时,也可以将凸轮固定,而使推杆相对于凸轮移动(如仿型车削)。

3) 圆柱凸轮

如图 6.2 所示,这种凸轮是在圆柱端面上作出曲线轮廓或在圆柱面上开出曲线凹槽。当其转动时,可使从动件在与圆柱凸轮轴线平行的平面内运动。这种凸轮可以看成是将移动凸轮卷绕在圆柱上形成的。

由于前两类凸轮运动平面与从动件运动平面平行,故称平面凸轮,后一种就称为空间凸轮。

2. 按从动件的形状分类

根据从动件与凸轮接触处结构形式的不同,从动件可分为以下三类。

1) 尖顶从动件

这种从动件结构简单,但尖顶易磨损(接触应力高),故只适用于传力不大的低速凸轮机构中。

2) 滚子推杆从动件

由于滚子与凸轮间为滚动摩擦,所以不易磨损,可以实现较大动力的传递,应用最为广泛。

3) 平底推杆从动件

这种从动件与凸轮间的作用力方向不变,受力平稳。而且在高速情况下,凸轮与平底间易形成油膜而减小摩擦与磨损。其缺点是:不能与具有内凹轮廓的凸轮配对使用;而且,也不能与移动凸轮和圆柱凸轮配对使用,从动件常见形状如图 6.4 所示。

3. 按推杆运动的形式分类

1) 直动推杆

作往复直线移动的推杆称为直动推杆。若直动推杆的尖顶或滚子中心的轨迹通过凸轮的轴心,则称为对心直动推杆,否则称为偏置直动推杆;推杆尖顶或滚子中心轨迹与凸轮轴心间的距离 e,称为偏距。如图 6.4(a)、(b)、(c)、(d)、(e)所示。

2) 摆动推杆

作往复摆动的推杆称为摆动推杆。如图 6.4(f)、(g)、(h)所示。

4. 按凸轮与推杆保持高副接触的方法分类

可以知道,凸轮机构是通过凸轮的转动而带动推杆(从动件)运动的。要采用一定的方式、

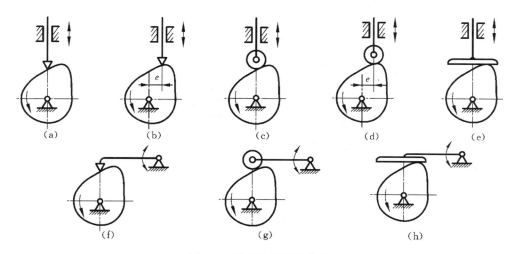

图 6.4 从动件的形状分类

手段,使从动件和凸轮保持始终接触(锁合),从动件才能随凸轮转动完成预定的运动规律。常用的方法有以下两类。

1) 力锁合

这类凸轮机构主要利用重力、弹簧力或其他外力使推杆与凸轮始终保持接触,如前述气门凸轮机构。

2) 几何锁合

几何锁合也称为形锁合,这类凸轮机构是依靠凸轮和从动件推杆的特殊几何形状来保持两者的接触,如图 6.5 所示。

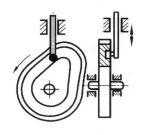

图 6.5 形锁合

将不同类型的凸轮和推杆组合起来,可以得到各种不同的凸轮机构。

◀ 任务 2 凸轮机构的工作原理和从动件的运动规律 ▶

通过前面的介绍已经知道,凸轮机构是由凸轮旋转或平移带动从动件进行工作的。所以设计凸轮机构时,首先就是要根据实际工作要求确定从动件的运动规律,然后依据这一运动规律设计出凸轮轮廓曲线。由于工作要求的多样性和复杂性,要求推杆满足的运动规律也是各种各样的。在本节中,将介绍几种常用的运动规律。为了研究这些运动规律,首先介绍一下凸轮机构的运动情况和有关的名词术语。

一、凸轮机构的工作原理及有关名词术语

图 6.6 所示为一对心直动尖顶推杆盘形凸轮机构。其中以凸轮最小向径 r_b 为半径,以凸轮的轴心 O 为圆心所作的圆称为凸轮的基圆。下面就根据机构的运动情况定义一些有关的名词和术语。

该凸轮的轮廓由 AB、BC、CD 及 DA 四段曲线所组成,而且 BA 和 CD 两段为圆弧,点 A 为

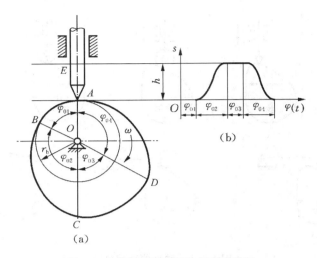

图 6.6 对心直动尖顶推杆盘形凸轮

基圆与凸轮轮廓的切点。如图 6.6(a)所示,当推杆与凸轮轮廓在点 A 接触时,推杆尖端处于最低位置(或者说:推杆尖端处于与凸轮轴心 O 最近的位置)。当凸轮以等角速度 ω 沿顺时针方向转动时,推杆首先与凸轮廓线的 AB 段圆弧接触,此时推杆在最低位置静止不动,凸轮相应的转角 φ_{01} 称为近休止角(也称近休运动角);当凸轮继续转动时,推杆与凸轮廓线的 BC 段接触,推杆将由最低位置 A 被推到最高位置 E,推杆的这一行程称为推程,凸轮相应的转角 φ_{02} 称为推程运动角。凸轮再继续转动,当推杆与凸轮廓线的 CD 段接触时,由于 CD 段为以凸轮轴心为圆心的圆弧,所以推杆处于最高位置静止不动,在此过程中凸轮相应的转角 φ_{03} 称为远休止角(或称远休运动角)。而后,推杆与凸轮廓线 DA 段接触时,它又由最高位置 E 回到最低位置 A,推杆的这一行程称为回程;凸轮相应的转角 φ_{04} 称为回程运动角。推杆在推程或回程中移动的距离 h 称为推杆的行程(行程=推程=回程)。

由此可以知道,当凸轮沿顺时针转动一周时,推杆的运动经历了四个阶段:静止、上升、静止、下降,其位移曲线如图 6.6(b)所示。这是最常见、最典型的运动形式。

注意:其运动过程的组合是依据工作实际的需要,而不是必须经历四个阶段,可以没有静止阶段,也可以只有一个静止阶段。

从动件(推杆)的运动规律是指推杆在推程或回程中,从动件的位移 s、速度 v 和加速度 a 随时间 t 变化而变化的规律。又因为凸轮一般作等速运动,其转角 φ 与时间 t 成正比,所以从动件的运动规律通常表示成凸轮转角 φ 的函数,即

$$s=f(\varphi), \qquad v=f'(\varphi), \qquad a=f''(\varphi) \tag{6-1}$$

在进行运动规律分析时,规定:不论推程还是回程,一律由推程的最低位置作为度量位移 s 的基准,而凸轮的转角则分别以各段行程开始时凸轮的向径作为度量的基准。

二、从动件的运动规律分析

从动件的运动规律有很多种,常用的运动规律有等速运动规律、等加速等减速运动规律、余弦运动规律、正弦运动规律等。它们的运动线图如图 6.7 所示。

由图 6.7 可知,从动件作等速运动时,在行程开始和终止的两个位置,速度发生突变,因此

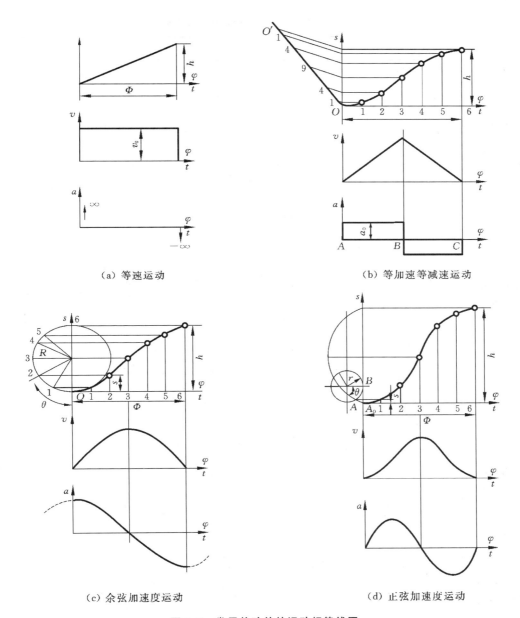

(a) 等速运动   (b) 等加速等减速运动

(c) 余弦加速度运动   (d) 正弦加速度运动

图 6.7 常用从动件的运动规律线图

在理论上有无穷大的惯性力,使机构产生强烈的"刚性冲击",故等速运动规律只能用于低速轻载的场合;从动件作等加速等减速运动时,在加速度线图上的 A、B、C 三点发生加速度突变,使机构产生有限的"柔性冲击",因此这种运动规律可用于中速轻载场合;从动件按余弦加速度规律运动时,在行程开始和终止的两个位置,加速度也发生有限突变,导致机构产生"柔性冲击",故这种运动规律可用于中速场合;从动件按正弦加速度规律运动时,在整个行程中无速度和加速度的突变,不会使机构产生冲击,所以适用于高速场合。

常用从动件运动规律的运动方程及其性质如表 6.1 所示。

表 6.1　常用从动件的运动规律及运动特性

运动规律	运动方程		冲击性质	适用范围
	推程 $0°\leqslant\varphi\leqslant\Phi$	回程 $0°\leqslant\varphi'\leqslant\Phi'$		
等速运动	$s=\dfrac{h}{\Phi}\varphi$ $v=\dfrac{h}{\Phi}\omega$ $a=0$	$s=h-\dfrac{h}{\Phi'}\varphi'$ $v=-\dfrac{h}{\Phi'}\omega$ $a=0$	刚性冲击	低速轻载
等加速等减速运动	$0°\leqslant\varphi\leqslant\dfrac{\Phi}{2}$ $s=\dfrac{2h}{\Phi^2}\varphi^2$ $v=\dfrac{4h\omega}{\Phi^2}\varphi$ $a=\dfrac{4h\omega^2}{\Phi^2}$ $\dfrac{\Phi}{2}<\varphi\leqslant\Phi$ $s=h-\dfrac{2h(\Phi-\varphi)^2}{\Phi^2}$ $v=\dfrac{4h\omega}{\Phi^2}(\Phi-\varphi)$ $a=-\dfrac{4h\omega^2}{\Phi^2}$	$0°\leqslant\varphi'\leqslant\dfrac{\Phi'}{2}$ $s=h-\dfrac{2h}{\Phi'^2}\varphi'^2$ $v=-\dfrac{4h\omega}{\Phi'^2}\varphi'$ $a=-\dfrac{4h\omega^2}{\Phi'^2}$ $\dfrac{\Phi'}{2}<\varphi'\leqslant\Phi'$ $s=\dfrac{2h(\Phi'-\varphi')^2}{\Phi'^2}$ $v=-\dfrac{4h\omega}{\Phi'^2}(\Phi'-\varphi')$ $a=\dfrac{4h\omega^2}{\Phi'^2}$	柔性冲击	中速轻载
余弦加速度运动(简谐运动)	$s=\dfrac{h}{2}\left(1-\cos\dfrac{\varphi}{\Phi}\pi\right)$ $v=\dfrac{\pi h\omega}{2\Phi}\sin\dfrac{\varphi}{\Phi}\pi$ $a=\dfrac{\pi^2 h\omega^2}{2\Phi^2}\cos\dfrac{\varphi}{\Phi}\pi$	$s=\dfrac{h}{2}\left(1+\cos\dfrac{\varphi'}{\Phi'}\pi\right)$ $v=-\dfrac{\pi h\omega}{2\Phi'}\sin\dfrac{\varphi'}{\Phi'}\pi$ $a=-\dfrac{\pi^2 h\omega^2}{2\Phi'^2}\cos\dfrac{\varphi'}{\Phi'}\pi$	柔性冲击	中低速中载或重载
正弦加速度运动(摆线运动)	$s=h\left(\dfrac{\varphi}{\Phi}-\dfrac{1}{2\pi}\sin\dfrac{2\varphi}{\Phi}\pi\right)$ $v=\dfrac{h\omega}{\Phi}\left(1-\cos\dfrac{2\varphi}{\Phi}\pi\right)$ $a=\dfrac{2\pi h\omega^2}{\Phi^2}\sin\dfrac{2\varphi}{\Phi}\pi$	$s=h\left(1-\dfrac{\varphi'}{\Phi'}+\dfrac{1}{2\pi}\sin\dfrac{2\varphi'}{\Phi'}\pi\right)$ $v=-\dfrac{h\omega}{\Phi'}\left(1-\cos\dfrac{2\varphi'}{\Phi'}\pi\right)$ $a=-\dfrac{2\pi h\omega^2}{\Phi'^2}\sin\dfrac{2\varphi'}{\Phi'}\pi$	无冲击	中高速重载

　　应该指出,除了以上几种常用的从动件运动规律外,有时还要求从动件实现特定的运动规律,其动力性能的好坏及适用场合,仍可参考上述方法进行分析。

　　在选择从动件的运动规律时,应根据机器工作时的运动要求来确定。例如,机床中控制刀架进刀的凸轮机构,要求刀架进刀时作等速运动,所以应选择从动件作等速运动的运动规律,至于行程始末端,可以通过拼接其他运动规律曲线来消除冲击。对无一定运动要求、只需要从动件有一定位移的凸轮机构,如夹紧、送料等凸轮机构,可只考虑加工方便,采用圆弧、直线等组成的凸轮轮廓。对于高速凸轮机构,应减小惯性力所造成的冲击,多选择从动件作正弦加速度运动规律或其他改进型的运动规律。

◀ 任务 3 凸轮轮廓设计 ▶

合理地选择了从动件运动规律以后,结合一些具体条件就可以进行凸轮轮廓设计。根据选定的推杆运动规律来设计凸轮具有的廓线时,可以利用作图法直接绘制出凸轮廓线,也可以用解析法列出凸轮廓线的方程式,定出凸轮廓线上各点的坐标,或计算出凸轮的一系列向径的值,以便据此加工出凸轮廓线。用图解法设计凸轮廓线,简单易行,而且直观,但误差较大,对精度要求较高的凸轮,如高速凸轮、靠模凸轮等,则往往不能满足要求。所以,现代凸轮廓线设计都以解析法为主,其加工也容易采用先进的加工方法,如线切割机、数控铣床及数控磨床来加工。但是,图解法可以直观地反映设计思想、原理。本节主要介绍图解法,并简单介绍解析法。

一、凸轮廓线设计的基本原理

为了说明凸轮廓线设计方法的基本原理,首先对已有的凸轮机构进行分析。图 6.8 所示为一对心直动尖顶推杆盘形凸轮机构,当凸轮以角速度 ω 绕轴心 O 等速逆时针回转时,将推动推杆运动。图 6.8(b)所示为凸轮回转 φ 角时,推杆上升至位移 s 的瞬时位置。

现在为了讨论凸轮廓线设计的基本原理,设想给整个凸轮机构加上一个公共角速度($-\omega$),使其绕凸轮轴心 O 转动。根据相对运动原理,可以知道凸轮与推杆间的相对运动关系并不发生改变,但此时凸轮将静止不动,而推杆一方面和机架一起以角速度 $-\omega$ 绕凸轮轴心 O 转动,同时又在其导轨内按预期的运动规律运动。由图 6.8(c)可见,推杆在复合运动中,其尖顶的轨迹就是凸轮廓线。

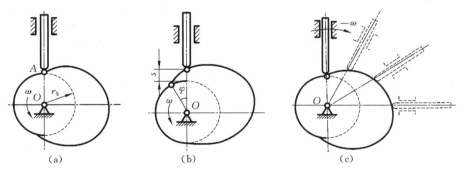

图 6.8 反转法

利用这种方法进行凸轮设计的方法称为反转法,其基本原理就是理论力学中所讲过的相对运动原理。

二、用作图法设计凸轮廓线

针对不同形式的凸轮机构,其作图法也有所不同。下面以三类推杆形式为例给予分别介绍,读者要注意理解三类机构设计的异同之处。

1. 对心直动尖顶推杆盘形凸轮机构

已知一基圆半径为 r_b 的对心移动尖顶从动件盘形凸轮机构,其从动件的位移线图如图

6.9(b)所示,凸轮以角速度 ω 顺时针转动。试设计该凸轮的轮廓曲线。

设计步骤如下。

(1) 根据已知从动件的规律(即位移线图),选定适当比例尺 μ_s 作出位移线图,并将横坐标上 Φ 等分 4 份,如图 6.9(b)中 1、2、3、4,通过各等分点作横坐标的垂线并与位移曲线相交,得到相应的凸轮转过各转角时从动件的位移 1—1′、2—2′、3—3′、4—4′;同理,将图 6.9(b)中的 Φ' 等分 6 份,从 5 开始得 6、7……11,通过各等分点作横坐标的垂线并与位移曲线相交,得到相应的凸轮转过各转角时从动件的位移 6—6′……11—11′,如图 6.9(b)所示。(注意:Φ_s、Φ'_s 在横坐标轴不用等分,只按同样比例画出即可;Φ、Φ' 等分几份视具体情况而定,总之等分份数越多,图形设计越精确。)

(2) 以基圆半径 r_b 为半径按所选比例尺 μ_s 作出基圆。

(3) 在基圆上,任取一点 B_0 作为从动件升程的起始点,由 B_0 开始,沿 $-\omega$ 的方向将基圆 360°角按已知的 Φ、Φ_s、Φ'、Φ'_s 大小分出,在图 6.9(a)中,$\angle B_0 O B_4 = \Phi$ 等,再将 Φ、Φ' 等分成与位移线图相同的等份(图 6.9(a)中 Φ 等分成 4 份,Φ' 等分成 6 份),得各等分点 B'_1、B'_2、B'_3 等,连接 OB'_1、OB'_2、OB'_3 等,得各径向线并将其延长,则这些径向线即为从动件导路在反转过程中每转过相应的等份角度时所占据的位置。

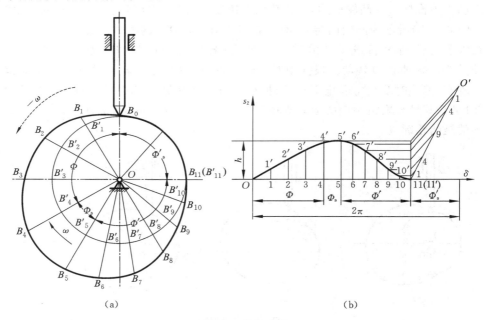

(a)　　　　　　　　　　　　　　　(b)

图 6.9　轮廓曲线

(4) 在各条径向线上自 B'_1、B'_2、B'_3 等各点分别截取 $B_1 B'_1 = 1$—$1'$、$B_2 B'_2 = 2$—$2'$、$B_3 B'_3 = 3$—$3'$ 等,得 B_1、B_2、B_3 等各点。将 B_0、B_1、B_2、B_3 等各点连成光滑曲线,该曲线即为所要设计的对心移动尖顶从动件盘形凸轮轮廓曲线。(注意:$B_4 B_5$ 为等半径的圆弧,$B_{11} B_0$ 也为等半径的圆弧。)

按以上作图法绘制的光滑封闭曲线即为凸轮廓线,如图 6.9(a)所示。

对于其他类型的凸轮机构的凸轮廓线设计,同样可根据如上所述反转法原理进行。接下来,主要讨论其各自的特点及设计时要注意的问题。

2. 对心直动滚子推杆盘形凸轮机构

对于对心直动滚子推杆盘形凸轮这种类型的凸轮机构,由于凸轮转动时滚子(滚子半径

r_T)与凸轮的相切点不一定在推杆的位置线上,但滚子中心位置始终处在该线,推杆的运动规律与滚子中心一致,所以其廓线的设计需要分两步进行。

(1)将滚子中心看成尖顶推杆的尖顶,按前述方法设计出廓线 β_0,这一廓线称为理论廓线。

(2)以理论廓线上的各点为圆心、以滚子半径 r_T 为半径作一系列的圆,这些圆的内包络线 β 即为所求凸轮的实际廓线,如图 6.10 所示。

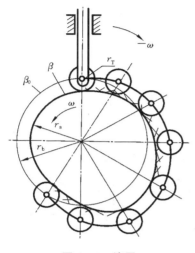

图 6.10 滚子

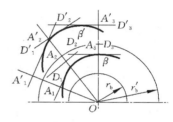

图 6.11 平底

3. 对心直动平底推杆盘形凸轮机构

在设计对心直动平底推杆盘形凸轮这类凸轮机构的凸轮廓线时,也要按以下两步进行。

(1)把平底与推杆轴线的交点 B 看成尖顶推杆的尖顶,按照前述方法,求出尖顶的一系列位置,将其连成曲线,即为凸轮的理论廓线。

(2)过以上各交点 B 按推杆平底与推杆轴线的夹角作一系列代表平底的直线,这一系列位置的包络线即为所求凸轮的实际廓线。

求出凸轮廓线后,根据平底推杆的一系列位置,选择出推杆平底的最小尺寸不应小于平底与凸轮相切点到从动件运动中心距离的最大值的两倍。如图 6.11 所示。

例 6-1 偏心移动尖顶从动件盘形凸轮轮廓的设计。

解 已知一偏心距为 e、基圆半径为 r_b 的偏心移动尖顶从动件盘形凸轮机构,其从动件的位移线图如图 6.12(b)所示,凸轮以等角速度 ω 顺时针转动。试设计该凸轮的轮廓曲线。

偏心移动尖顶从动件盘形凸轮轮廓的设计步骤与对心移动尖顶从动件凸轮轮廓的设计步骤相似,但由于从动件导路不通过凸轮的转动中心,所以从动件在反转的过程中,其导路线也不通过凸轮的转动中心,而是始终与以凸轮的转动中心为圆心、以偏心距 e 为半径所作的偏心距圆相切。根据这一特点,可以得到偏心移动尖顶从动件凸轮轮廓的设计步骤如下:

(1)根据已知从动件的运动规律,按选定的比例尺 μ_s 作出位移曲线,并将横坐标按上例的方法分段等分,如图 6.12(b)所示。

(2)以 O 为圆心,以已知的偏心距 e、基圆半径 r_b 为半径按所选比例尺 μ_s 分别作偏心距圆和基圆。

(3)在基圆上,任取一点 B_0 作为从动件升程的起始点,并过 B_0 作偏心距圆的切线,该切线即是从动件导路的起始位置。

（4）由 B_0 开始，沿 $-\omega$ 的方向将基圆分成与位移线图相同的等份，得各等分点 B_1'、B_2'、B_3' 等，过 B_1'、B_2'、B_3' 等各点分别作偏心距圆的切线并向外延长，则这些切线就是从动件在反转过程中所依次占据的位置（注意，各切线不要作反了，应是顺着 $-\omega$ 方向的切线）。

（5）在各条切线上自 B_1'、B_2'、B_3' 等各点分别截取 $B_1B_1'=1-1'$、$B_2B_2'=2-2'$、$B_3B_3'=3-3'$ 等，得 B_1、B_2、B_3 等各点。将 B_0、B_1、B_2、B_3 等各点连成光滑曲线，该曲线即为所要设计的偏心移动尖顶从动件盘形凸轮轮廓曲线。

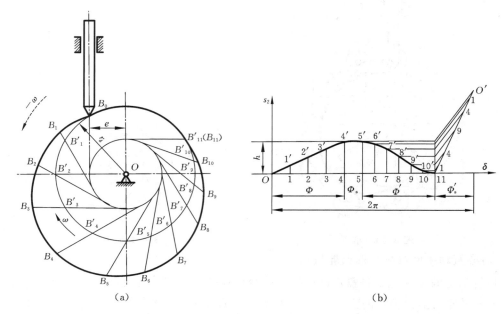

     （a）   （b）

图 6.12 偏心移动尖顶从动件盘形凸轮轮廓设计

三、凸轮廓线设计的解析法

对于精度较高的高速凸轮、检验用的样板凸轮等需要用解析法设计，以适合数控机床加工。

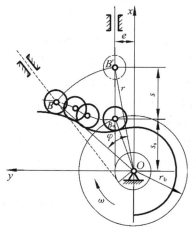

**图 6.13 偏置直动滚子从动件盘形
凸轮机构解析法示意图**

在研究过凸轮廓线设计的作图法之后，接下来就以如图 6.13 所示的偏置滚子直动推杆盘形凸轮机构来介绍解析方法。解析法主要采用解析表达式计算并确定凸轮轮廓，计算工作量大，一般采用计算机精确地计算出凸轮轮廓或刀具轨迹上各点的坐标进行。

图 6.13 所示为偏置直动滚子从动件盘形凸轮机构。偏距 e、基圆半径 r_b 和从动件运动规律 $s=f(\varphi)$，凸轮以等角速度 ω 顺时针转动。以凸轮回转中心 O 为原点，垂直向上为 x 轴正方向，水平向左为 y 轴正方向，建立直角坐标系 xOy。当从动件的滚子中心从点 B_0 上升到点 B' 时，凸轮转过的角度为 φ，根据反转法原理，将点 B' 以 $-\omega$ 方向绕原点转过 φ 即得到凸轮轮廓曲线上对应点 B，其坐标为

$$\begin{cases} x = (s+s_0)\cos\varphi - e\sin\varphi \\ y = (s+s_0)\sin\varphi + e\cos\varphi \end{cases} \tag{6-2}$$

式中：s_0——初始位置点 B_0 的 x 坐标值，$s_0 = \sqrt{r_b^2 - e^2}$；

s——当凸轮转过角 φ 时，从动件的位移 $s = f(\varphi)$。

它们的实际轮廓曲线是滚子圆族的包络线，即实际轮廓是理论轮廓的等距线，它们之间的距离为滚子半径 r_T。由数学理论可知，实际轮廓曲线上的坐标点 (x,y) 的参数方程为

$$\begin{cases} x' = x \pm r_T \dfrac{\dfrac{\mathrm{d}y}{\mathrm{d}\varphi}}{\sqrt{\left(\dfrac{\mathrm{d}x}{\mathrm{d}\varphi}\right)^2 + \left(\dfrac{\mathrm{d}y}{\mathrm{d}\varphi}\right)^2}} \\[4mm] y' = y \pm r_T \dfrac{\dfrac{\mathrm{d}x}{\mathrm{d}\varphi}}{\sqrt{\left(\dfrac{\mathrm{d}x}{\mathrm{d}\varphi}\right)^2 + \left(\dfrac{\mathrm{d}y}{\mathrm{d}\varphi}\right)^2}} \end{cases} \tag{6-3}$$

式中：x'、y'——实际轮廓上对应理论轮廓曲线上 (x,y) 点的坐标，$(x'、y')$ 与点 (x,y) 在同一法线上。在此就不作过多的数学推导了，有兴趣的读者可以自己研究。

任务 4 压力角、基圆半径和滚子半径

凸轮的基圆半径 r_b 直接决定着凸轮机构的尺寸。前面介绍凸轮廓线设计时，都是假定凸轮的基圆半径已经给出。而实际上，凸轮的基圆半径的选择要考虑许多因素，首先要考虑到凸轮机构中的作用力，保证机构有较好的受力情况。为此，需要就凸轮的基圆半径和其他有关尺寸对凸轮机构受力情况的影响加以讨论。

一、凸轮机构中的作用力及凸轮机构压力角 α

图 6.14 所示为一直动尖顶推杆盘状凸轮机构的推杆在推程任意位置时的受力情况分析。其中 F_Q 为推杆所承受的外载荷，F 为凸轮作用于推杆上的驱动力，而 F_{R1}、F_{R2} 为导轨对推杆作用的总反力；φ_1 和 φ_2 为摩擦角。凸轮的压力角 α 为凸轮廓线上传力点 B 的法线与推杆（从动件）上点 B 的速度方向所夹的锐角。对于滚子从动件，滚子中心可视为点 B。

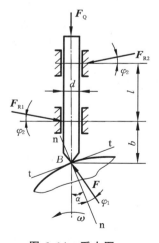

图 6.14 受力图

若取推杆为分离体，则根据平面力系的平衡条件可以得到

$$\begin{aligned} \sum F_x = 0, & \quad F\sin(\alpha+\varphi_1) - (F_{R1} - F_{R2})\cos\varphi_2 = 0 \\ \sum F_y = 0, & \quad F_Q - F\cos(\alpha+\varphi_1) + (F_{R1} + F_{R2})\sin\varphi_2 = 0 \\ \sum M_z = 0, & \quad F_{R1}b\cos\varphi_2 - F_{R2}(l+b)\cos\varphi_2 = 0 \end{aligned} \right\} \tag{6-4}$$

从中消去 F_{R1} 和 F_{R2}，整理后可得

$$F = \frac{F_Q}{\cos(\alpha+\varphi_1) - \left(1 + \dfrac{2b}{l}\right)\sin(\alpha+\varphi_1)\tan\varphi_2} \tag{6-5}$$

由上式可知,压力角 α 是影响凸轮机构受力情况的一个重要参数。在其他条件相同的情况下,α 越大,则分母越小,F 将越大。当 α 增大到某一数值时,分母将减小为零,作用力 F 将增至无穷大,此时该凸轮机构将发生自锁现象。这时的压力角称为临界压力角 α_c,其值为

$$\alpha_c = \arctan\left(\frac{1}{(1+2b/l)\tan\varphi_2}\right) - \varphi_1 \tag{6-6}$$

由此可见,为使凸轮机构工作可靠、受力情况良好,必须对压力角进行限制。最基本的要求是

$$\alpha_{max} < \alpha_c \tag{6-7}$$

由上式可以看出,提高 α_c 的有效途径是增大导路长度 l,减小悬臂长度 b。根据理论分析和实践经验,为提高机构效率、改善受力情况,通常规定 α_{max} 应不大于许用压力角 $[\alpha]$,而 $[\alpha]$ 远小于 α_c,即

$$\alpha_{max} \leqslant [\alpha] \ll \alpha_c \tag{6-8}$$

根据实践经验,常用的许用压力角数值为:
(1) 工作行程时,对于直动推杆,取 $[\alpha]=30°$;对于摆动推杆,取 $[\alpha]=35°\sim45°$;
(2) 回程时,取 $[\alpha]=70°\sim80°$。

二、凸轮基圆半径 r_b 的确定

对于一定类型的凸轮机构,在推杆运动规律选定之后,该凸轮的机构压力角与凸轮基圆半径的大小直接相关。

由于基圆半径 r_b 与凸轮机构压力角 α 的大小有关,在确定基圆半径时,主要考虑的是使机构的压力角 $\alpha_{max} \leqslant [\alpha]$ 这一要求。

一般在工程实际中,可按经验来确定基圆半径 r_b。当凸轮与轴制成一体时,可取凸轮基圆半径 r_b 略大于轴的半径;当凸轮与轴分开制造时,常取 $r_b=(1.6\sim2)r$。其中 r 是安装凸轮处轴颈的半径。

当从动件的运动规律确定后,凸轮基圆半径 r_b 越小,则机构的压力角越大。合理地选择偏距 e 的方向,可使压力角减小,改善传力性能。

所以,在设计凸轮机构时,应该根据具体的条件抓住主要矛盾合理解决:如果对机构的尺寸没有严格要求,可将基圆取大些,以便减小压力角;反之,则应尽量减小基圆半径尺寸。但应注意使压力角满足 $\alpha \leqslant [\alpha]$。

三、滚子半径及平底尺寸的确定

1. 滚子半径的确定

对于滚子从动件中滚子半径的确定,要考虑其结构、强度及凸轮廓线的形状等诸多因素。这里主要说明廓线与滚子半径的关系。

图 6.15 所示为一内凹的凸轮轮廓曲线,β 为实际轮廓线,β_0 为理论轮廓线。实际轮廓线的曲率半径 ρ_a 等于理论轮廓线的曲率半径 ρ 与滚子半径 r_T 之和,即 $\rho_a=\rho+r_T$。这样,不论滚子半径大小如何,凸轮的工作廓线总是可以平滑地作出。

对于图 6.15(b) 中的外凸轮,$\rho_a=\rho-r_T$,则当实际轮廓的曲率半径为零时实际轮廓上将出现尖点。当 $\rho<r_T$ 时,则 ρ_a 为负值,这时实际的轮廓出现交叉,从动轮将不能按照预期的运动规

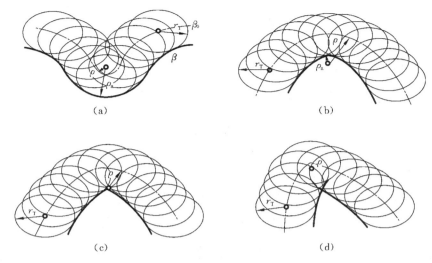

图 6.15 半径

律运动,这种现象称为"失真"。因此,对于外凸的凸轮,应使滚子的半径 r_T 小于理论轮廓的最小曲率半径 ρ_{min}。另一方面,要考虑强度、结构等因素,滚子的半径也不能太小,通常取 $r_T = (0.1 \sim 0.5)r_b$,其中 r_b 为基圆半径。

2. 平底尺寸的确定

平底从动件其平底尺寸的确定必须保证凸轮轮廓与平底始终相切,否则从动件也会出现"失真",甚至卡住。

通常平底长度 L 应取

$$L = 2l_{max} + (5 \sim 7) \text{mm} \tag{6-9}$$

式中:l_{max}——凸轮与平底相切点到从动件运动中心距离的最大值。

◀ 任务 5　凸轮机构的结构设计 ▶

凸轮机构要求能实现预定的运动,承受连续工作载荷的作用,尺寸紧凑,易于加工装配,并且成本低、寿命长。

凸轮机构的失效形式通常为凸轮工作表面的擦伤、点蚀与光亮磨损。擦伤主要由于表面粗糙和润滑不充分造成表面材料损失。点蚀与时间和应力有关,是由于表面疲劳引起裂纹扩展,造成表层材料小片剥落。光亮磨损介于损伤和点蚀之间,与润滑油的化学性质有关。一般可选用接触强度高的材料、降低表面粗糙度以及合适的润滑方式来防止失效。

一、凸轮和从动件的常用材料及技术要求

1. 凸轮和从动件的常用材料

凸轮的材料要求工作表面有较高的硬度,心部有较好的韧度。一般尺寸不大的凸轮用 45 钢或 40Cr 钢,并进行调质或表面淬火,硬度为 52～58 HRC。要求更高时,可采用 15 钢或 20Cr 钢渗碳淬火,表面硬度为 56～62 HRC,渗碳深度为 0.8～1.5 mm。更加重要的凸轮可采用

35CrMo 钢等进行渗碳,硬度为 60～67 HRC,以增强表面的耐磨性。尺寸大或轻载的凸轮可采用灰铸铁,载荷较大时可采用耐磨铸铁。

在家用电器、办公设备、仪表等产品中常用塑料作凸轮材料。一般使用共聚甲醛、聚砜、聚碳酸酯等,主要利用其成形简单、耐水、耐磨等优点。

从动件接触端面常用的材料有 45 钢,也可用 T8、T10,淬火硬度为 55～59 HRC;要求较高时可以使用 20Cr 进行渗碳淬火等处理。

滚子材料的选择主要考虑机构所受的冲击载荷和磨损等问题,可以采用与凸轮同样的材料。

2. 凸轮和从动件的精度及表面粗糙度

对于向径在 300～500 mm 以下的凸轮可以分为三个精度等级,其公差和表面粗糙度见表 6.2。对于高速凸轮机构的从动件,表面粗糙度应低于 0.1～0.2 μm。

表 6.2　凸轮精度

凸轮精度	极 限 偏 差			表面粗糙度 R_a/mm	
	向径/mm	基准孔	凸轮槽的槽宽	盘形凸轮	凸轮槽
高精度	±(0.05～0.10)	H7	H7(H8)	0.4	0.8
一般精度	±(0.10～0.20)	H7(H8)	H8	0.8	1.6
低精度	±(0.20～0.50)	H8	H9(H10)	0.8	1.6

二、凸轮的结构设计

1. 凸轮结构及其在轴上的固定

盘形凸轮的结构通常分为整体式和组合式。整体式结构如图 6.16 所示,它具有加工方便、精度高和刚度高的优点。凸轮轮廓尺寸的推荐值为

$$d_1=(1.5\sim2)d_0,\qquad L=(1.2\sim1.6)d_0 \tag{6-10}$$

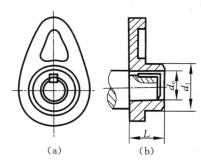

图 6.16　整体式凸轮

对于大型低速凸轮机构的或经常调整轮廓形状的凸轮,常用组合凸轮结构,如图 6.17 所示。图 6.17(a)所示为凸轮与轮毂分开的结构,利用圆弧槽可调整轮盘与轮毂的相对角度,图 6.17(b)为可以通过调整凸轮盘之间的相对位置来改变从动件在最远位置停留的时间。

凸轮与轴的固定可采用紧定螺钉、键及销钉等方式。精度要求不高的情况下可采用键固定,如图 6.18(a)所示。销固定如图 6.18(b)所示,通常是在装配时调整好凸轮位置后,配钻定

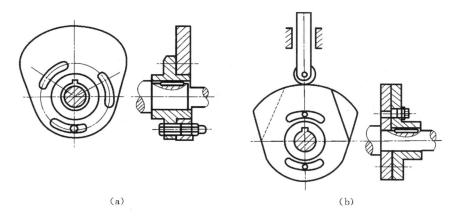

(a)   (b)

图 6.17　组合式凸轮

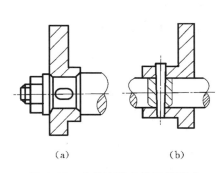

(a)   (b)

图 6.18　凸轮在轴上的固定形式

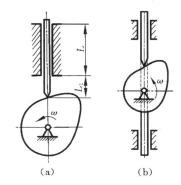

(a)   (b)

图 6.19　从动件导路形式

位销,或用紧定螺钉定位后,再用锥销固定。

2. 从动件结构

1) 从动件导路

图 6.19(a)所示为单面导路,悬臂部分不宜过大,应满足 $L_1 < \dfrac{L}{2}$;图 6.19(b)所示为双面导路,有利于改善从动件的工作性能。

2) 滚子结构

图 6.20 所示为滚子的几种装配结构,滚子与销为动配合,一般选用 $\dfrac{H8}{f8}$。尺寸不大时,也可直接用滚动轴承作为滚子。对于几何锁合的凸轮机构,滚子与凸轮上凹槽的配合,一般选用 $\dfrac{H12}{h12}$。滚子的主要尺寸一般如下。

滚子销轴直径 d_k 为

$$d_k = \left(\frac{1}{3} \sim \frac{1}{2}\right) d_T \qquad\qquad (6-11)$$

滚子宽度 b 为

$$b \geqslant \frac{d_T}{4} + 5 \text{(mm)} \qquad\qquad (6-12)$$

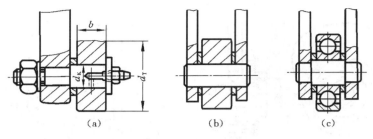

图 6.20 滚子结构

3. 凸轮工作图

凸轮零件工作图与一般零件工作图相比,除了标注尺寸公差、表面粗糙度、技术条件、材料和热处理等要求外,还应该注意,为了便于加工和检验,对于盘形凸轮要以极坐标形式或列表给出凸轮理论廓线尺寸,即列出每隔一定角度的凸轮径向值。用图解法设计的滚子从动件凸轮,尺寸标注在理论轮廓曲线上,而平底从动件凸轮,尺寸标注在凸轮实际轮廓曲线上。当同一根轴上有多个凸轮时,应根据工作循环确定各凸轮与轴之间的相对位置关系。图 6.21 所示为凸轮工作图示例。

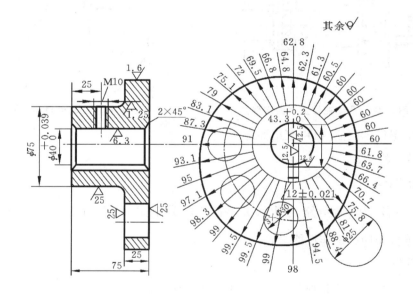

技术要求

1.凸轮工作廓线径向公差±0.2。

2.采用冷硬铸造,表面硬度达到 50 HRC。

3.铸造圆角半径为 R3~R5。

4.材料为 HT150。

图 6.21 盘形凸轮工作图示例

思考题与习题

6-1 试比较尖顶、滚子、平底从动件的优缺点,并说明它们各自适用什么场合?

6-2 什么是凸轮机构的压力角? 设计凸轮机构时,为什么要控制最大压力角?

6-3 当已知凸轮的理论轮廓曲线作实际轮廓曲线时,能否由理论轮廓线上各点的向径减去滚子的半径求得?

6-4 设计一尖顶对心直动从动件盘形凸轮机构。凸轮顺时针匀速转动,基圆半径 $r_b =$ 40 mm,从动件的运动规律如题 6-4 表所示。

题 6-4 表

δ	0～90°	90°～180°	180°～240°	240°～360°
运动规律	等速上升	停止	等加速等减速下降	停止

6-5 若将上题改为滚子从动件,设已知滚子半径 $r_T =$ 10 mm,试设计其凸轮的实际轮廓曲线。

6-6 已知一偏心移动尖顶从动件盘形凸轮机构的基圆半径 $r_b = 40$ mm,偏心距 $e = 20$ mm,从动件的位移曲线如题 6-6 图所示,试用图解法设计凸轮轮廓曲线。

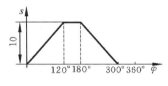

题 6-6 图

其他常用机构

当主动件作连续运动时,从动件作周期性的运动和停顿,这类机构称为间歇机构,也称为步进机构。它们在各种自动化机械中得到广泛的应用,用来满足送进、制动、转位、分度、超越等工作要求。常用的步进机构可以分为两类:

(1)主动件往复摆动,从动件间歇运动,如棘轮机构;

(2)主动件连续运动,从动件间歇运动,如槽轮机构、不完全齿轮机构等。

步进机构种类很多,在这里主要介绍最常用的,如棘轮机构、槽轮机构和不完全齿轮机构。

◀ 任务 1 棘 轮 机 构 ▶

一、棘轮机构的工作原理和类型

人们骑自行车时,通过链条带动后轮上的链轮,实现自行车的前进。但后轮的链轮是只有外面的链轮带动里面的转轴,当不再蹬动脚踏板时,自行车后轮可以继续转动。留心的读者可能知道这个零件的名称,但是这个机构究竟是怎么工作的呢? 实际上,这就是一个棘轮机构。

典型的棘轮机构如图 7.1 所示。该机构为轮齿式外啮合棘轮机构,由棘轮 3、棘爪 2、摇杆 1 和止动爪 4、弹簧 5 和机架所组成。棘轮 3 固装在传动轴上,棘轮的齿可以制作在棘轮的外缘、内缘或端面上,而实际应用中以制作在外缘上居多。摇杆 1 空套在传动轴上。

当摇杆沿逆时针方向摆动时,棘爪 2 嵌入棘轮 3 上的齿间,推动棘轮转动。当摇杆沿顺时针方向转动时,止动爪 4 阻止棘轮顺时针转动,同时棘爪 2 在棘轮齿背上滑过,此时棘轮静止。这样,当摇杆往复摆动时,棘轮便可以得到单向的间歇运动。

图 7.2 所示为一内接式棘轮机构。如果工作需要,要求棘轮能作不同转向的间歇运动,则可把棘轮的齿做成矩形,而将棘爪做成图 7.3 所示的可翻转的棘爪。当棘爪处在图示 B 的位置时,棘轮可得到逆时针方向的单向间歇运动;而当棘爪绕其销轴 A 翻转到虚线位置 B' 时,棘轮可以得到顺时针方向的单向间歇运动。

图 7.4 所示为一种棘爪可以绕自身轴线转动的棘轮机构。当棘爪按图示位置安放时,棘轮可以得到逆时针方向的单向间歇运动;而当棘爪提起,并绕本身轴线旋转 $180°$ 后再放下时,就可以使棘轮获得顺时针方向的单向间歇运动。

如果希望使摇杆来回摆动时,使棘轮都能向同一方向转动,则可以采用所谓双动式棘轮机构,如图 7.5 所示。此种机构的棘爪可以做成直的或钩头的。

上述的轮齿式棘轮机构,棘轮是靠摇杆上的棘爪推动其棘齿而运动的,所以棘轮每次转动角都是棘轮齿距角的倍数。在摇杆一定的情况下,棘轮每次的转动角是不能改变的。若工作时需要改变棘轮转动角,除采用改变摇杆的转动角外,还可以采用如图 7.6 所示的结构,在棘轮上

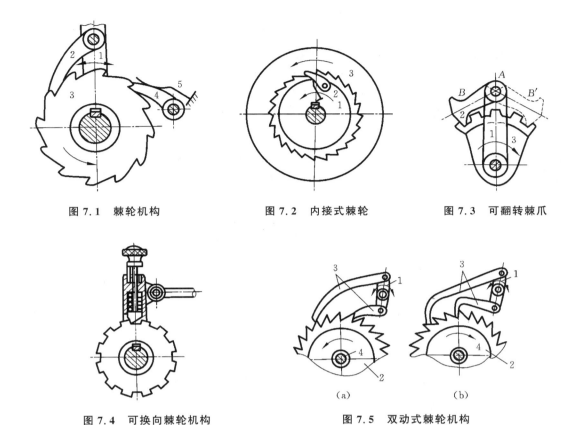

图 7.1 棘轮机构　　　　图 7.2 内接式棘轮　　　　图 7.3 可翻转棘爪

图 7.4 可换向棘轮机构　　　　图 7.5 双动式棘轮机构

加一个遮板,用于遮盖摇杆摆角范围内棘轮上的一部分齿。这样,当摇杆逆时针方向摆动时,棘爪先在遮板上滑动,然后才插入棘轮的齿槽推动棘轮转动。被遮住的齿越多,棘轮每次转动的角度就越小。

图 7.7 所示为摩擦式棘轮机构。这种棘轮机构是通过棘轮 2 与棘爪 3 之间的摩擦而使棘爪实现间歇传动的。摩擦式棘轮机构可无级变更棘轮转角,且噪声小,但与棘轮之间容易产生滑动。为增大摩擦力,可将棘轮做成槽形。

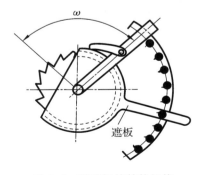

图 7.6 带遮板的棘轮机构

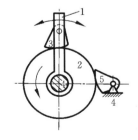

图 7.7 摩擦式棘轮机构

在棘轮机构中,棘轮多为从动件,由棘爪推动其运动。而棘爪的运动则可用连杆机构、凸轮机构或电磁装置等来实现。

二、棘轮机构的特点和应用

　　轮齿式棘轮机构结构简单、运动可靠,棘轮的转角容易实现有级调节。但是这种机构在回程时,棘爪在棘轮齿背上滑过产生噪声;在运动开始和终了时,由于速度突变而产生冲击,运动平稳性差,且棘轮轮齿容易磨损,故常用于低速轻载等场合。摩擦式棘轮传递运动较平稳、无噪声,棘轮的转角可以实现无级调节,但运动准确性差,不易用于运动精度高的场合。

　　棘轮机构常用在各种机床、自动机、自行车、螺旋千斤顶等各种机械中。棘轮还被广泛地用在防止机械逆转的制动器中,这类棘轮制动器常用在卷扬机、提升机、运输机和牵引设备中。图7.8所示为一提升机中的棘轮制动器,重物 Q 被提升后,由于棘轮受到止动爪的制动作用,卷筒不会在重力作用下反转下降。

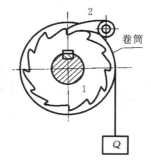

图 7.8　棘轮制动器

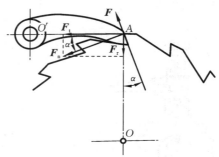

图 7.9　棘爪回转轴位置

三、棘爪回转轴位置的确定

　　图7.9所示在确定棘爪回转轴轴心 O' 的位置时,最好使点 O' 至棘轮轮齿顶尖点 A 的连线 $O'A$ 与棘轮过点 A 的半径 OA 垂直,这样,当传递相同的转矩时,棘爪受力最小。

四、棘轮轮齿工作齿面偏斜角 α 的确定

　　棘轮轮齿与棘爪接触的工作齿面应与半径 OA 倾斜一定角度 α,以保证棘爪在受力时能顺利地滑入棘轮轮齿的齿根。偏斜角 α 的大小可如下得出。如图7.9所示,设棘轮齿对棘爪的法向压力为 F_n,将其分解成 F_t 和 F_r 两个分力。其中径向分力 F_r 把棘轮推向棘轮齿的根部。而当棘爪沿工作齿面向齿根滑动时,棘轮齿对棘爪的摩擦力 $F = f \cdot F_n$,将阻止棘爪滑入棘轮齿根。为保证棘爪的顺利滑入,必须保证有

$$F_r > f \cdot F_n \cdot \cos\alpha \tag{7-1}$$

又

$$F_r = F_n \sin\alpha$$

所以

$$\tan\alpha > f = \tan\varphi \quad (\varphi \text{ 为摩擦角})$$

即

$$\alpha > \varphi \tag{7-2}$$

　　在无滑动的情况下,钢对钢的摩擦系数 $f \approx 0.2$,所以 $\varphi \approx 11°30'$。通常取 $\alpha \approx 20°$。

◀ 任务 2 槽 轮 机 构 ▶

一、槽轮机构的工作原理和类型

图 7.10 所示为一外槽轮机构,它由带有圆销的主动拨盘 1、具有径向槽从动槽轮 2 和机架所组成。

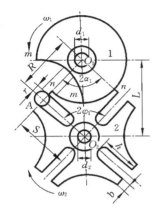

图 7.10 外槽轮机构

图 7.11 放映机中的间歇抓片机构

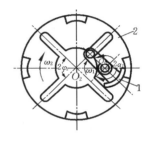

图 7.12 内啮合槽轮机构

当拨盘 1 以等角速度连续转动,拨盘上的圆销 A 没有进入槽轮的径向槽时,槽轮上的内凹锁止弧 nn 被拨盘上的外凸弧 mm 卡住,槽轮静止不动。当拨盘上的圆销刚开始进入槽轮径向槽时,锁止弧 nn 也刚好被松开槽轮在圆销 A 的推动下开始转动。当圆销在另一边离开槽轮的径向槽时,锁止弧 nn 又被卡住,槽轮又静止不动,直至圆销 A 再一次进入槽轮的另一径向槽时,槽轮重复上面的过程。该机构是一种典型的单向间歇传动机构。

槽轮机构具有结构紧凑、制造简单、传动效率高,并能较平稳地进行间歇转位的优点,故在工程上得到了广泛应用。

如图 7.11 所示为槽轮机构在电影放映机中的间歇抓片机构。

内啮合槽轮机构的工作原理与外啮合槽轮机构一样,如图 7.12 所示。相比之下,内啮合槽轮机构比外槽轮机构运动平稳、结构紧凑。但是槽轮机构的转角不能调节,且运动过程中加速度变化比较大,所以一般只用于转速不高的定角度分度机构中。

二、槽轮机构的运动系数

在一个运动循环中,槽轮运动时间 t_2 与拨盘运动时间 t_1 之比称为运动系数,用 τ 来表示。由于拨盘通常作等速运动,故运动系数 τ 也可以用拨盘转角表示。图 7.10 所示为单圆销槽轮机构,时间 t_2 和 t_1 分别对应的拨盘转角为 $2\varphi_1$ 和 2π,所以有

$$\tau = \frac{\varphi_1}{\pi} \tag{7-3}$$

为了避免刚性冲击,在圆销进入或退出槽轮径向槽时,圆销的速度方向应与槽轮槽的中心

线重合，即径向槽的中心线应切于圆销中心的运动圆周。因此，若设 z 为均匀分布的径向槽数目，则可得

$$2\varphi_1 = \pi - 2\varphi_2 = \pi - \frac{2\pi}{z} = \frac{\pi(z-2)}{z} \tag{7-4}$$

所以得到

$$\tau = \frac{z-2}{2z} \tag{7-5}$$

由于运动系数 τ 必须大于零，故由上式可知径向槽数最少等于 3，而 τ 总小于 0.5，即槽轮的转动时间总小于停歇时间。

如果要求槽轮转动时间大于停歇时间，即要求 $\tau > 0.5$，则可以在拨盘上装数个圆销。设 K 为均匀分布在拨盘上的圆销数目，则运动系数 τ 应为

$$\tau = \frac{t_2}{t_1/K} = \frac{K(z-2)}{2z} \tag{7-6}$$

由于运动系数 τ 应小于 1，即 $\frac{K(z-2)}{2z} < 1$，所以有

$$K < \frac{2z}{z-2} \tag{7-7}$$

增加径向槽数 z 可以增加机构运动的平稳性，但是机构尺寸随之增大，导致惯性力增大，所以一般取 $z = 4 \sim 8$。

槽轮机构中拨盘上的圆销数、槽轮上的径向槽数以及径向槽的几何尺寸等均视运动要求的不同而定。每一个圆销在对应的径向槽中相当于曲柄摆动导杆机构。因此，该机构为分析槽轮的速度、加速度带来了方便，有兴趣的读者可以自学。

◀ 任务 3 不完全齿轮机构 ▶

不完全齿轮机构是由普通渐开线齿轮机构演变而成的间歇运动机构。它与普通渐开线齿轮机构的主要区别在于该机构中的主动轮仅有一个或几个齿，如图 7.13 所示。

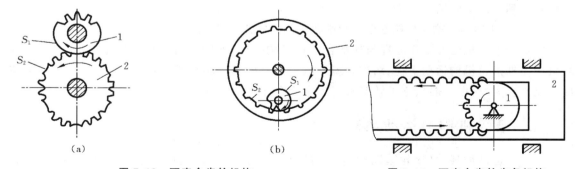

(a)   (b)

图 7.13 不完全齿轮机构   图 7.14 不完全齿轮齿条机构

当主动轮 1 的有齿部分与从动轮轮齿结合时，推动从动轮 2 转动；当主动轮 1 的有齿部分与从动轮脱离啮合时，从动轮停歇不动。因此，当主动轮连续转动时，从动轮获得时动时停的间歇运动。

图 7.13(a)所示为外啮合不完全齿轮机构，其主动轮 1 转动一周时，从动轮 2 转动 1/6 周，

从动轮每转一周停歇 6 次。当从动轮停歇时,主动轮上的锁止弧与从动轮上的锁止弧互相配合锁住,以保证从动轮停歇在预定位置。图 7.13(b)为内啮合不完全齿轮机构。

图 7.14 所示为不完全齿轮齿条机构,当主动轮连续转动时,从动轮作时动时停的往复移动。与普通渐开线齿轮机构一样,当主动轮匀速转动时,其从动轮在运动期间也保持匀速转动,但在从动轮运动开始和结束时,即进入啮合和脱离啮合的瞬时,速度是变化的,故存在冲击。

不完全齿轮机构从动轮每转一周停歇时间、运动时间及每次转动的加速度变化范围比较大,设计灵活。但由于其存在冲击,故不完全齿轮机构一般只用于低速、轻载的场合,如用于计数器、电影放映机和某些进给机构中。

思考题与习题

7-1　棘轮机构是如何实现间歇运动的? 棘轮机构有哪些类型?

7-2　槽轮机构如何实现间歇运动?

7-3　在六角车床的六角头外槽轮机构中,已知槽轮的槽数 $z=6$,槽轮静止时间每转 $t_j=\dfrac{5}{6}$ s/r,运动时间是静止时间的两倍,求:(1)槽轮机构的运动系数 τ;(2)圆销数 K。

7-4　已知外槽轮机构的槽数 $z=4$,主动件 1 的角速度 $\omega_1=10$ rad/s,试求:

(1)主动件 1 在什么位置槽轮的角加速度最大?

(2)槽轮的最大角加速度。

7-5　一台 n 工位的自动机中,用不完全齿轮机构来实现工作台的间歇转位运动,若主、从动齿轮上补全的齿数(即假想齿数)相等,试证明:从动轮的运动时间与停止时间之比等于 $\dfrac{1}{n-1}$。

7-6　比较不完全齿轮机构与普通渐开线齿轮机构在啮合过程中的异同点。

7-7　比较本章所述几种间歇运动机构的异同点,并说明各适用的场合。

齿轮、蜗杆和轮系

◀ 任务 1　齿轮传动与渐开线 ▶

一、齿轮传动

1. 齿轮传动的分类

齿轮传动是现代机械设备中应用最广泛的一种机械传动,它可以传递空间任意两轴间的运动和动力。

齿轮传动的类型很多,按照齿轮传动轴线相对位置和轮齿方向,齿轮传动的分类如图 8.1 所示。

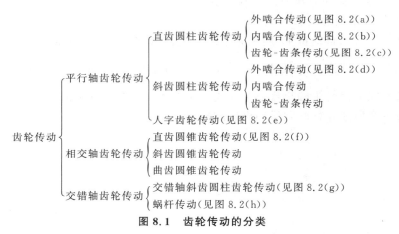

图 8.1　齿轮传动的分类

按照齿轮传动的工作条件,齿轮传动可分为:闭式齿轮传动和开式齿轮传动。闭式齿轮传动中的齿轮封闭在具有足够刚度和良好润滑条件的箱体内,一般用于速度较高或重要的齿轮传动中;开式齿轮传动中的齿轮暴露在外面,不能保持良好的润滑,齿面容易磨损,因此,一般用于低速或不重要的齿轮传动中。

按照齿轮圆周速度,齿轮传动可分为:极低速齿轮传动,圆周速度 $v<0.5$ m/s;低速齿轮传动,圆周速度 $v=0.5\sim3$ m/s;中速齿轮传动,圆周速度 $v=3\sim15$ m/s;高速齿轮传动,圆周速度 $v>15$ m/s。

按照齿轮的齿廓形状,齿轮传动可分为:渐开线齿轮传动、摆线齿轮传动、圆弧齿轮传动等。其中应用最广泛的是渐开线齿轮传动,本章只介绍渐开线齿轮传动。

2. 齿轮传动的特点

与其他传动形式比较,齿轮传动具有下列优点:能保证传动比恒定不变;适用的功率和速度

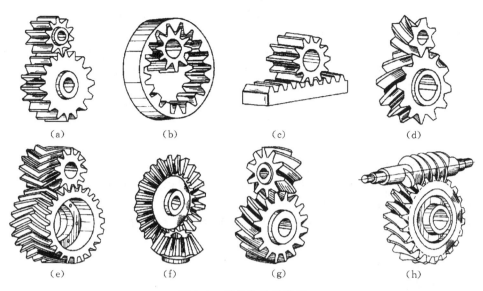

(a)　　　　(b)　　　　(c)　　　　(d)

(e)　　　　(f)　　　　(g)　　　　(h)

图 8.2　齿轮传动的类型

范围广;结构紧凑;效率高,$\eta = 0.94 \sim 0.99$;工作可靠且寿命长。其主要缺点是:齿轮制造需要专用的设备和刀具,成本较高;精度低时,传动的噪声和振动较大;不宜用于轴间距离大的传动。

二、渐开线

1. 渐开线的形成原理和基本性质

如图 8.3(a)所示,当直线 NK 沿半径为 r_b 的圆作纯滚动时,该直线上任意一点 K 的轨迹曲线 AK 称为该圆的渐开线,该圆称为渐开线的基圆,直线 NK 则称为渐开线的发生线。

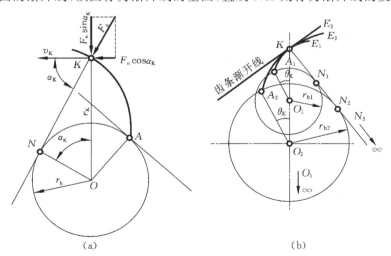

(a)　　　　　　　　　　(b)

图 8.3　渐开线的形成与基本性质

由渐开线的形成过程可知,渐开线具有如下性质。

(1) 发生线在基圆上滚过的长度等于基圆上被滚过的弧长,即直线上的线段 NK 长度等于基圆上的弧长 $\overset{\frown}{AN}$。

（2）发生线 NK 是基圆的切线,也是渐开线上点 K 的法线。线段 NK 为渐开线在点 K 的曲率半径,点 N 为渐开线上点 K 的曲率中心。

（3）在不计摩擦时,两渐开线齿轮相互作用的正压力 F_n 的方向线与接触点渐开线的法线方向一致。正压力 F_n 与接触点 K 的速度 v_K 方向所夹的锐角 α_K,称为渐开线上该点的压力角。由图 8.3(a)可得

$$\cos\alpha_K = \frac{r_b}{r_K} \tag{8-1}$$

式中: r_b——渐开线的基圆半径;

$\quad\quad r_K$——渐开线上点 K 的向径。

由上式可知,渐开线上各点的压力角不相等,离开基圆越远的点,其压力角越大。

（4）渐开线的形状取决于基圆的大小(见图 8.3(b))。基圆相同的渐开线,其形状相同;基圆越大,渐开线越平直,反之渐开线越弯曲;当基圆半径为无穷大时,渐开线就变成直线,齿轮就变为齿条。

（5）基圆内无渐开线。

2. 渐开线齿廓的啮合特性

图 8.4 所示为一对渐开线齿廓的啮合传动,设图中渐开线齿廓 $E_1 E_2$ 在任意点 K 接触,过点 K 作两齿廓的公法线 $N_1 N_2$, $N_1 N_2$ 与两轮连心线交于点 C,点 C 称为节点。令 $O_1 C = r'_1$, $O_2 C = r'_2$,以 r'_1 和 r'_2 为半径所作的圆称为节圆。可以证明,齿轮传动时两节圆作纯滚动。两个齿轮轴线间的距离称为中心距,以 a' 表示, $a' = r'_1 + r'_2$。

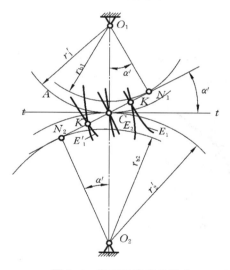

图 8.4　渐开线齿廓的啮合

两个齿轮的瞬时角速度之比称为传动比,以 i_{12} 表示。在工程中要求传动比是定值,即

$$i_{12} = \frac{\omega_1}{\omega_2} \tag{8-2}$$

式中: ω_1——主动齿轮 1 的角速度;

$\quad\quad \omega_2$——从动齿轮 2 的角速度。

由齿廓啮合基本定律(互相啮合传动的一对齿廓,在任一瞬时的传动比等于该瞬时两轮连心线被齿廓接触点公法线所分成的两线段长的反比)可知

$$i_{12} = \frac{\omega_1}{\omega_2} = \frac{O_2 C}{O_1 C} \tag{8-3}$$

由渐开线性质（2）可知,两齿廓在任一位置的公法线 $N_1 N_2$ 必定是两轮基圆的一条内公切线。因为两轮基圆的大小和位置都已确定,同一方向的内公切线只有一条,因此,不论这两齿廓在何处接触,过接触点的公法线都是同一条直线 $N_1 N_2$,即齿廓接触点的公法线与两轮连心线相交于一固定点。这说明渐开线齿廓能满足定传动比传动,即

$$i_{12} = \frac{\omega_1}{\omega_2} = \frac{O_2 C}{O_1 C} = 常数 \tag{8-4}$$

根据渐开线的性质,渐开线齿廓啮合传动具有如下特性。

（1）中心距可分性。

在图 8.4 中,因为 $\triangle O_1 N_1 C \backsim \triangle O_2 N_2 C$,所以有

$$i_{12}=\frac{\omega_1}{\omega_2}=\frac{O_2C}{O_1C}=\frac{r_2'}{r_1'}=\frac{r_{b2}}{r_{b1}}=常数 \tag{8-5}$$

式中：r_1'、r_2'——两齿轮的节圆半径；

r_{b1}、r_{b2}——两齿轮的基圆半径。

上式表明，两齿轮的传动比不仅与两轮节圆半径成反比，同时也与两轮的基圆半径成反比。由于齿轮加工完成后其基圆半径已经确定，所以即使因制造和安装误差以及磨损等原因造成两轮中心距发生变化，也不会影响齿轮的传动比。渐开线齿轮传动的这一特性称为中心距可分性。这是渐开线齿轮传动的一大优点，也是渐开线齿轮传动获得广泛应用的重要原因。

（2）啮合角为常数。

齿轮传动时其齿廓接触点的轨迹称为啮合线。渐开线齿廓啮合时，无论在哪一点接触，接触点的公法线总是两基圆的内公切线 N_1N_2，故渐开线齿廓的啮合线就是直线 N_1N_2。

啮合线 N_1N_2 与两齿轮节圆的公切线 tt 间的夹角 α' 称为啮合角。显然，渐开线齿廓啮合传动时，啮合角 α' 为常数。由图 8.4 中几何关系可知，啮合角在数值上等于渐开线在节圆上的压力角。由于两齿廓啮合传动时，其间的正压力是沿齿廓法线方向作用，也就是沿啮合线方向传递，故啮合角不变表示齿廓间压力方向不变。若齿轮传递的力矩恒定，则轮齿之间、轴与轴承之间压力的大小和方向也均不变，从而使传动平稳。这是渐开线齿廓传动的又一大优点。

需要注意的是，只有在一对齿轮相互啮合的情况下，才有节圆和啮合角，单个齿轮不存在节圆和啮合角。

任务 2 渐开线标准直齿圆柱齿轮

一、齿轮各部分名称

图 8.5 为渐开线直齿圆柱齿轮的一部分，其中图 8.5(a)为外齿轮，图 8.5(b)为内齿轮，图 8.5(c)为齿条。轮齿两侧具有互相对称的齿廓。

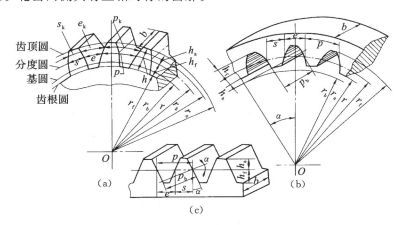

图 8.5 渐开线齿轮各部分名称

在齿轮整个圆周上均匀分布的轮齿总数称为齿数，以 z 表示。对于圆柱齿轮，过所有轮齿顶部的圆称为齿顶圆,其直径和半径以 d_a 和 r_a 表示;过所有轮齿底部的圆称为齿根圆,其直径和半径以 d_f 和 r_f 表示。同一轮齿两侧齿廓间在任意圆(直径和半径以 d_k 和 r_k 表示)周上的弧长称为该圆上的齿厚,以 s_k 表示;相邻两轮齿间的空间称为齿槽,在任意圆周上的齿槽弧长称为齿槽宽,以 e_k 表示;相邻两轮齿同侧齿廓间在任意圆周上的弧长称为齿距,以 p_k 表示,依定义,有

$$p_k = s_k + e_k \tag{8-6}$$

根据齿距定义,可得任意圆的周长为

$$z p_k = \pi d_k \tag{8-7}$$

即

$$d_k = \frac{p_k}{\pi} z \tag{8-8}$$

显然,在不同圆周上,比值 $\frac{p_k}{\pi}$ 不同。由于式(8-8)包含无理数"π",这给齿轮尺寸计算、齿轮制造和测量都带来不便。因此,人为地在齿轮上规定一个作为测量和计算基准的圆,并使该圆上的比值 $\frac{p_k}{\pi}$ 和压力角都为标准值,这个圆称为分度圆,其直径用 d 表示。为了表达上的方便,分度圆上各参数均不带下标,如 s、e、p、α 分别表示分度圆上的齿厚、齿槽宽、齿距、压力角。

齿顶圆与齿根圆之间的径向距离称为齿高,用 h 表示;分度圆与齿顶圆之间的径向距离称为齿顶高,用 h_a 表示;分度圆与齿根圆之间的径向距离称为齿根高,用 h_f 表示。根据定义有

$$h = h_a + h_f \tag{8-9}$$

由图 8.5(a)、(b)可知,外齿轮的齿顶圆大于齿根圆,而内齿轮则相反。当基圆半径为无穷大时,齿轮就变为如图 8.5(c)所示的齿条,齿条各部分的名称相应称为齿顶线、齿根线、中线等。

二、齿轮的基本参数

1. 模数 m 和压力角 α

分度圆上的比值 $\frac{p}{\pi}$ 称为齿轮的模数,用 m 表示,单位为 mm,即

$$m = \frac{p}{\pi} \tag{8-10}$$

渐开线齿轮分度圆上的模数 m 和压力角 α 的取值都已经标准化,国标(GB/T 1357—2008)规定 $\alpha = 20°$,标准模数系列如表 8.1 所示。

表 8.1　渐开线齿轮模数 m　　　　　　单位:mm

第一系列	1,1.25,1.5,2,2.5,3,4,5,6,8,10,12,16,20,25,32,40,50
第二系列	1.75,2.25,2.75,(3.25),3.5,(3.75),4.5,5.5,(6.5),7,9,(11),14,18,22,28,(30),36,45

注:①本标准适用于渐开线圆柱齿轮,对于斜齿轮是指法向模数 m_n;
②优先采用第一系列,括号内的模数尽可能不用。

在齿轮各参数中,模数是一个重要参数。模数越大,轮齿的尺寸越大,承载能力也越强。

根据以上分析,齿轮分度圆可定义为在齿轮上具有标准模数和标准压力角的圆。由以上定义,可得分度圆的直径和齿距分别为

$$d = mz \tag{8-11}$$

$$p = \pi m = s + e \tag{8-12}$$

2. 齿顶高系数 h_a^* 和顶隙系数 c^*

齿顶高和齿根高都与模数成正比。所以,齿顶高 h_a 和齿根高 h_f 可分别表示为

$$\left.\begin{array}{l} h_a=h_a^* m \\ h_f=(h_a^*+c^*)m \end{array}\right\} \tag{8-13}$$

式中:h_a^*、c^*——齿顶高系数和顶隙系数。对于圆柱齿轮,国标规定

$$h_a^*=1, \qquad c^*=0.25 \tag{8-14}$$

$c^* m$ 称为顶隙,顶隙是一齿轮齿顶圆与另一齿轮齿根圆之间的径向距离。顶隙可避免传动时一齿轮的齿顶与另一齿轮的齿根相碰撞,而且能储存润滑油,有利于齿轮的啮合传动。

当齿轮具有标准模数、标准压力角、标准齿顶高系数和标准顶隙系数,而且分度圆上齿厚等于齿槽宽时,这样的齿轮就称为标准齿轮。对标准齿轮,显然有

$$s=e=\frac{p}{2}=\frac{\pi m}{2} \tag{8-15}$$

三、标准直齿圆柱齿轮的几何尺寸计算

一对齿轮在安装时,为避免齿轮反转时出现空程并发生冲击,所以在理论上要求齿轮传动时齿廓间没有齿侧间隙。若是一对模数相等的标准齿轮传动,则一个齿轮的分度圆齿厚与另一个齿轮的分度圆齿槽宽必相等。这样的两个齿轮在安装传动时,其分度圆相切,节圆与分度圆重合,啮合角 α' 等于分度圆压力角 α,即 $\alpha'=\alpha=20°$,齿侧的理论间隙为零。这样安装的中心距称为正确安装的标准中心距,以 a 表示,于是有

$$a=\frac{1}{2}(d_2'\pm d_1')=\frac{1}{2}(d_2\pm d_1)=\frac{m}{2}(z_2\pm z_1) \tag{8-16}$$

式中:"+"用于外啮合齿轮传动,"−"用于内啮合齿轮传动。

标准直齿圆柱齿轮的几何尺寸计算公式如表 8.2 所示。

表 8.2　渐开线标准直齿圆柱齿轮传动的几何尺寸　　　　单位:mm

序　号	名　称	符　号	计　算　公　式
1	齿顶高	h_a	$h_a=h_a^* m=m$
2	齿根高	h_f	$h_f=(h_a^*+c^*)m=1.25m$
3	齿全高	h	$h=h_a+h_f=(2h_a^*+c^*)m=2.25m$
4	顶隙	c	$c=c^* m=0.25m$
5	分度圆直径	d	$d=mz$
6	基圆直径	d_b	$d_b=d\cos\alpha$
7	齿顶圆直径	d_a	$d_a=d\pm 2h_a=m(z\pm 2h_a^*)$
8	齿根圆直径	d_f	$d_f=d\mp 2h_f=m(z\mp 2h_a^*\mp 2c^*)$
9	齿距	p	$p=\pi m$
10	齿厚	s	$s=\frac{p}{2}=\frac{\pi m}{2}$
11	齿槽宽	e	$e=\frac{p}{2}=\frac{\pi m}{2}$
12	标准中心距	a	$a=\frac{1}{2}(d_2\pm d_1)=\frac{1}{2}m(z_2\pm z_1)$

注:表中 d_a、d_f 中"±"分别用于外齿轮和内齿轮的计算。

四、渐开线直齿圆柱齿轮的啮合

1. 渐开线直齿圆柱齿轮正确的啮合条件

图 8.6 所示为一对渐开线直齿圆柱齿轮啮合传动。由于两轮齿廓的啮合点是沿啮合线 N_1N_2 移动的,因此前一对轮齿的齿廓接触点 K 和后一对轮齿的齿廓接触点 B_2 必定同在啮合线 N_1N_2 上,B_2K 称为两齿轮的法向齿距。

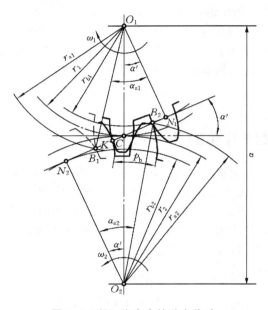

图 8.6　渐开线齿廓的啮合传动

因为 N_1N_2 是两齿轮在齿廓接触点处的公法线,由渐开线的性质可知,齿轮的法向齿距应等于齿轮的基圆齿距。要使两齿轮能正确啮合,即两轮齿之间不产生间隙或卡住,则必须满足两齿轮的法向齿距相等的条件,亦即

$$p_{b1} = p_{b2} \tag{8-17}$$

而

$$p_b = \frac{\pi d_b}{z} = \frac{\pi d \cos\alpha}{z} = \pi m \cos\alpha \tag{8-18}$$

故有

$$m_1 \cos\alpha_1 = m_2 \cos\alpha_2 \tag{8-19}$$

由于模数和压力角都已标准化,所以要满足上式,应使

$$\left. \begin{aligned} m_1 = m_2 = m \\ \alpha_1 = \alpha_2 = \alpha \end{aligned} \right\} \tag{8-20}$$

即一对渐开线直齿圆柱齿轮正确的啮合的条件是:两齿轮的模数和压力角应分别相等。

根据正确啮合条件,一对渐开线齿轮的传动比公式(8-5)可表示为

$$i = \frac{\omega_1}{\omega_2} = \frac{r_2'}{r_1'} = \frac{r_{b2}}{r_{b1}} = \frac{d_{b2}}{d_{b1}} = \frac{d_2 \cos\alpha}{d_1 \cos\alpha} = \frac{d_2}{d_1} = \frac{mz_2}{mz_1} = \frac{z_2}{z_1} \tag{8-21}$$

2. 渐开线直齿圆柱齿轮齿廓的啮合过程

如图 8.6 所示,一对齿廓的啮合是由从动轮 2 的齿顶圆与啮合线 N_1N_2 的交点 B_2 开始,此

时是主动轮 1 的齿根部推动从动轮 2 的齿顶部。随着齿轮的转动,啮合点将沿啮合线 N_1N_2 由点 B_2 向点 B_1 移动。点 B_1 为主动轮 1 的齿顶圆与啮合线 N_1N_2 的交点。当啮合点移至点 B_1 时,这对齿廓的啮合终止。所以,B_2B_1 是一对齿廓啮合的实际啮合线段,点 N_1、点 N_2 是理论上的啮合极限点,故 N_1N_2 是理论上的最大啮合线段,称为理论啮合线段。

3. 渐开线直齿圆柱齿轮连续传动的条件

由上述一对齿廓的啮合过程可看出,要保证齿轮能连续啮合传动,应要求在前一对轮齿的啮合点 K 到达啮合终止点 B_1 时,后一对轮齿已提前或至少同时到达啮合起始点 B_2,进入啮合状态。否则主动齿轮 1 继续转过一定角度后,后一对轮齿才进入啮合,这样,齿轮传动的啮合过程就出现中断,并产生冲击。因此,保证一对齿轮能连续啮合传动的条件是:实际啮合线段的长度 B_1B_2 应大于或等于齿轮的法向齿距 B_2K。因齿轮的法向齿距等于基圆齿距,所以有

$$B_1B_2 \geqslant B_2K \quad \text{或} \quad B_1B_2 \geqslant p_b \tag{8-22}$$

令 $\varepsilon = \dfrac{B_1B_2}{p_b}$,$\varepsilon$ 称为齿轮传动的重合度。根据齿轮连续啮合条件,有

$$\varepsilon = \frac{B_1B_2}{p_b} \geqslant 1 \tag{8-23}$$

ε 越大,意味着有多对轮齿同时参与啮合的时间越长,每对轮齿承受的载荷就越小,齿轮传动也越平稳。对于标准齿轮,ε 的大小主要与齿轮的齿数有关,齿数越多则 ε 越大。ε 的计算公式为

$$\varepsilon = \frac{1}{2\pi}\left[z_1(\tan\alpha_{a1} - \tan\alpha') + z_2(\tan\alpha_{a2} - \tan\alpha')\right] \tag{8-24}$$

式中:α_{a1}、α_{a2} 和 α'——渐开线在两个齿顶圆上的压力角和啮合角。

$$\alpha_a = \arccos\frac{r_b}{r_a} = \frac{r\cos\alpha}{r + h_a} = \frac{z\cos\alpha}{z + 2h_a^*} \tag{8-25}$$

直齿圆柱齿轮传动的最大重合度 $\varepsilon = 1.982$,即直齿圆柱齿轮传动不可能始终保持两对齿同时啮合。理论上只要 $\varepsilon = 1$ 就能保证连续传动,但因齿轮有制造和安装等误差,实际应使 $\varepsilon > 1$。一般机械中常取 $\varepsilon \geqslant 1.1 \sim 1.4$。

◀ 任务 3　渐开线齿轮齿廓的切削加工 ▶

一、渐开线齿轮齿廓切削加工的基本原理

渐开线齿轮轮齿的成形方法有铸造、模锻、热轧、切削加工等,生产中最常用的是切削法。切削法按其原理可分为仿形法和展成法两种,展成法又称为范成法。

1. 仿形法

仿形法是用渐开线齿形的成形铣刀直接切出齿形的切削方法。常用的成形铣刀有盘形铣刀和指状铣刀两种,如图 8.7(a)、(b)所示。

由于渐开线齿廓的形状取决于基圆大小,而基圆半径 $r_b = \dfrac{mz\cos\alpha}{2}$,故即使模数和压力角相同的齿轮,如果齿数不同,则其齿廓形状也不同。因此当用仿形法加工齿轮时,为保证加工精度,对每一种模数、每一齿数的齿轮都要对应配一把铣刀,但这是无法实现的。所以在生产实际

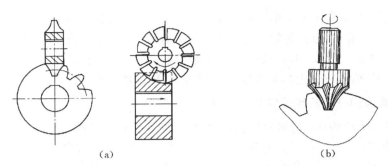

（a） （b）

图 8.7　仿形法加工

中,为减少刀具数量,对于具有相同模数和压力角的齿轮,一般配 8 把或 15 把为一套的铣刀,每把铣刀铣削一定齿数范围的齿轮。每把铣刀铣削的齿数范围如表 8.3 所示。

表 8.3　铣刀号数与切齿范围

铣刀刀号	1	2	3	4	5	6	7	8
切齿范围	12～13	14～16	17～20	21～25	26～34	35～54	55～134	135 以上

表中每号铣刀的齿形与该组齿数范围中最少齿数的齿形一致,因而加工该齿数的齿轮时可得到精确的渐开线齿廓,但铣削其余齿数的齿轮所得齿廓都是近似渐开线。因此仿形法铣削的齿廓精度较低。

仿形法切齿简单,不需要专用机床,但加工过程不连续,生产率低,切削精度低,故只适用于修配及小批量的齿轮加工。

2. 展成法

展成法是利用一对齿轮传动时,其轮齿齿廓互为包络线的原理来切削轮齿齿廓的切削方法。这种切齿方法采用的刀具主要有齿轮插刀、齿条插刀和齿轮滚刀。与仿形法相比,这种方法加工的齿轮不仅精度高,而且生产率也较高。

1) 齿轮插刀切齿

齿轮插刀的形状如图 8.8(a)所示,刀具顶部比正常轮齿高出 c,以便切出齿轮的顶隙。插齿时,插刀沿轮坯轴线方向作往复切削运动,同时插刀与轮坯以一定的角速比转动(见图 8.8(b)),直至切出全部齿廓。

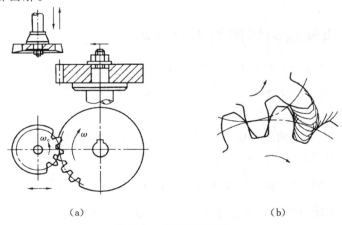

（a） （b）

图 8.8　齿轮插刀切齿

因齿轮插刀的齿廓是渐开线,所以插制的齿轮也是渐开线。根据正确的啮合条件,被切齿轮的模数和压力角必定与插刀的模数和压力角相等。故用同一把刀具可加工出具有相同模数和压力角的任意齿数的齿轮。

2）齿条插刀切齿

当齿轮插刀的齿数增加到无穷多时,基圆半径增至无穷大,渐开线齿廓变成直线齿廓,齿轮插刀就变为齿条插刀,如图 8.9(a)所示。图 8.9(b)所示为齿条插刀的刀刃形状,其齿顶比传动齿条的齿条顶线高出 $c=c^* m$ 的距离,同样是为了保证切制出齿轮的顶隙。齿条插刀插制齿轮时,其展成运动相当于齿条与齿轮的啮合传动,插刀的移动速度与轮坯分度圆上的圆周速度相等。

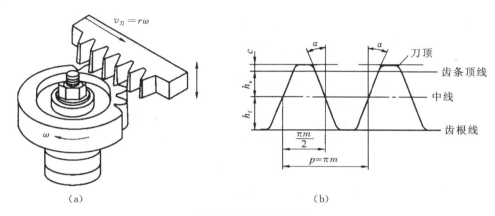

图 8.9　齿条插刀切齿

3）齿轮滚刀切齿

上述两种刀具切削齿轮时都是间断切削,故生产率较低。为此,人们研制出了齿轮滚刀。图 8.10 所示为齿轮滚刀切削齿轮坯的情形。滚刀形状很像螺旋状,它的轴向截面为一齿条。当滚刀绕其轴线回转时,就相当于齿条在连续不断地移动。当滚刀和轮坯分别绕各自轴线转动时,便按展成原理切制出轮坯的渐开线齿廓。由于滚刀是连续切削,因此生产率高,利用齿轮滚刀加工齿轮是目前广泛采用的一种切削方法。

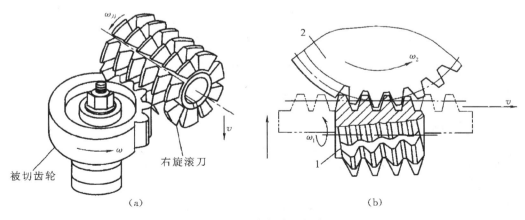

图 8.10　齿轮滚刀切齿

二、根切现象和最少齿数

当以展成法用齿条刀具加工齿轮时,若被加工齿轮的齿数过少,则齿轮毛坯的渐开线齿廓根部会被刀具的齿顶过多地切削掉,如图 8.11(a)中的虚线齿廓所示。这种现象称为齿轮的根切。根切不仅使轮齿根部削弱,弯曲强度降低,而且使重合度减小,因此应尽量避免根切现象。

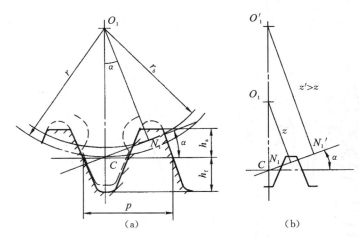

图 8.11 轮齿的根切

根据分析可知,产生根切的直接原因是刀具顶线(不包括 $c^* m$ 部分)超过了理论啮合线的上界点 N_1。因为基圆以内无渐开线,因此在刀具与被加工轮坯所进行的展成运动中,超过上界点 N_1 的刀刃不但不能展成渐开线齿廓,反而会将已加工好的齿轮根部的渐开线齿廓切去一部分。故为了防止根切,必须保证点 N_1 不低于刀具顶线。

由于加工标准齿轮时刀具的相对位置固定,点 N_1 在啮合线上的位置与被加工齿轮的齿数 z 有关,如图 8.11(b)所示。根据数学知识和渐开线齿轮的几何尺寸关系,可以推导出不产生根切的条件是

$$z \geqslant \frac{2h_a^*}{\sin^2 \alpha} \tag{8-26}$$

式中:z——被加工齿轮的齿数。由此可得齿轮不产生根切的最少齿数为

$$z_{\min} = \frac{2h_a^*}{\sin^2 \alpha} \tag{8-27}$$

当 $\alpha = 20°$、$h_a^* = 1$ 时,$z_{\min} = 17$。

三、变位齿轮简介

前面讨论的都是渐开线标准齿轮,它们设计计算简单,互换性好,但标准齿轮传动仍存在着如下一些局限性。

(1)受根切限制,齿数不得少于 $z_{\min}$,使传动结构不够紧凑。

(2)不适用于安装中心距 a' 不等于标准中心距 a 的场合。当 $a' < a$ 时无法安装,当 $a' > a$ 时,虽然可以安装,但会产生过大的侧隙而引起冲击振动,影响传动的平衡性。

（3）一对标准齿轮传动时,小齿轮的齿根厚度小而且啮合次数又较多,故小齿轮的强度较低,齿根部分磨损也较严重,因此小齿轮容易损坏,同时也限制了大齿轮的承载能力。

为了改善齿轮传动的性能,出现了变位齿轮。如图 8.12 所示,当齿条插刀按虚线位置安装时,齿顶线超过极限点 N_1,切出来的齿轮产生根切。若将齿条插刀远离轮心 O_1 一段距离(xm)至实线位置,齿顶线不再超过极限点 N_1,则切出来的齿轮不会发生根切,但此时齿条的分度线与齿轮的分度圆不再相切。这种改变刀具与齿坯相对位置后切制出来的齿轮称为变位齿轮,刀具移动的距离 xm 称为变位量,x 称为变位系数。刀具远离轮心的变位称为正变位,此时 $x>0$;刀具移近轮心的变位称为负变位,此时 $x<0$。标准齿轮就是变位系数 $x=0$ 齿轮。由图 8.12 可知,加工变位齿轮时,齿轮的模数、压力角、齿数、分度圆以及基圆均与标准齿轮相同,所以两者的齿廓曲线是相同的渐开线,只是截取了不同的部位,如图8.13所示。由图可知,正变位齿轮齿根部分的齿厚增大,提高了齿轮的抗弯强度,且齿顶高变大;负变位齿轮则与其相反。

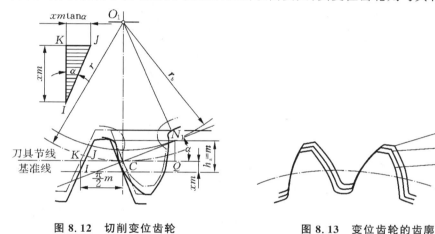

图 8.12　切削变位齿轮　　　　　　图 8.13　变位齿轮的齿廓

任务 4　斜齿圆柱齿轮传动

一、齿廓曲面的形成及其啮合特点

前面对直齿轮的齿廓形成和啮合特点的分析都是在齿轮端面进行的。由于齿轮有一定宽度,所以,其齿廓应该是渐开线曲面而不是渐开线,而且渐开线曲面是由发生面在基圆柱上作纯滚动时,发生面上任一与基圆柱母线平行的直线 BB 在空间的轨迹形成的,如图 8.14（a）所示。

在齿廓曲面形成过程中,发生面上与基圆柱母线成一夹角 β_b 的直线 BB 在空间的轨迹将形成一渐开螺旋面。若以渐开螺旋面作为齿轮的齿廓,则所得到的齿轮称为斜齿轮,如图 8.14（b）所示。

由齿廓曲面的形成过程可以看出,直齿轮啮合传动时,齿面接触线皆为与齿轮轴线平行的等宽直线（见图 8.14（c））,啮合开始和终止都是沿齿宽突然发生的,易引起冲击、振动和噪声,尤其在高速传动中更为严重。而斜齿轮啮合传动时,齿面接触线与齿轮轴线相倾斜(见图 8.14 (d)),其长度由点到线逐渐增长,到某一位置后又逐渐缩短,直至退出啮合。因此斜齿轮啮合是逐渐进入和逐渐退出的,且斜齿啮合的时间比直齿轮长,故斜齿轮传动平稳、噪声小、重合度大、承载能力强,适用于高速和大功率场合。

斜齿轮传动的缺点是啮合时要产生轴向力 F_a(见图 8.15(a)),F_a 使轴承支承结构变得复杂。为此可采用人字齿轮,使轴向力相互平衡,但人字齿轮制造困难,而且制造成本高,主要用于重型机械。

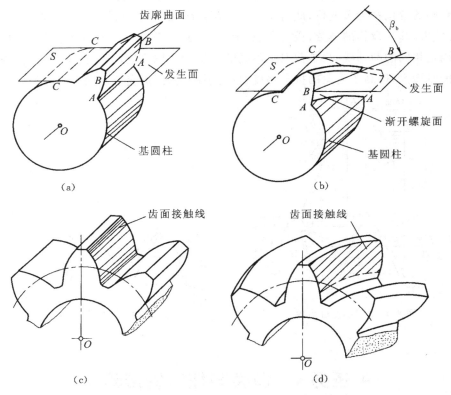

图 8.14 圆柱齿轮齿廓曲面的形成及接触线

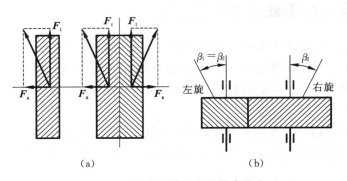

图 8.15 斜齿轮轴向力及轮齿旋向

二、斜齿轮的主要参数和几何尺寸计算

1. 螺旋角 β

斜齿轮的齿廓曲面与分度圆柱面相交为一螺旋线,该螺旋线上的切线与齿轮轴线的夹角 β 称为斜齿轮的螺旋角,一般 $\beta = 8° \sim 20°$,人字齿轮的螺旋角可达 $25° \sim 40°$。根据螺旋线的方向,斜齿轮有左旋和右旋之分(见图 8.15(b))。

2. 端面参数和法向参数

垂直于斜齿轮轴线的平面称为斜齿轮的端面,垂直于分度圆柱上螺旋线切线方向的平面称为斜齿轮的法面。在切制斜齿轮时,由于刀具是沿齿轮分度圆柱上螺旋线方向进刀,因此斜齿轮在法面内的参数(称法面参数,如 m_n、α_n、h_{an}^*、c_n^*)与刀具的参数相同。规定斜齿轮的法面参数为标准值且与直齿圆柱齿轮的标准值相同。法面模数 m_n 可由表 8.1 查得,法向压力角 $\alpha_n = 20°$,而法面齿顶高系数和法面顶隙系数分别为 $h_{an}^* = 1$,$c_n^* = 0.25$。

尽管斜齿轮的法面参数是标准值,但斜齿轮的直径和传动中心距等几何尺寸计算却是在端面内进行的。因此要了解斜齿轮的法面模数 m_n、法面压力角 α_n 与端面模数 m_t、端面压力角 α_t 间的换算关系。

图 8.16(a)为斜齿轮分度圆柱面的展开图,图中阴影线部分为被剖切轮齿,空白部分为齿槽,p_n 和 p_t 分别为法面齿距和端面齿距,由图中的几何关系可得

$$p_n = p_t \cos\beta \tag{8-28}$$

因 $p = \pi m$,故法面模数 m_n 和端面模数 m_t 间的关系是

$$m_n = m_t \cos\beta \tag{8-29}$$

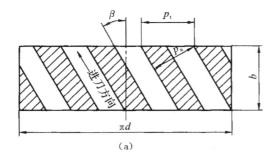
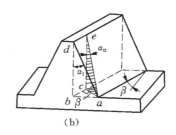

图 8.16 端面参数和法面参数

图 8.16(b)为斜齿条的一个齿,由图中的几何关系经推导可得 α_n 与 α_t 的关系为

$$\tan\alpha_n = \tan\alpha_t \cos\beta \tag{8-30}$$

斜齿轮的法面齿顶高系数、法面顶隙系数与端面齿顶高系数、顶隙系数的换算公式为

$$\left. \begin{array}{l} h_{at}^* = h_{an}^* \cos\beta \\ c_t^* = c_n^* \cos\beta \end{array} \right\} \tag{8-31}$$

3. 几何尺寸计算

由于一对斜齿轮的啮合在端面上与一对直齿轮的啮合完全相同,故可直接用端面参数按直齿轮几何尺寸计算公式来计算斜齿轮端面的几何尺寸,具体公式列于表 8.4 中。

表 8.4　外啮合标准斜齿轮的几何尺寸计算公式

名　称	符　号	计算公式	名　称	符　号	计算公式
齿根高	h_f	$h_f = 1.25 m_n$	齿顶圆直径	d_a	$d_a = d + 2h_a$
齿顶高	h_a	$h_a = m_n$	齿根圆直径	d_f	$d_f = d - 2h_f$
全齿高	h	$h = h_a + h_f = 2.25 m_n$	标准中心距	a	$a = \dfrac{d_1 + d_2}{2} = \dfrac{m_t(z_1 + z_2)}{2}$ $= \dfrac{m_n(z_1 + z_2)}{2\cos\beta}$
分度圆直径	d	$d = m_t z = \dfrac{m_n z}{\cos\beta}$			

　　斜齿轮传动的中心距与螺旋角有关。当一对斜齿轮的模数和齿数一定时,可以通过改变螺旋角的大小来调整实际安装中心距。

　　对标准斜齿轮,不发生根切的最少齿数为

$$z_{min} = \frac{2h_{at}^*}{\sin^2\alpha_t} \tag{8-32}$$

　　若 $\beta = 20°$,$h_{an} = 1$,$\alpha_n = 20°$,则斜齿轮不发生根切的最少齿数 $z_{min} = 11$,比直齿轮少。因此斜齿轮传动尺寸小,结构比直齿轮更加紧凑。

三、斜齿圆柱齿轮的正确啮合条件

　　在端面内,斜齿圆柱齿轮和直齿圆柱齿轮一样,都是渐开线齿廓。因此一对斜齿圆柱齿轮传动时必须满足 $m_{t1} = m_{t2}$、$\alpha_{t1} = \alpha_{t2}$。另外,斜齿轮要正确啮合,还必须要求两齿轮的螺旋角相等。故斜齿圆柱齿轮的正确啮合条件为

$$\left.\begin{array}{l} m_{n1} = m_{n2} = m_n \\ \alpha_{n1} = \alpha_{n2} = \alpha_n \\ \beta_1 = \pm \beta_2 \end{array}\right\} \tag{8-33}$$

式中:"－"用于外啮合,表示两齿轮旋向相反;"＋"用于内啮合,表示两齿轮旋向相同。

四、斜齿圆柱齿轮的当量齿数

　　在用仿形法加工斜齿轮及进行斜齿轮的强度计算时,必须要知道斜齿轮法面上的齿形。

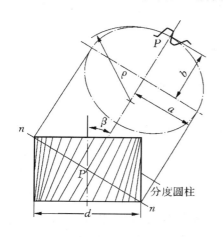

图 8.17　斜齿轮的当量齿轮

　　如图 8.17 所示,过斜齿轮分度圆柱上的点 P 作轮齿的法平面,该平面在分度圆柱上截出一个椭圆,椭圆上点 P 处的曲率半径为 ρ。以 ρ 为分度圆半径、以 m_n 为模数作一假想直齿圆柱齿轮,则该齿轮的齿廓形状与斜齿轮的法面齿廓形状非常近似。该假想的直齿圆柱齿轮称为斜齿轮的当量齿轮。由数学知识可知:椭圆的长半轴 $a = \dfrac{d}{2\cos\beta}$,短半轴 $b = \dfrac{d}{2}$,则点 P 处的曲率半径 ρ 为

$$\rho = \frac{a^2}{b} = \frac{(r/\cos\beta)^2}{r} = \frac{m_n z}{2\cos^2\beta} \tag{8-34}$$

　　因为当量齿轮为直齿轮,设其直径为 d_v,于是有

$$d_v = 2\rho = m_n z_v \tag{8-35}$$

式中:z_v——当量齿数。由此可得当量齿轮的齿数 z_v 与斜

齿轮的齿数 z 的关系为

$$z_v = \frac{2\rho}{m_n} = \frac{z}{\cos^3\beta} \tag{8-36}$$

当 $z_{min} = 17$ 时,可得斜齿轮不发生根切的最少齿数为 $z_{min} = 17\cos^3\beta$。

用仿形法加工斜齿轮时,应根据当量齿数来选择刀具号;而在对斜齿轮进行强度计算时,也要利用当量齿数。

◀ 任务5　直齿圆锥齿轮传动 ▶

一、直齿圆锥齿轮传动概述

圆锥齿轮传动主要用于传递相交两轴间的运动和动力。其传动可以看成是两个锥顶共点的圆锥体相互作纯滚动,如图 8.18 所示。圆锥齿轮的轮齿是均匀分布在一个截圆锥体上,从大端到小端逐渐收缩,其轮齿有直齿和曲齿两种类型。直齿圆锥齿轮易于制造,适用于低速、轻载传动。曲齿圆锥齿轮传动平稳、承载能力强,常用于高速重载传动,但其设计和制造较复杂。本节只介绍应用广泛且易于制造的两轴相互垂直的标准直齿圆锥齿轮传动。

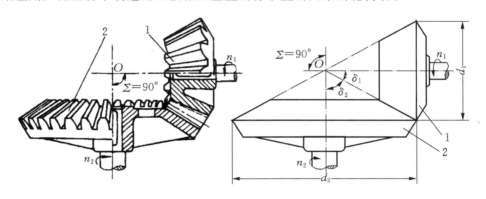

图 8.18　直齿圆锥齿轮传动

直齿圆锥齿轮与直齿圆柱齿轮相似,它分为基圆锥、分度圆锥、齿顶圆锥和齿根圆锥等。一对相互啮合传动的直齿圆锥齿轮还有节圆锥。对于正确安装的标准圆锥齿轮传动,节圆锥与分度圆锥重合。

二、直齿圆锥齿轮的齿廓曲面、背锥和当量齿数

1. 直齿圆锥齿轮的齿廓曲面

直齿圆锥齿轮齿廓曲面的形成如图 8.19 所示。以半球截面的圆平面 S 为发生面,它与基圆锥相切于 ON。ON 既是圆平面 S 的半径,又是基圆锥的锥距 R,圆平面 S 的圆心 O(球心)也是基圆锥的锥顶。当发生面 S 绕基圆锥作纯滚动时,该平面上任意一点 B 的空间轨迹 BA 是位于以锥距 R 为半径的球面上的渐开线。因此,直齿圆锥齿轮大端的齿廓曲线理论上应在以锥顶 O 为球心、锥距 R 为半径的球面上。但是,由于球面渐开线不能展开,这给圆锥齿轮的设计和制造带来困难。所以,通常都是采用可展开的背锥上的齿形代替球面齿形的近似方法来解

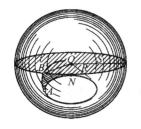

图 8.19　球面渐开线的形成

决这一问题。

2. 直齿圆锥齿轮的背锥和当量齿数

如图 8.20 所示,△OAB 为圆锥齿轮的分度圆锥,过分度圆锥上的点 A 作球面的切线 AO_1 与圆锥齿轮的轴线交于点 O_1。以 OO_1 为轴、O_1A 为母线作一圆锥体,它的轴截面为△AO_1B,此圆锥称为背锥。背锥与球面相切于圆锥齿轮大端的分度圆上。

将球面上的轮齿向背锥上投影,则点 a、b 的投影为 a'、b',由图可得,$ab≈a'b'$,即背锥上的齿高部分近似等于球面上的齿高部分,故可以用背锥上的齿廓代替球面上的齿廓。一对直齿圆锥齿轮的啮合,近似于其背锥上的齿廓啮合。图 8.21 所示为一对啮合的直齿圆锥齿轮,背锥展开为一平面后成为两个扇形齿轮,其分度圆半径即为背锥的锥距,分别用 r_{v1} 和 r_{v2} 表示。将两扇形齿轮补全为完整的圆柱齿轮,则这两个假想的圆柱齿轮就称为圆锥齿轮的当量齿轮,其齿数称为当量齿数,以 z_v 表示。

由图 8.21 可得

$$r_{v1}=\frac{r_1}{\cos\delta_1}=\frac{mz_1}{2\cos\delta_1} \tag{8-37}$$

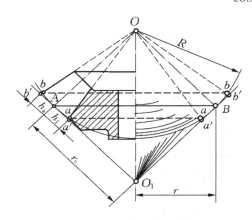

图 8.20　圆锥齿轮的背锥

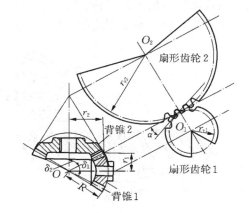

图 8.21　圆锥齿轮的当量齿数

又因 $r_v=\frac{1}{2}mz_v$,所以有

$$\left.\begin{array}{l}z_{v1}=\dfrac{z_1}{\cos\delta_1}\\[2mm]z_{v2}=\dfrac{z_2}{\cos\delta_2}\end{array}\right\} \tag{8-38}$$

式中:z_1、z_2——圆锥齿轮的实际齿数;

δ_1、δ_2——圆锥齿轮的分度圆锥角。

由上式可知,因 $\cos\delta_1$ 和 $\cos\delta_2$ 总是小于 1 的,所以当量齿数大于实际齿数,且不一定为整数。

三、直齿圆锥齿轮传动的正确啮合条件及几何尺寸计算

1. 直齿圆锥齿轮的基本参数

直齿圆锥齿轮传动的基本参数及几何尺寸以轮齿大端为准(GB 12368—1990),大端端面模数按表 8.5 选取标准值。圆锥齿轮大端压力角为标准值 $\alpha=20°$。当模数 $m≤1$ mm 时,齿顶

高系数 $h_a^* = 1$，顶隙系数 $c^* = 0.25$；当 $m > 1$ mm 时，$h_a^* = 1$，$c^* = 0.2$。

表 8.5 圆锥齿轮模数系列

0.1	0.35	0.9	1.75	3.25	5.5	10	20	36
0.12	0.4	1	2	3.5	6	11	22	40
0.15	0.5	1.125	2.25	3.75	6.5	12	25	45
0.2	0.6	1.25	2.5	4	7	14	28	50
0.25	0.7	1.375	2.75	4.5	8	16	30	—
0.3	0.8	1.5	3	5	9	18	32	—

2. 直齿圆锥齿轮的正确啮合条件

直齿圆锥齿轮的正确啮合条件为：两直齿圆锥齿轮的大端模数 m 和压力角 α 分别相等。即

$$\left.\begin{array}{l} m_1 = m_2 = m \\ \alpha_1 = \alpha_2 = \alpha \end{array}\right\} \tag{8-39}$$

图 8.22 所示为一对标准直齿圆锥齿轮传动，其节圆锥和分度圆锥相重合且两轴交角 $\Sigma = 90°$，两轮各部分名称及主要几何尺寸的计算公式如表 8.6 所示。

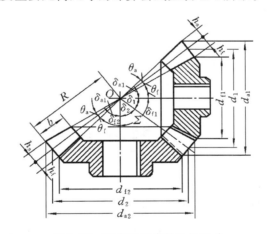

图 8.22 直齿圆锥齿轮几何尺寸

表 8.6 标准直齿圆锥齿轮传动（$\Sigma = 90°$）的主要几何尺寸计算公式

名 称 代 号	计 算 公 式
模数 m	取大端端面模数为标准模数
分度圆直径 d	$d_1 = mz_1$，$d_2 = mz_2$
齿宽中点分度圆直径（平均分度圆直径）d_m	$d_{m1} = \left(1 - \dfrac{0.5b}{R}\right)d_1$，$d_{m2} = \left(1 - \dfrac{0.5b}{R}\right)d_2$
锥距 R	$R = \dfrac{d_1}{2\sin\delta_1} = \dfrac{d_2}{2\sin\delta_2} = \dfrac{m}{2}\sqrt{z_1^2 + z_2^2}$
齿宽 b	要求齿宽同时满足以下两式： $b = \psi_R R \leqslant \dfrac{R}{3}$ 和 $b \leqslant 10m$，ψ_R ——齿宽系数，一般取 $\psi_R = 0.25 \sim 0.3$

续表

名 称 代 号	计 算 公 式
齿顶高 h_a	$h_a = m$
齿根高 h_f	$h_f = 1.2m$
齿全高 h	$h = 2.2m$
齿顶圆直径 d_a	$d_{a1} = d_1 + 2m\cos\delta_1 = m(z_1 + 2\cos\delta_1)$ $d_{a2} = d_2 + 2m\cos\delta_2 = m(z_2 + 2\cos\delta_2)$
齿根圆直径 d_f	$d_{f1} = d_1 - 2.4m\cos\delta_1 = m(z_1 - 2.4\cos\delta_1)$ $d_{tf2} = d_2 - 2.4m\cos\delta_2 = m(z_2 - 2.4\cos\delta_2)$
齿顶角	$\tan\theta_a = \dfrac{h_a}{R}$
齿根角	$\tan\theta_f = \dfrac{h_f}{R}$
齿顶圆锥角	$\delta_a = \delta + \theta_a$
齿根圆锥角	$\delta_f = \delta - \theta_f$

直齿圆锥齿轮传动的传动比为

$$i = \frac{\omega_1}{\omega_2} = \frac{n_1}{n_2} = \frac{z_2}{z_1} = \frac{d_2}{d_1} = \frac{\sin\delta_2}{\sin\delta_1} \tag{8-40}$$

当两轴线的夹角 $\Sigma = \delta_1 + \delta_2 = 90°$ 时,有

$$i = \tan\delta_2 = \cot\delta_1 \tag{8-41}$$

◀ 任务6 蜗杆传动 ▶

一、蜗杆传动的类型和特点

蜗杆传动用来传递空间两个交错轴之间的运动和动力,一般两轴交角为 $90°$,如图8.23所示。

图 8.23 蜗杆传动

蜗杆传动由蜗杆与蜗轮组成。一般为蜗杆主动、蜗轮从动,具有自锁性,作减速运动。蜗杆传动广泛应用于各种机械和仪器设备之中。

1. 蜗杆传动的类型及转动方向

按蜗杆形状的不同,蜗杆传动可分为圆柱蜗杆传动(见图 8.24(a))、圆弧面蜗杆传动(见图 8.24(b))和锥面蜗杆传动(见图 8.24(c))。其中圆柱蜗杆传动应用最广。

圆柱蜗杆传动又有普通圆柱蜗杆传动和圆弧圆柱蜗杆传动两类。

普通圆柱蜗杆传动的蜗杆按刀具加工位置的不同,又可分为阿基米德蜗杆(ZA 型)、渐开线蜗杆(ZI 型)、法向直齿廓蜗杆(ZN 型,也称为延伸渐开线蜗杆)和锥面包络蜗杆(ZK 型)等,其中阿基米德蜗杆由于加工方便,应用最为广泛。

图 8.25 所示为阿基米德蜗杆,其端面齿廓为阿基米德螺旋线,轴向齿廓为直线,加工方法

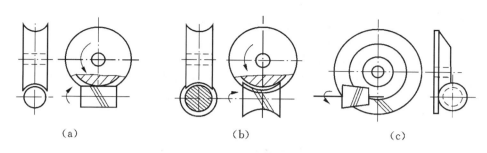

（a）　　　　　　　　　（b）　　　　　　　　　（c）

图 8.24　蜗杆传动的类型

与普通梯形螺纹相似,应使刀刃顶平面通过蜗杆轴线。阿基米德蜗杆较容易车削,但难以磨削,不易得到较高精度。

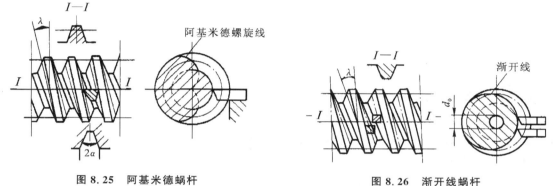

图 8.25　阿基米德蜗杆　　　　　　　　　**图 8.26　渐开线蜗杆**

图 8.26 所示为渐开线蜗杆,其端面齿廓为渐开线,加工时刀具的切削刃与基圆相切,两把刀具分别切出左、右侧螺旋面。渐开线蜗杆也可以用滚刀加工,并可在专用机床上磨削,制造精度较高,利于成批生产。

蜗轮蜗杆转动方向的判定方法如下。

在蜗杆传动中,从动蜗轮转向判定方法用蜗杆"左、右手法则":对右旋蜗杆,用右手法则,即用右手握住蜗杆的轴线,使四指弯曲方向与蜗杆转动方向一致,则与大拇指的指向相反的方向就是蜗轮在节点处圆周速度的方向,如图 8.24(a)所示。对左旋蜗杆,用左手法则,方法同上。

2. 蜗杆传动的特点

(1)蜗杆传动的最大特点是结构紧凑、传动比大。一般传动比 $i=10\sim40$,最大可达 80。若只传递运动(如分度运动),其传动比可达 1000。

(2)传动平稳、噪声小。由于蜗杆上的齿是连续不断的螺旋齿,蜗轮轮齿和蜗杆是逐渐进入啮合并逐渐退出啮合的,同时啮合的齿数较多,所以传动平稳、噪声小。

(3)可制成具有自锁性的蜗杆。由于蜗杆的螺旋线升角小于啮合面的当量摩擦角,蜗杆传动具有自锁性,也就是只有蜗杆能带动蜗轮。

(4)蜗杆传动的主要缺点是效率较低。这是由于蜗轮和蜗杆在啮合处有较大的相对滑动,因而发热量大,效率较低。传动效率一般为 0.7～0.8。

(5)蜗轮的造价较高。为减轻齿面的磨损及防止胶合,蜗轮齿圈一般多用青铜制造,因此造价较高。

二、蜗杆传动的主要参数和几何尺寸计算

图 8.27 所示为阿基米德蜗杆传动,通过蜗杆轴线并垂直于蜗轮轴线的平面称为中间平面。在中间平面上,蜗轮与蜗杆的啮合相当于渐开线齿轮与齿条的啮合。因此,设计蜗杆传动时,其参数和尺寸均在中间平面内确定,并沿用渐开线圆柱齿轮传动的计算公式。

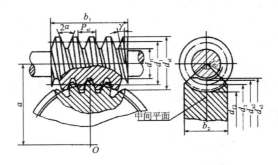

图 8.27　蜗杆传动的主要参数和几何尺寸

1. 蜗杆传动的主要参数及其选择

1) 蜗杆头数 z_1、蜗轮齿数 z_2 和传动比 i

蜗杆头数(线数)z_1 即蜗杆螺旋线的数目,z_1 一般取 1、2、4。当传动比大于 40 或要求蜗杆自锁时,取 $z_1=1$;当传递功率较大时,为提高传动效率、减少能量损失,常取 z_1 为 2、4。蜗杆头数越多,加工精度越难保证。

通常情况下,取蜗轮齿数 $z_2=28\sim80$。若 $z_2<28$,会使传动的平稳性降低,且易产生根切;若 z_2 过大,蜗轮直径增大,与之相应蜗杆的长度增加,刚度减小,从而影响啮合的精度。

通常蜗杆为主动件,蜗杆传动的传动比 i 等于蜗杆与蜗轮的转速之比。当蜗杆转一周时,蜗轮转过 z_1 个齿,即转过 z_1/z_2 周,所以可得出下式

$$i=\frac{n_1}{n_2}=\frac{1}{z_1/z_2}=\frac{z_2}{z_1} \tag{8-42}$$

式中:n_1、n_2——蜗杆、蜗轮的转速,单位为 r/min。

z_1、z_2 可根据传动比 i 按表 8.7 选取。

表 8.7　蜗杆头数 z_1 和蜗轮齿数 z_2 推荐值

传动比 $i=\frac{z_2}{z_1}$	$7\sim13$	$14\sim27$	$28\sim40$	>40
蜗杆头数 z_1	4	2	2、1	1
蜗轮齿数 z_2	$28\sim52$	$28\sim54$	$28\sim80$	>40

值得提出的是,蜗杆传动的传动比 i 仅与 z_1 和 z_2 有关,而不等于蜗轮与蜗杆分度圆直径之比。

2) 模数 m 和压力角 α

如前所述,在中间平面上蜗杆与蜗轮的啮合可看成齿条与齿轮的啮合(见图 8.27),蜗杆的轴向齿距 p_{a1} 应等于蜗轮的端面齿距 p_{t2}。即蜗杆的轴向模数 m_{a1} 应等于蜗轮的端面模数 m_{t2},蜗

杆的轴向压力角 α_{a1} 应等于蜗轮的端面压力角 α_{t2}。规定中间平面上的模数和压力角为标准值，则蜗杆基本参数如表 8.8 所示。

表 8.8　蜗杆基本参数（$\Sigma=90°$）（GB/T 10085—1988）

模数 m/mm	分度圆直径 d_1/mm	蜗杆头数 z_1	直径系数 q	$m^2 d_1$	模数 m/mm	分度圆直径 d_1/mm	蜗杆头数 z_1	直径系数 q	$m^2 d_1$
1	18	1	18.000	18	6.3	(80)	1,2,4	12.698	3 175
1.25	20	1	16.000	31.25		112	1	17.778	4 445
	22.4	1	17.920	35		(63)	1,2,4	7.875	4 032
1.6	20	1,2,4	12.500	51.2	8	80	1,2,4,6	10.000	5 376
	28	1	17.500	71.68		(100)	1,2,4	12.500	6 400
2	(18)	1,2,4	9.000	72		140	1	17.500	8 960
	22.4	1,2,4,6	11.200	89.6	10	(71)	1,2,4	7.100	7 100
	(28)	1,2,4	14.000	112		90	1,2,4,6	9.000	9 000
	35.5	1	17.750	142		(112)	1,2,4	11.200	11 200
2.5	(22.4)	1,2,4	8.960	140		160	1	16.000	16 000
	28	1,2,4,6	11.200	175	12.5	(90)	1,2,4	7.200	14 062
	(35.5)	1,2,4	14.200	221.9		112	1,2,4	8.960	17 500
	45	1	18.000	281		(140)	1,2,4	11.200	21 875
3.15	(28)	1,2,4	8.889	278		200	1	16.000	31 250
	35.5	1,2,4,6	11.27	352	16	(112)	1,2,4	7.000	28 672
	45	1,2,4	14.286	447.5		140	1,2,4	8.750	35 840
	56	1	17.778	556		(180)	1,2,4	11.250	46 080
4	(31.5)	1,2,4	7.875	504		250	1	15.625	64 000
	40	1,2,4,6	10.000	640	20	(140)	1,2,4	7.000	56 000
	(50)	1,2,4	12.500	800		160	1,2,4	8.000	64 000
	71	1	17.750	1 136		(224)	1,2,4	11.200	89 600
5	(40)	1,2,4	8.000	1 000		315	1	15.750	126 000
	50	1,2,4,6	10.000	1 250	25	(180)	1,2,4	7.200	112 500
	(63)	1,2,4	12.600	1 575		200	1,2,4	8.000	125 000
	90	1	18.000	2 250		(280)	1,2,4	11.200	175 000
6.3	(50)	1,2,4	7.936	1 985		400	1	16.000	250 000
	63	1,2,4,6	10.000	2 500					

注：①表中模数均系第一系列，$m<1$ mm 的未列入，$m>25$ mm 的还有 31.5 mm、40 mm 两种。属于第二系列的模数有：1.5 mm、3 mm、3.5 mm、4.5 mm、5.5 mm、6 mm、7 mm、12 mm、14 mm；

②表中蜗杆分度圆直径 d_1 均属第一系列，$d_1<18$ mm 的未列入，此外还有 355 mm 的。属于第二系列的有：30 mm、38 mm、48 mm、53 mm、60 mm、67 mm、75 mm、85 mm、95 mm、106 mm、118 mm、132 mm、144 mm、170 mm、190 mm、300 mm；

③模数和分度圆直径均应优先选用第一系列。括号中的数字尽可能不用。

　　3）蜗杆螺旋升角 λ

　　蜗杆螺旋面与分度圆柱面的交线为螺旋线。如图 8.28 所示，将蜗杆分度圆柱展开，其螺旋线与端面的夹角即蜗杆分度圆柱上的螺旋线升角 λ,或称蜗杆的导程角。由图 8.28 可得蜗杆螺旋线的导程 L 为

$$L = z_1 p_{a1} = z_1 \pi m \tag{8-43}$$

蜗杆分度圆柱上螺旋线升角 λ 与导程的关系为

$$\tan\lambda = \frac{L}{\pi d_1} = \frac{z_1 \pi m}{\pi d_1} = \frac{z_1 m}{d_1} \tag{8-44}$$

与螺旋相似,蜗杆螺旋线也有左旋、右旋之分,一般情况下多为右旋。

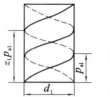 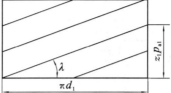

图 8.28　蜗杆分度圆柱展开图

通常蜗杆螺旋线的升角 $\lambda = 3.5° \sim 27°$,升角小时传动效率低,但可实现自锁($\lambda = 3.5° \sim 4.5°$);升角大时传动效率高,但蜗杆的车削加工较困难。

4) 蜗杆分度圆直径 d_1 和蜗杆直径系数 q

加工蜗杆时,蜗杆滚刀的参数应与相啮合的蜗杆完全相同,几何尺寸基本相同。由式(8-44),蜗杆的分度圆直径可写为

$$d_1 = m \frac{z_1}{\tan\lambda} \tag{8-45}$$

蜗杆的分度圆直径 d_1 不仅与模数 m 有关,而且与 z_1 和 λ 有关。即同一模数的蜗杆,由于 z_1、λ 的不同,d_1 随之变化,致使滚刀数目较多,很不经济。为了减少滚刀的数量,有利于标准化,对应于每一个模数 m,国标规定了一至四种蜗杆分度圆直径 d_1,并把 d_1 与 m 的比值称为蜗杆直径系数 q,即

$$q = \frac{d_1}{m} \tag{8-46}$$

式中:d_1、m 已标准化;q——导出量,不一定是整数。

将此式代入式(8-45),得

$$\tan\lambda = \frac{z_1}{q} \tag{8-47}$$

当 m 一定时,q 越小,d_1 越小,升角 λ 越大,传动效率越高,但蜗杆的刚度和强度降低。

5) 中心距

蜗杆传动的中心距为

$$a = \frac{d_1 + d_2}{2} = \frac{d_1 + mz_2}{2} \tag{8-48}$$

2. 蜗杆传动的几何尺寸计算

标准圆柱蜗杆传动的几何尺寸计算公式如表 8.9 所示。

表 8.9 圆柱蜗杆传动的几何尺寸计算

名 称	计 算 公 式	
	蜗 杆	蜗 轮
齿顶高	$h_{a1}=m$	$h_{a2}=m$
齿根高	$h_{f1}=1.2m$	$h_{f2}=1.2m$
分度圆直径	$d_1=mq$	$d_2=mz_2$
齿顶圆直径	$d_{a1}=m(q+2)$	$d_{a2}=m(z_2+2)$
齿根圆直径	$d_{f1}=m(q-2.4)$	$d_{f2}=m(z_2-2.4)$
顶隙	$c=0.2m$	
蜗杆轴向齿距 蜗轮端面齿距	$p_{a1}=p_{t2}=\pi m$	
蜗杆分度圆柱的导程角	$\lambda=\arctan\dfrac{z_1}{q}$	—
蜗轮分度圆上轮齿的螺旋角		$\beta=\lambda$
中心距	$a=\dfrac{m}{2}(q+z_2)$	
蜗杆螺纹部分长度	$z_1=1、2,b_1\geqslant(11+0.06z_2)m$ $z_1=4,b_1\geqslant(12.5+0.09z_2)m$	
蜗轮咽喉母圆半径	—	$r_{g2}=a-\dfrac{1}{2}d_{a2}$
蜗轮最大外圆直径	—	$z_1=1,d_{e2}\leqslant d_{a2}+2m$ $z_1=2,d_{e2}\leqslant d_{a2}+1.5m$ $z_1=4,d_{e2}\leqslant d_{a2}+m$
蜗轮轮缘宽度	—	$z_1=1、2,b\leqslant0.75d_{a1}$ $z_1=4,b\leqslant0.67d_{a1}$
蜗轮轮齿包角	—	$\theta=2\arcsin\dfrac{b_2}{d_1}$ 一般动力传动 $\theta=70°\sim90°$ 高速动力传动 $\theta=90°\sim130°$ 分度传动 $\theta=45°\sim60°$

3. 蜗杆传动的正确啮合条件

在图 8.27 所示的蜗杆传动的中间平面内,蜗轮、蜗杆的齿距相等。即蜗杆传动的正确啮合条件是蜗轮的端面模数等于蜗杆的轴向模数,蜗轮的端面压力角等于蜗杆的轴向压力角,其表达式为

$$\left.\begin{array}{l} \alpha_{a1}=\alpha_{t2}=20° \\ m_{a1}=m_{t2}=m \end{array}\right\} \tag{8-49}$$

三、蜗杆、蜗轮的材料和结构

1. 蜗杆、蜗轮的材料

考虑到蜗杆传动的特点,蜗杆、蜗轮的材料不仅要求具有足够的强度,更重要的是要有良好耐磨性和抗胶合能力。

蜗杆一般用碳钢和合金钢制成,常用材料为 40 钢、45 钢或 40Cr 并经淬火。高速重载蜗杆常用 15Cr 或 20Cr,并经渗碳淬火(硬度为 40~55 HRC)和磨削。对于速度不高、载荷不大的蜗杆可采用 40 钢、45 钢调质处理,硬度为 220~250 HBS。

蜗轮常用材料为青铜和铸铁。锡青铜耐磨性能及抗胶合性能较好,但价格较贵,常用的有 ZCuSn10P1(铸锡磷青铜)、ZCuSn5Pb5Zn5(铸锡锌铅青铜)等,用于滑动速度较高的场合。铝铁青铜的力学性能较好,但抗胶合性略差,常用的有 ZCuA19Fe4Ni4Mn2(铸铝铁镍青铜)等,用于滑动速度较低的场合。灰铸铁只用于滑动速度 $v \leqslant 2$ m/s 的传动中。

常用蜗杆蜗轮的配对材料如表 8.10 所示。

表 8.10 蜗杆蜗轮配对材料

相对滑动速度 v_s/(m/s)	蜗 轮 材 料	蜗 杆 材 料
$\leqslant 25$	ZCuSn10P1	20CrMnTi 渗碳淬火,56~62 HRC 20Cr
$\leqslant 12$	ZCuSn5Pb5Zn5	45 钢 高频淬火,40~50 HRC 40Cr 50~55 HRC
$\leqslant 10$	ZCuA19Fe4Ni4Mn2 ZCuA19Mn2	45 钢 高频淬火,45~50 HRC 40Cr 50~55 HRC
$\leqslant 2$	HT150 HT200	45 钢调质 220~250 HBS

2. 蜗杆、蜗轮的结构

蜗杆的直径较小,常和轴制成一个整体,如图 8.29 所示。螺旋部分常用车削加工,也可用铣削加工。车削加工时需有退刀槽,因此刚性较差。

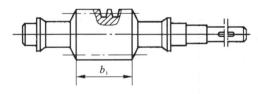

图 8.29 蜗杆轴

按材料和尺寸的不同,蜗轮的结构有多种形式,如图 8.30 所示。

1) 整体式蜗轮

整体式蜗轮主要用于直径较小的青铜蜗轮或铸铁蜗轮,如图 8.30(a)所示。

2) 齿圈式蜗轮

为了节约贵重金属,直径较大的蜗轮常采用组合结构,齿圈用青铜材料,轮心用铸铁或铸钢制造。两者采用 H7/r6 配合,并用 4~6 个直径为 $1.2m$~$1.5m$ 的螺钉加固(m 为蜗轮模数)。为便于钻孔,应将螺孔中心线向材料较硬的轮芯部分偏移 2~3 mm。齿圈式蜗轮用于尺寸不太

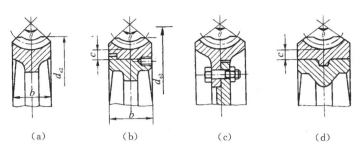

（a）　　　　（b）　　　　（c）　　　　（d）

图 8.30　蜗轮结构

大而且工作温度变化较小的场合,如图 8.30(b)所示。

3）螺栓连接式蜗轮

螺栓连接式蜗轮的齿圈与轮心用普通螺栓或铰制孔用螺栓连接,由于装拆方便,常用于尺寸较大或磨损后需更换蜗轮齿圈的场合,如图 8.30(c)所示。

4）镶铸式蜗轮

镶铸式蜗轮将青铜轮缘铸在铸铁轮心上,轮心上制出榫槽,以防轴向滑动,如图 8.30(d)所示。

◀ 任务 7　轮系及其计算 ▶

前面讨论了一对齿轮的啮合传动、蜗杆传动等相关设计问题。但是,在实际的机械工程中,为了满足各种不同的工作需要,仅仅使用一对齿轮是不够的。例如,在各种机床中,要将电动机的一种转速变为主轴的多级转速;在机械式钟表中,要使时针、分针、秒针之间的转速具有确定的比例关系;在汽车的传动系统中,都是依靠一系列的彼此相互啮合的齿轮所组成的齿轮机构来实现的。这种由一系列的齿轮所组成的传动系统称为齿轮系,简称轮系。

在工程上,根据轮系中各齿轮轴线在空间的位置是否固定,将轮系分为定轴轮系和周转轮系两大类,如图 8.31、图 8.32 所示。

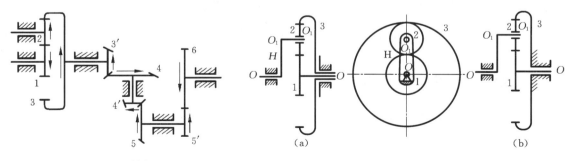

图 8.31　定轴轮系　　　　　**图 8.32　周转轮系**

所有齿轮轴线相对于机架都是固定不动的轮系称为定轴轮系,定轴轮系也称为普通轮系;反之,只要有一个齿轮的轴线是绕其他齿轮的轴线转动的轮系即为周转轮系。在轮系中,兼有定轴轮系和周转轮系两个部分的轮系则称为混合轮系。

轮系可以由各种类型的齿轮——圆柱齿轮、圆锥齿轮、蜗轮蜗杆等组成。本节仅从运动分析的角度研究轮系设计,即只讨论轮系的传动比计算方法和轮系在机械传动中的作用。

一、定轴轮系传动比的计算

一对齿轮的传动比是指该对齿轮的角速度之比,而轮系的传动比是指所研究轮系中的首末两构件的角速度(或转速)之比,用 i_{ab} 表示。为了完整地描述 a、b 两构件的运动关系,计算传动比时不仅要确定两构件的角速度比的大小,而且要确定它们的转向关系。也就是说轮系传动比的计算内容包括大小和方向两个方面。

下面首先以图 8.31 所示的定轴轮系为例介绍传动比的计算。

齿轮 1、2、3、5′、6 为圆柱齿轮;3′、4、4′、5 为圆锥齿轮。设齿轮 1 为主动轮(首轮),齿轮 6 为从动轮(末轮),其轮系的传动比为 $i_{16}=\omega_1/\omega_6$。

从图 8.31 中可以看出,齿轮 1、2 为外啮合,2、3 为内啮合。根据前面所介绍的内容,可以求得图 8.31 中各对啮合齿轮的传动比大小如下。

1、2 齿轮: $i_{12}=\dfrac{\omega_1}{\omega_2}=\dfrac{z_2}{z_1}$, 　　　　2、3 齿轮: $i_{23}=\dfrac{\omega_2}{\omega_3}=\dfrac{z_3}{z_2}$

3′、4 齿轮: $i_{3'4}=\dfrac{\omega_{3'}}{\omega_4}=\dfrac{z_4}{z_{3'}}$, 　　　　4′、5 齿轮: $i_{4'5}=\dfrac{\omega_{4'}}{\omega_5}=\dfrac{z_5}{z_{4'}}$

5′、6 齿轮: $i_{5'6}=\dfrac{\omega_{5'}}{\omega_6}=\dfrac{z_6}{z_{5'}}$

因为 $\omega_3=\omega_{3'}$、$\omega_4=\omega_{4'}$,观察并分析以上式子可以看出,ω_2、ω_3、ω_4 三个参数在这些式子的分子和分母中各出现一次。

计算的目的是求 i_{16},将上面的式子连乘起来,于是可以得到

$$i_{12}i_{23}i_{3'4}i_{4'5}i_{5'6}=\frac{\omega_1}{\omega_2}\frac{\omega_2}{\omega_3}\frac{\omega_3}{\omega_4}\frac{\omega_4}{\omega_5}\frac{\omega_5}{\omega_6}=\frac{\omega_1}{\omega_6}=\frac{z_2}{z_1}\frac{z_3}{z_2}\frac{z_4}{z_{3'}}\frac{z_5}{z_{4'}}\frac{z_6}{z_{5'}}$$

所以
$$i_{16}=\frac{\omega_1}{\omega_6}=\frac{z_3 z_4 z_5 z_6}{z_1 z_{3'} z_{4'} z_{5'}}$$

上式说明,定轴轮系的传动比等于组成该轮系的各对啮合齿轮传动比的连乘积。其大小等于各对啮合齿轮所有从动轮齿数的连乘积与所有主动轮齿数连乘积之比。即通式为

$$\text{定轴轮系传动比大小}=\frac{\text{所有从动轮齿数连乘积}}{\text{所有主动轮齿数连乘积}} \tag{8-50}$$

二、轮系转向关系的确定

轮系传动的转向关系有用正、负号表示或用画箭头表示两种方法。

1. 箭头法

在图 8.31 所示的轮系中,设首轮 1(主动轮)的转向已知,并用箭头方向代表齿轮可见一侧的圆周速度方向,则首末轮及其他轮的转向关系可用箭头表示。因为任何一对啮合齿轮,其节点处圆周速度相同,则表示两轮转向的箭头应同时指向或背离节点。由图 8.31 可见,轮 1、6 的转向相同。

2．正、负号法

对于所有齿轮轴线平行的轮系，由于两轮的转向或者相同、或者相反，因此规定：两轮转向相同，其传动比取"＋"；转向相反，其传动比取"－"。其"＋"、"－"可以用箭头法判断出的两轮转向关系来确定；也可以直接计算而得到。由于在一个所有齿轮轴线平行的轮系中，每出现一对外啮合齿轮，齿轮的转向改变一次。如果有 m 对外啮合齿轮，可以用 $(-1)^m$ 表示传动比的正、负号。

注意：在轮系中，轴线不平行的两个齿轮的转向没有相同或相反的意义，所以只能用箭头法，如图 8.33 所示。故箭头法对任何一种轮系都是适用的。

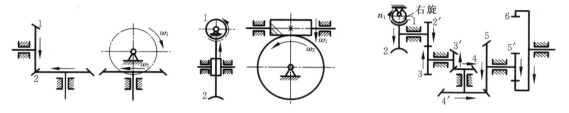

图 8.33　箭头法　　　　　　　图 8.34　首末两轴线不平行的定轴轮系

例 8-1　在如图 8.34 所示的轮系中，已知蜗杆的转速为 $n_1=900\text{r/min}$（顺时针），$z_1=2$，$z_2=60$，$z_{2'}=20$，$z_3=24$，$z_{3'}=20$，$z_4=24$，$z_{4'}=30$，$z_5=35$，$z_{5'}=28$，$z_6=135$。求 n_6 的大小和方向。

解　（1）分析传动关系。指定蜗杆 1 为主动轮，内齿轮 6 为最末的从动轮，轮系的传动关系为 $1\to 2=2'\to 3=3'\to 4=4'\to 5=5'\to 6$。

（2）计算传动比 i_{16}。该轮系含有空间齿轮，且首末两轮轴线不平行，可以利用公式求出传动比的大小，然后求出 n_6，即

$$i_{16}=\frac{n_1}{n_6}=\frac{z_2 z_3 z_4 z_5 z_6}{z_1 z_{2'} z_{3'} z_{4'} z_{5'}}=\frac{60\times 24\times 24\times 35\times 135}{2\times 20\times 20\times 30\times 28}=243$$

所以　$n_6=n_1/i_{16}=3.7\ \text{r/min}$

（3）画箭头指示 n_6 的方向，如图 8.34 所示。

三、周转轮系的计算

周转轮系也称为动轴轮系。周转轮系相对定轴轮系要复杂一些，所以首先需要了解周转轮系的组成。

1．周转轮系的组成

图 8.32 所示轮系为一个基本周转轮系。外齿轮 1、内齿轮 3 都是绕固定轴线 OO 回转的，它们在周转轮系中称作太阳轮或中心轮。

齿轮 2 安装在构件 H 上，绕 O_1O_1 进行自转，同时由于 H 本身绕 OO 有回转，齿轮 2 会随着 H 绕 OO 转动，就像天上的行星一样，兼有自转和公转，故此称为行星轮。而安装行星轮的构件 H 称为行星架（或称为系杆、转臂）。

在周转轮系中，一般都以太阳轮或行星架作为运动的输入和输出构件，所以它们就是周转轮系的基本构件。OO 轴线称为主轴线。

由前面所述可以看出，1 个基本周转轮系必须具有 1 个行星架、1 个或若干个行星轮以及与

行星轮啮合的太阳轮。

根据基本的周转轮系的自由度数目,可以将其划分为两大类。

(1) 如果轮系中2个太阳轮都可以转动,则其自由度为2,称其为差动轮系(见图8.32(a))。该轮系需要2个输入,才有确定的输出。

(2) 如果有1个中心轮是固定的,则其自由度为1,称其为行星轮系(见图8.32(b))。

2. 周转轮系传动比的计算

通过对周转轮系和定轴轮系的观察分析可以发现,它们之间的根本区别就在于周转轮系中有转动的系杆,使得行星轮既有自转又有公转,那么各轮之间的传动比计算就不再是与齿数成反比的简单关系了。由于这个差别,周转轮系的传动比就不能直接利用定轴轮系的方法进行计算。但是根据相对运动原理,假如给整个周转轮系加上一个公共的角速度$-\omega_H$,则各个齿轮、构件之间的相对运动关系仍将不变,但这时系杆的绝对运动角速度为$\omega_H-\omega_H=0$,即系杆相对变为"静止不动",于是周转轮系便转化为定轴轮系了,称这种经过一定条件转化得到的假想定轴轮系为原周转轮系的转化机构或转化轮,如图8.35(b)所示。利用这种方法求解轮系的方法称为转化轮系法。

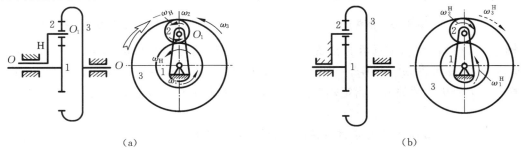

(a)   (b)

图8.35 转化轮系

如图3.35(a)所示的一基本轮系,按照上述方法转化后得到定轴轮系如图8.35(b)所示,在转化轮系中,各构件的角速度变化情况见表8.11。故可以求出此转化轮系的传动比为

$$i_{13}^H=\frac{\omega_1^H}{\omega_3^H}=\frac{\omega_1-\omega_H}{\omega_3-\omega_H}=-\frac{z_2 z_3}{z_1 z_2}=-\frac{z_3}{z_1} \tag{8-51}$$

式中:"$-$"表示在转化轮系中ω_1^H和ω_3^H转向相反。

表8.11 转化轮系速度变化情况

构 件	原有角速度	转化后角速度
行星架 H	ω_H	$\omega_H-\omega_H=0$
齿轮 1	ω_1	$\omega_1^H=\omega_1-\omega_H$
齿轮 2	ω_2	$\omega_2^H=\omega_2-\omega_H$
齿轮 3	ω_3	$\omega_3^H=\omega_3-\omega_H$
机架 4	$\omega_4=0$	$\omega_4=-\omega_H$

作为差动轮系,任意给定两个基本构件的角速度(包括大小和方向),则另一个构件的基本角速度(包括大小和方向)便可以求出,从而就可以求出该轮系中三个基本构件中任意两个构件间的传动比。

由前面所述可以看出,转化轮系中构件之间传动比的求解通式为

$$i_{mn}^{H} = \frac{\omega_m - \omega_H}{\omega_n - \omega_H} \qquad (8\text{-}52)$$

若上述差动轮系中的太阳轮 1 和 3 之中的一个固定，如令 $\omega_3 = 0$，则轮系就转化为行星轮系，此时行星轮系的转化轮系传动比为

$$i_{13}^{H} = \frac{\omega_1^{H}}{\omega_3^{H}} = \frac{\omega_1 - \omega_H}{0 - \omega_H} = -\frac{z_3}{z_1}$$

即

$$i_{1H} = \frac{\omega_1}{\omega_H} = 1 - i_{13}^{H} \qquad (8\text{-}53)$$

设周转轮系中太阳轮为任意两轮 1、k，其转速分别为 n_1、n_k，则在该周转轮系的转化轮系中，两轮的传动比通用表达式 i_{1k}^{H} 为

$$i_{1k}^{H} = \frac{n_1^{H}}{n_k^{H}} = \frac{n_1 - n_H}{n_k - n_H} = (-1)^m \frac{\text{各对啮合齿轮的从动齿轮齿数的连乘积}}{\text{各对啮合齿轮的主动齿轮齿数的连乘积}} \qquad (8\text{-}54)$$

式中：m——周转轮系中齿轮 1 与齿轮 k 之间外啮合齿轮的对数。

在应用式（8-54）时，应特别注意如下几点。

（1）齿轮 1、齿轮 k 与行星架 H 三个构件的轴线必须互相平行；否则，不能应用该式。

（2）齿轮 1、齿轮 k 与行星架 H 三个构件的转速本身含有正、负号。对差动轮系，若已知两个构件的转向相反，则应将其中的一个转速以正值代入，另一转速以负值代入，这样求得的第三个构件的转速，其转向就可根据其正、负号来确定；对简单行星轮系，固定的太阳轮的转速为零。

（3）$i_{1k} \neq i_{1k}^{H}$。i_{1k} 是周转轮系中齿轮 1 与齿轮 k 的传动比，而 i_{1k}^{H} 是该周转轮系的转化轮系的传动比。

（4）周转轮系与定轴轮系的差别就在于有无系杆（行星轮）存在。

例 8-2 在图 8.36 所示的行星轮系中，已知 $z_1 = z_{2'} = 100$，$z_2 = 99$，$z_3 = 101$，行星架 H 为原动件，试求传动比 i_{H1}。

解 根据式 $i_{13}^{H} = \frac{\omega_1^{H}}{\omega_3^{H}}$，得

$$\frac{n_1 - n_H}{n_3 - n_H} = \frac{n_1 - n_H}{0 - n_H} = \frac{z_2 z_3}{z_1 z_{2'}} = \frac{99 \times 101}{10\,000}$$

所以

$$i_{1H} = 1 - \frac{99 \times 101}{10\,000} = \frac{1}{10\,000}$$

则

$$i_{H1} = 10\,000$$

计算结果说明，这种轮系的传动比极大，系杆 H 转 10 000 转，齿轮 1 转 1 转。

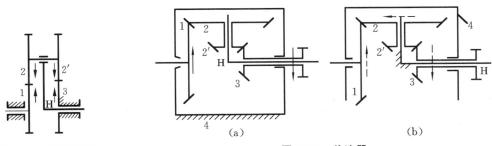

图 8.36 行星轮系   图 8.37 差速器

（a）   （b）

例 8-3 在图 8.37 所示的差速器中，$z_1 = 48$，$z_2 = 42$，$z_{2'} = 18$，$z_3 = 21$，$n_1 = 100$ r/min，$n_3 = 80$ r/min，其转向如图所示，求 n_H。

解 这个差速器由圆锥齿轮 1、2、2'、3、行星架 H 以及机架 4 组成。双联齿轮 2—2' 的轴线能

运动,所以 2—2′是行星轮,与其啮合的两个活动太阳轮 1、3 的几何轴线重合,这是一个差动轮系,可以使用转化轮系基本公式进行计算。齿数比之前的符号取"−",因为 i_{13}^H 可视为行星架固定不动、轮 1 和轮 3 的传动比,如图 8.37(b)所示,用箭头表示。可知 n_3^H 与 n_1^H 方向相反。从图 8.37(a)可知,n_1 和 n_3 方向相反,如设 n_1 为正,则 n_3 为负值。代入基本公式有

$$i_{13}^H = \frac{n_1 - n_H}{n_3 - n_H} = -\frac{z_2 z_3}{z_1 z_{2'}}$$

即

$$\frac{100 - n_H}{-80 - n_H} = -\frac{42 \times 21}{48 \times 18}$$

解得

$$n_H = 9.07 \text{ r/min}$$

n_H 为正值,表示与 n_1 转向相同。

四、混合轮系

一个轮系中同时包含有定轴轮系和周转轮系时,则称为混合轮系(或复合轮系)。一个混合轮系可能同时包含一个定轴轮系和若干个基本周转轮系。

对于这种复杂的混合轮系,求解其传动比时,既不能单纯地采用定轴轮系传动比的计算方法,也不能单纯地按照基本周转轮系传动比的计算方法来计算。其求解的方法是:

(1) 将该混合轮系所包含的各个定轴轮系和各个基本周转轮系一一划分出来;

(2) 找出各基本轮系之间的连接关系;

(3) 分别找出各定轴轮系和周转轮系传动比的计算关系式;

(4) 联立求解这些关系式,从而求出该混合轮系的传动比。

其中关键是第一步划分工作。

划分定轴轮系的基本方法:若一系列互相啮合的齿轮的几何轴线都是固定不动的,则这些齿轮和机架便组成一个基本定轴轮系。

划分周转轮系的方法:首先需要找出既有自转、又有公转的行星轮(有时行星轮有多个);然后找出支持行星轮作公转的构件——行星架;最后找出与行星轮相啮合的两个太阳轮(有时只有一个太阳轮),这些构件便构成一个基本周转轮系,而且每一个基本周转轮系只含有一个行星架。

从理论上说,混合轮系的求解并不困难,下面用一道例题来说明具体的方法和步骤。

例 8-4 在图 8.38 所示的轮系中,若各齿轮的齿数已知,试求传动比 i_{1H}。

解 根据前面介绍的划分轮系的方法进行分析,此轮系是由齿轮 1、2 构成的定轴轮系及齿轮 2′、3、4 和行星架 H 构成的周转轮系复合而成的复合轮系。

定轴轮系部分的传动比为

$$i_{12} = \frac{\omega_1}{\omega_2} = -\frac{z_2}{z_1} \quad \text{或} \quad \omega_1 = -\omega_2 \frac{z_2}{z_1} \qquad (a)$$

周转轮系部分是一个行星轮系,其传动比为

$$i_{2'H} = 1 - i_{2'4}^H = 1 + \frac{z_4}{z_{2'}} \quad \text{或} \quad \omega_2 = \omega_H \left(1 + \frac{z_4}{z_{2'}}\right) \qquad (b)$$

将式(b)代入式(a)得

$$\omega_1 = -\omega_H \left(1 + \frac{z_4}{z_{2'}}\right)\left(\frac{z_2}{z_1}\right)$$

于是,可最后求得此混合轮系的传动比为

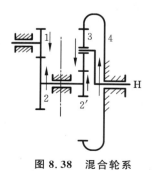

图 8.38　混合轮系

$$i_{1H} = -\left(1 + \frac{z_4}{z_{2'}}\right)\left(\frac{z_2}{z_1}\right)$$

五、轮系的功用

轮系具有传动准确、传动比大等其他机构无法替代的特点,其在工程中应用的十分广泛,下面就对轮系的功用进行简单介绍。

1. 实现变速传动(多传动比传动)

在汽车等类似的机械中,在主轴转速不变的条件下,利用轮系可以使从动轴获得若干个不同的转速,如图 8.39 所示。

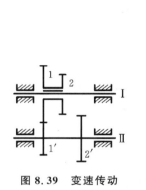

图 8.39 变速传动

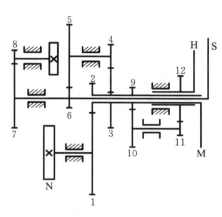

图 8.40 分路传动

2. 实现分路传动

利用轮系可以使一个主动轴带动若干从动轴同时旋转,实现多路输出,带动多个附件同时工作。图 8.40 所示为机械钟表轮系结构。

3. 传递相距较远的两轴间的动力

若两轴间的中心距较大,如果仅用一对齿轮传动,两个齿轮的尺寸必然很大,将占用较大的结构空间,改用轮系便可以克服这个缺点,如图 8.41 所示。

4. 获得大的传动比

若两轴之间需要较大传动比,仅用一对齿轮传动必然会使两轮的尺寸相差过大,小齿轮就易于损坏,利用轮系就可以避免这个缺陷。图 8.36 所示行星轮系可以由很少几个齿轮获得较大的传动比,而且机构十分紧凑。

那么是否可以让该机构用于增速装置,也就是让齿轮 1 转 1 转,而让系杆转 10000 转呢?这是不行的,因为这种大传动比的行星轮系,在增速时一般都具有自锁性。因为减速比越大,传动的机械效率越低,故该机构只适用于辅助装置的传动机构,不宜作大功率的传动。

5. 改变从动轴转向

在单一外啮合齿轮传动中,输入和输出转向是相反的,利用轮系就可以实现换向。图 8.42 所示就是改变从动轴转向的轮系。

6. 在尺寸及重量较小的情况下,实现大功率传动

利用周转轮系,可以实现小尺寸、大功率的传动。在行星减速器中,由于有多个行星轮同时

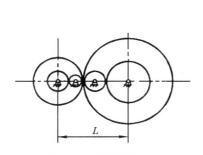

图 8.41　远距离传动

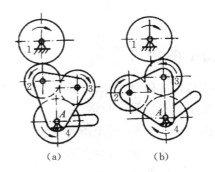

(a)　　　　　(b)

图 8.42　改变从动轴转向

啮合,而且常采用内啮合,利用了内齿轮中间的空间部分,故与普通定轴轮系减速器相比,在同样的体积和重量条件下,可以传递较大的功率,工作也更为可靠。因而在大功率的传动中,为了减小传动机构的尺寸和重量,广泛采用行星轮系。同时,由于行星轮系减速器的输入/输出轴在同一轴线上,行星轮在其周围均匀对称布置,尺寸十分紧凑,这一点对于飞行器十分重要,因而在航空用的主减速器中这种轮系得到普遍采用。

图 8.43 所示为某发动机主减速器传动简图。这个轮系的右部是一个由中心轮 1、3,行星轮 2 和系杆 H 组成的差动轮系,左部是一定轴轮系。定轴轮系将差动轮系的内齿轮 3 与系杆 H 的运动联系起来,整个轮系的自由度为 1。动力自小齿轮 1 输入后,分两路从系杆 H 和内齿轮 3 输往左边,最后在内齿轮 3′处汇合。由于采用多个行星轮,加上功率分开传递,所以在较小尺寸下(约 430 mm),传递的功率达 2850 kW。整个轮系的传动比为 $i_{1H}=11.45$。

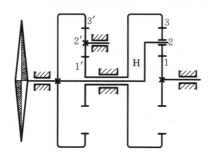

图 8.43　发动机主减速器传动简图

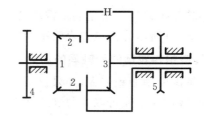

图 8.44　差速装置

7. 用于运动的合成及分解

对于差动轮系来说,它的三个基本构件都是运动的,必须给定其中任意两个基本构件的运动,第三个构件才有确定的运动。这就是说,第三个构件的运动是另两个构件运动的合成。

差动轮系不但可以将两个独立的运动合成为一个运动,而且还可以将一个主动的基本构件的转动按所需的比例分解为另两个基本构件的转动,例如,汽车、拖拉机等车辆上常用的差速装置,如图 8.44 所示。

8. 实现特殊的工艺动作和轨迹

在行星轮系中,行星轮作平面运动,其上某些点的运动轨迹很特殊。利用这个特点,可以实现所要求的工艺动作及特殊的运动轨迹。在周转轮系中,行星轮上任意一点的运动轨迹称为旋轮线,在工程上也有极大的用处。

◀ 任务 8　圆柱齿轮强度与结构设计 ▶

一、齿轮传动的失效形式与设计准则

齿轮传动不仅要求平稳,而且还要求有足够的承载能力。为计算齿轮的承载能力,必须对齿轮的受载特点、失效形式等进行分析,并由此制定出齿轮传动的设计准则。

1. 齿轮传动的失效形式

齿轮传动时,载荷直接作用在齿轮的轮齿上。由于轮齿相对于齿轮的其他部位相对薄弱,因此齿轮传动的失效主要是轮齿的失效。齿轮轮齿的失效主要有以下五种形式。

1) 轮齿折断

轮齿折断主要发生在齿根处,它又分为疲劳折断和过载折断两种类型。

(1) 疲劳折断。齿轮轮齿受力时与悬臂梁的受力情况相似,在齿根处要产生最大的弯曲应力,如图 8.45(a)所示。当齿轮单向运转时,弯曲应力为脉动循环变应力,如图 8.45(b)所示。由于齿根处过渡部分的尺寸发生了急剧变化,存在着应力集中(即应力在过渡区相对集中);加工轮齿时,沿齿宽方向易留下刀痕,这些都极易使轮齿根部产生疲劳裂纹,如图 8.45(c)所示。随着应力循环次数的增加,裂纹不断扩展,最终会因疲劳强度不足而使轮齿突然折断,这种折断就称为疲劳折断。在齿轮正常使用中,疲劳折断是轮齿折断的主要形式。

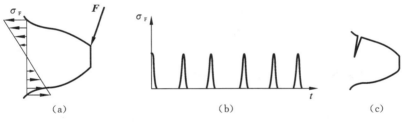

|(a)|(b)|(c)|

图 8.45　疲劳折断

(2) 过载折断。由于短时的严重过载或冲击载荷过大,轮齿因静强度不足而产生折断,这种折断称为过载折断。采取对轮齿表面进行淬火的热处理方法,或适当降低齿轮材料的硬度,提高其韧度的方法,可改善轮齿抗折断的能力。

2) 齿面疲劳点蚀

齿轮传动时,一对齿轮表面的接触区域理论上为一条直线,但实际上在受载变形后,其接触区域为一较小长方形面积。由于此面积很小而使轮齿表层的局部应力很大,这种在接触表面局部产生的应力称为接触应力 σ_H,如图 8.46(a)所示。由于齿轮传动时,轮齿表面的接触区域在不停地移动,因此齿轮表面受到的是脉动循环接触变应力的作用。当接触应力超过表层材料的接触疲劳极限时,经一定的应力循环次数,齿面材料就会出现图 8.46(b)所示的点状剥落,使轮齿啮合情况恶化而失效,这种失效称为疲劳点蚀。疲劳

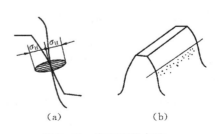

|(a)|(b)|

图 8.46　齿面疲劳点蚀

点蚀一般发生在齿根部位靠近节线处。

疲劳点蚀是润滑条件良好的闭式软齿面齿轮传动的主要失效形式。在润滑条件较差的开式传动中,由于齿面磨损较快,在点蚀未形成之前,部分齿面已被磨损,因而一般不发生点蚀失效。采取提高齿面硬度、降低齿面粗糙度等措施,可提高齿轮齿面的抗点蚀能力。

3) 齿面胶合

齿轮传动在低速重载时,由于啮合齿面间压力大,不易形成润滑油膜;而在高速重载时,即便形成润滑油膜,但由于啮合区的摩擦升温使润滑油黏度降低,润滑油膜易破裂,这两种情况均会导致两齿面金属直接接触。当啮合区瞬时温升过高时,两齿面会出现峰点黏着现象。随着齿面间的相对滑动,黏着点被撕脱,从而在较软齿面上留下与滑动方向一致的黏撕沟痕,使轮齿表面遭到破坏,这种现象称为胶合,如图 8.47 所示。

为了增强抗胶合能力,除适当提高齿面硬度和降低齿面表面粗糙度值外,对于低速传动应选用黏度较大的润滑油,对于高速传动应采用抗胶合能力强的润滑油。

4) 齿面磨损

齿面磨损通常是磨粒磨损。在开式齿轮传动中,由于齿轮暴露在外,润滑条件差,灰尘、沙粒、金属碎屑等极易进入啮合齿面起到磨粒作用,形成磨粒磨损。这是开式传动不可避免的一种主要失效形式。如图 8.48 所示,齿面磨损不仅使轮齿失去正确的齿形,还会使轮齿变薄,严重时还会引起轮齿折断。

图 8.47　齿面胶合　　　图 8.48　齿面磨损　　　图 8.49　齿面塑性变形

改开式传动为闭式传动是防止齿面磨损的最有效方法。此外,提高齿面硬度和降低齿面的粗糙度对于防止和减轻齿面磨损也很有效。

5) 齿面塑性变形

在重载荷作用下,齿面间的正压力和与之形成的摩擦力都较大,较软一侧的齿面在较硬一侧齿面的推挤作用下,产生局部塑性变形,如图 8.49 所示。这种失效多发生在低速、严重过载和起动频繁的软齿面齿轮传动中。

2. 齿轮传动设计的设计准则

齿轮传动在不同的工作条件下有着不同的失效形式,不同的失效形式对应于不同的设计准则。因此,设计齿轮时,应根据实际工作条件,分析其主要失效形式,选择相应的设计准则进行设计计算。目前,对齿面磨损等还没有建立起行之有效的计算方法及设计数据,齿面胶合主要发生在高速重载等重要场合,而且胶合计算比较复杂。因此,对一般齿轮传动进行设计计算时,通常只按保证齿根弯曲疲劳强度和保证齿面接触疲劳强度这两种设计准则进行。这两种设计计算准则的选用原则如下。

(1) 对于以正火或调质钢为齿轮材料的闭式软齿面(齿面硬度≤350 HBS)齿轮传动,其抗点蚀能力比较低,故计算准则为:按齿面接触疲劳强度设计齿轮的主要参数,再对所设计出的齿轮进行齿根弯曲疲劳强度校核。

（2）对于以淬火钢或铸铁等为齿轮材料的闭式硬齿面(齿面硬度＞350 HBS)齿轮传动,其主要失效是轮齿的折断,故计算准则为:按齿根弯曲疲劳强度设计齿轮的主要参数,再对所设计出的齿轮进行齿面接触疲劳强度校核。

（3）对于开式齿轮传动,其主要失效形式是磨粒磨损和因磨损导致的轮齿折断。但因目前尚无适当的磨损计算方法,故计算准则为:按齿根弯曲疲劳强度进行设计计算,并考虑磨损对轮齿折断的影响,将计算结果适当增大。

二、齿轮常用材料

用于制造齿轮的常用材料主要有锻钢、铸铁和铸钢。在特殊情况下也可采用有色金属材料或尼龙、夹布胶木等工程塑料。选择齿轮材料主要应考虑齿轮承受载荷的大小和性质、齿轮速度的高低等工作情况以及结构、尺寸、重量和工艺性、经济性等方面的要求。

1. 锻钢

碳素结构钢和合金结构钢是制造齿轮最常用的材料。齿轮毛坯经锻造后,钢的强度、韧度高并可用多种热处理方法改善其力学性能。因此,重要齿轮均采用锻钢。按齿轮热处理后齿面硬度的高低,钢制齿轮可分为软齿面和硬齿面两类。

齿轮传动中,两齿轮齿面硬度的组合对齿轮的寿命影响很大。齿面硬度组合及其应用如表8.12 所示。

表 8.12 齿轮齿面硬度及其组合的应用举例

齿面类型	齿轮种类	热处理		两轮工作齿面硬度差	工作齿面硬度举例		备 注
		小齿轮	大齿轮		小齿轮	大齿轮	
软齿面	直齿	调质	正火调质	25～30 HBS	240～270 HBS 260～290 HBS	180～220 HBS 220～240 HBS	用于重载中低速和一般的传动装置
	斜齿及人字齿	调质	正火正火调质	40～50 HBS	240～270 HBS 260～290 HBS 270～300 HBS	160～190 HBS 180～210 HBS 200～230 HBS	
软、硬组合齿面	斜齿及人字齿	表面淬火	调质	齿面硬度差很大	45～50 HRC	270～300 HBS 200～230 HBS	用于冲击载荷及过载都不大的重载中、低速传动装置
		渗氮渗碳	调质		56～62 HRC	270～300 HBS 300～330 HBS	
硬齿面	直齿、斜齿及人字齿	表面淬火	表面淬火	齿面硬度大致相同	45～50 HRC		用于传动尺寸受结构限制的情形和寿命、承载能力要求较高的传动装置
		渗碳	渗碳		56～62 HRC		

1)软齿面齿轮

这类齿轮的热处理方法是调质或正火。由于小齿轮轮齿受载循环次数多于大齿轮,且小齿轮齿根较薄、弯曲强度较低,因此,在选择材料及热处理时:对直齿轮,小齿轮齿面硬度应比大齿轮的齿面硬度高 25～30 HBS;对斜齿轮,则要高 40～50 HBS。

软齿面齿轮制造工艺简单,适用于中小功率、对尺寸和重量无严格要求的一般机械中。

2)硬齿面齿轮

这类齿轮的热处理方法是表面淬火、渗碳淬火和氮化。小齿轮材料优于大齿轮材料,两齿轮的齿面硬度大致相同。一般来说,硬齿面齿轮传动适用于尺寸受结构限制的场合。

2. 铸钢

当齿顶圆直径 $d_a \geqslant 400～500$ mm,结构形状较复杂时,轮坯不宜锻造,这种情况下可采用铸钢作为齿轮材料。常用的铸钢牌号有 ZG310-570、ZG340-640 等。铸钢轮坯在切削加工以前,一般要进行正火处理,以消除内应力和改善切削加工性能。

3. 铸铁

普通灰铸铁具有较好的减摩性和切削工艺性,且价格低廉。但其强度较低,抗冲击能力较差,故只适用于低速、轻载和无冲击的场合。铸铁齿轮对润滑要求较低,因此较多地用于开式传动中,常用的铸铁牌号有 HT250、HT300 等。

近年来,用球墨铸铁制造的齿轮得到了较广泛应用,常用来代替开式传动中的铸铁齿轮和闭式传动中的铸钢齿轮,其常用牌号有 QT500-5,QT600-2 等。常用的齿轮材料及其力学性能见表 8.13。

表 8.13　齿轮常用材料及其力学性能

材料	牌号	热处理	硬度	强度极限 σ_b/MPa	屈服极限 σ_s/MPa	应用范围
优质碳素钢	45	正火 调质 表面淬火	169～217 HBS 217～255 HBS 48～55 HRC	580 650 750	290 360 450	低速轻载 低速中载 高速中载或低速重载,冲击很小
	50	正火	180～220 HBS	620	320	低速轻载
合金钢	40Cr	调质 表面淬火	240～260 HBS 48～55 HRC	700 900	550 650	中速中载 高速中载,无剧烈冲击
	42SiMn	调质 表面淬火	217～269 HBS 45～55 HRC	750	470	高速中载,无剧烈冲击
	20Cr	渗碳、淬火	56～62 HRC	650	400	高速中载,承受冲击
	20CrMnTi	渗碳、淬火	56～62 HRC	1100	850	
铸钢	ZG310～570	正火 表面淬火	160～210 HBS 40～50 HRC	570	320	中速、中载、大直径
	ZG340～640	正火 调质	170～230 HBS 240～270 HBS	650 700	350 380	

续表

材　料	牌　号	热处理	硬　度	强度极限 σ_b/MPa	屈服极限 σ_s/MPa	应用范围
球墨铸铁	QT600-2 QT500-5	正火	220～280 HBS 147～241 HBS	600 500		低、中速轻载，有小的冲击
灰铸铁	HT200 HT300	人工时效 （低温退火）	170～230 HBS 187～235 HBS	200 300		低速轻载，冲击很小

三、圆柱齿轮传动的受力分析及强度计算

齿轮传动的强度计算就是在正确分析轮齿受力的基础上，按齿轮传动设计计算准则，通过对轮齿的强度进行计算，设计出齿轮传动的基本参数和几何尺寸，或者是对现有齿轮进行强度校核计算。本书根据教学的实际特点，按照国标 GB/T 10063—1988，对齿轮承载能力计算作了简化处理。

1. 齿轮传动的受力分析与计算载荷

1）直齿圆柱齿轮传动时轮齿的受力

如图 8.50(a)所示，一对标准直齿圆柱齿轮按标准中心距正确安装，其齿廓在点 C 接触。当主动轮上作用有转矩 T_1 时，如果不考虑啮合面上的摩擦力，则轮齿间只有沿齿宽分布且方向沿啮合线的相互作用力 $\boldsymbol{F}_n$，$\boldsymbol{F}_n$ 称为齿面法向力。为便于分析和计算，将 $\boldsymbol{F}_n$ 看成一作用在齿宽中点的集中力，如图 8.50(b)所示。法向力 $\boldsymbol{F}_n$ 可沿圆周方向和半径方向分解为两个相互垂直的分力，即圆周力 $\boldsymbol{F}_t$ 和径向力 $\boldsymbol{F}_r$。显然，作用在主动轮上的力 $\boldsymbol{F}_{n1}$、$\boldsymbol{F}_{t1}$、$\boldsymbol{F}_{r1}$ 与作用在从动轮上的力 $\boldsymbol{F}_{n2}$、$\boldsymbol{F}_{t2}$、$\boldsymbol{F}_{r2}$ 互为作用力与反作用力。力的作用点是其啮合点，径向力的方向各自指向自己的轴心，从动齿轮的圆周力的方向与受力点的速度方向相同。

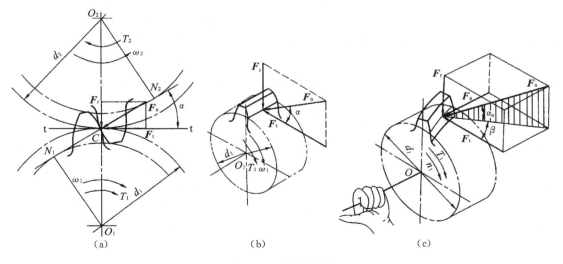

(a)　　　　　　　　(b)　　　　　　　　(c)

图 8.50　轮齿的受力

根据力矩平衡条件及力的性质,可得标准直齿圆柱齿轮传动时轮齿所受力的计算公式如下。

圆周力 $\qquad F_t = F_{t1} = F_{t2} = \dfrac{2T_1}{d_1}$

径向力 $\qquad F_r = F_{r1} = F_{r2} = F_t \tan\alpha$

法向力 $\qquad F_n = F_{n1} = F_{n2} = \dfrac{F_t}{\cos\alpha}$

$\hspace{11cm}$ (8-55)

2)斜齿圆柱齿轮传动时轮齿的受力

同样,一对标准斜齿圆柱齿轮传动时,其轮齿受力可简化为图 8.50(c)所示的情况。由图可知,其法向力 $\boldsymbol{F}_n$ 可分解为三个相互垂直的分力,即圆周力 $\boldsymbol{F}_t$、径向力 $\boldsymbol{F}_r$ 和轴向力 $\boldsymbol{F}_a$。根据图中几何关系,可求得这三个分力的计算公式如下。

圆周力 $\qquad F_t = F_{t1} = F_{t2} = \dfrac{2T_1}{d_1}$

径向力 $\qquad F_r = F_{r1} = F_{r2} = \dfrac{F_t \tan\alpha_n}{\cos\beta}$

轴向力 $\qquad F_a = F_{a1} = F_{a2} = F_t \tan\beta$

$\hspace{11cm}$ (8-56)

式中:T_1——作用在主动小齿轮上的转矩;

d_1——小齿轮分度圆直径;

α——直齿轮分度圆上压力角;

α_n——斜齿轮分度圆上法面压力角;

β——斜齿轮的螺旋角。

若已知齿轮传递的功率 $P(\text{kW})$ 和小齿轮的转速 $n_1(\text{r/min})$,则作用在主动小齿轮上的转矩 T_1 可由下式计算

$$T_1 = 9.55 \times 10^6 \frac{P}{n_1} (\text{N} \cdot \text{mm}) \qquad (8-57)$$

作用在主动轮和从动轮上各作用力的方向为:主动轮上圆周力 $\boldsymbol{F}_{t1}$ 的方向与受力点的速度方向相反,从动轮上圆周力 $\boldsymbol{F}_{t2}$ 的方向与受力点的速度方向相同,而径向力 $\boldsymbol{F}_{r1}$ 和 $\boldsymbol{F}_{r2}$ 指向各自轮心。斜齿轮传动中轴向力的方向可由主动齿轮左、右手螺旋定则判定,即主动轮左旋用左手,主动轮右旋则用右手,用手握住齿轮的轴线,四指弯曲方向代表齿轮转向,则大拇指的指向即为主动轮轴向力 $\boldsymbol{F}_{a1}$ 的方向,如图 8.50(c)所示;从动轮轴向力 $\boldsymbol{F}_{a2}$ 的方向与 $\boldsymbol{F}_{a1}$ 的相反。

3)计算载荷

上述轮齿上的法向力 $\boldsymbol{F}_n$ 是齿轮在理想的平稳工作条件下所承受的名义载荷,而且假设沿齿轮齿宽方向均匀分布。但实际上,齿轮传动时要受到各种因素的影响,例如:齿轮在轴上的位置相对于轴承不对称时会使载荷沿齿宽方向分布不均;由于轴和轴承的变形、传动装置制造安装误差、工作机械的不平稳等,会产生各种附加动载荷。这些因素使齿轮所受实际载荷比名义载荷大,为消除这些因素对齿轮强度的影响,需引入载荷系数 K(也称工作情况系数),以 KF_n 代替名义载荷进行强度计算。载荷 KF_n 称为计算载荷,以 F_{cn} 表示,即

$$F_{cn} = KF_n \qquad (8-58)$$

K 的取值一般为 $1.2 \sim 2$。当载荷平稳、齿宽较小、齿轮相对于轴承对称布置、轴的刚度较高、齿轮精度较高(6级以上)以及软齿面时,K 取较小值,反之取较大值。

2. 齿面接触疲劳强度计算

由齿轮传动的失效形式可知,齿面点蚀与齿面接触应力的大小有关。因此,必须对齿轮传动产生的接触应力进行分析和计算。防止齿面点蚀的强度计算称为齿面接触疲劳强度计算。

根据齿轮啮合原理,直齿圆柱齿轮在节点附近啮合时,只有一对齿参与啮合,轮齿受力最大,接触应力也最大,而且此时两齿轮相对滑动速度为零,故点蚀多发生在节线附近,如图 8.51 所示。

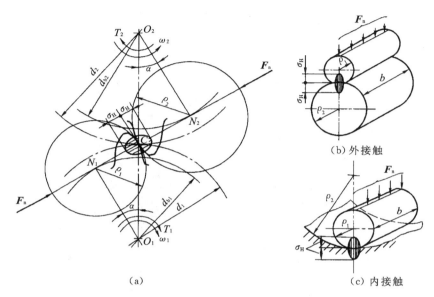

图 8.51 齿面接触应力

齿面接触疲劳强度条件为节线处的最大接触应力 σ_H 应小于齿轮材料的许用接触应力 $[\sigma_H]$。根据齿面接触强度计算圆柱齿轮传动齿面接触疲劳强度的校核公式为

$$\sigma_H = \sqrt{\frac{u \pm 1}{u} \cdot \frac{C_m^3 A_d^3 K T_1}{b d_1^2}} \leqslant [\sigma_H] \tag{8-59}$$

引入齿宽系数 $\psi_d = b/d_1$ 并代入上式,可得圆柱齿轮分度圆直径 d_1 的计算公式为

$$d_1 \geqslant C_m A_d \sqrt[3]{\frac{K T_1}{\psi_d [\sigma_H]^2} \cdot \frac{u \pm 1}{u}} \tag{8-60}$$

式中:u——大齿轮与小齿轮的齿数比,$u = \dfrac{z_2}{z_1} \geqslant 1$;

C_m——齿轮配对材料修正系数,由表 8.14 选取;

A_d——齿轮接触疲劳强度螺旋角因数,查表 8.15,例如,对直齿圆柱齿轮传动,取 $A_d = 766$;

K——载荷系数;

T_1——小齿轮上的转矩;

b——齿轮的有效接触宽度,通常因小齿轮齿宽 b_1 比大齿轮齿宽 b_2 大,故取 $b = b_2$;

$[\sigma_H]$——齿轮材料的许用接触应力,$[\sigma_H] = 0.9\sigma_{Hlim}$,$\sigma_{Hlim}$ 是齿轮材料的接触疲劳极限,应根据图 8.52 取 σ_{Hlim1} 和 σ_{Hlim2} 中的较小者作为 σ_{Hlim} 值;"+"用于外啮合,"−"用于内啮合。

表 8.14　齿轮配对材料修正系数 C_m

小齿轮	钢				铸　钢			球墨铸铁		灰铸铁
大齿轮	钢	铸钢	球墨铸铁	灰铸铁	铸钢	球墨铸铁	灰铸铁	球墨铸铁	灰铸铁	灰铸铁
C_m	1	0.997	0.970	0.906	0.994	0.967	0.898	0.943	0.880	0.836

表 8.15　螺旋角因数 A_d、A_m

螺旋角 β	直齿轮	$\geqslant 8° \sim 15°$	$\geqslant 15° \sim 25°$	$\geqslant 25° \sim 35°$
A_d	766	756	733	709
A_m	12.6	12.4	12.0	11.5

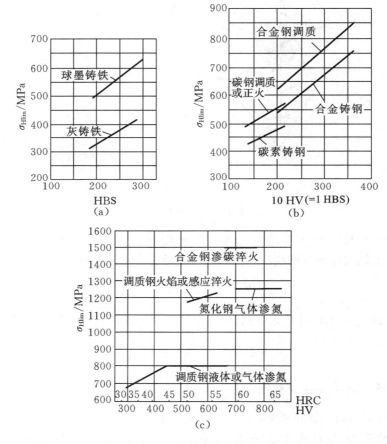

图 8.52　接触疲劳极限 σ_{Hlim}

斜齿圆柱齿轮传动齿面接触疲劳强度的计算仍按式(8-59)和式(8-60)进行,但螺旋因数 A_d 不再是常数,必须由表 8.15 选取。斜齿轮的齿面接触疲劳强度是按其法向齿形进行计算的,其承载能力比直齿圆柱齿轮要大。

3. 齿根弯曲疲劳强度计算

根据齿轮传动的失效分析可知,轮齿的受力如同一悬臂梁,故轮齿的疲劳折断与齿根弯曲应力有关,为防止轮齿折断,应限制齿根的弯曲应力。所以,齿根弯曲疲劳强度条件为齿根处的

最大弯曲应力 σ_F 应小于齿轮材料的许用弯曲应力 $[\sigma_F]$。

对于直齿圆柱齿轮传动，为简化分析计算和使传动安全可靠，假定全部载荷 F_n 由一对齿承担，且载荷 F_n 作用于齿顶，如图 8.53 所示。显然，此时齿根处的弯曲应力最大。

将 F_n 沿作用线移到轮齿中线处，并分解为两个相互垂直的分力 $F_n\cos\alpha_F$ 和 $F_n\sin\alpha_F$。前者将在齿根处产生弯曲应力和切应力，后者则在齿根处产生压应力。切应力和压应力对齿根弯曲疲劳强度影响较小，在分析中是以引入相关系数的形式来考虑它们的影响。设危险截面处的齿根厚度为 s_F，分力 $F_n\cos\alpha_F$ 到齿根危险截面的距离为 h_F，则根据矩形截面梁横截面上弯曲正应力的计算公式，可得齿根危险截面上的弯曲应力为

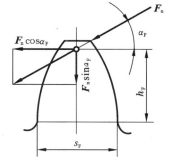

图 8.53 轮齿弯曲受力分析

$$\sigma_F = \frac{M}{W} = \frac{F_n\cos\alpha_F h_F}{\dfrac{b}{6}s_F^2} \tag{8-61}$$

以计算载荷 $F_{cn} = KF_n$ 代替名义载荷 F_n 代入上式，考虑关系 $d_1 = mz_1$，对上式进行技术简化处理，并考虑压应力和切应力的影响，即得到直齿圆柱齿轮齿根弯曲疲劳强度校核公式为

$$\sigma_F = \frac{C_m^3 A_m^3 KT_1 Y_{FS}}{bd_1 m} \leqslant [\sigma_F] \tag{8-62}$$

引入齿宽系数 $\psi_d = b/d_1$，可得直齿圆柱齿轮齿根弯曲疲劳强度设计公式为

$$m \geqslant C_m A_m \sqrt[3]{\frac{KT_1}{\psi_d z_1^2} \cdot \frac{Y_{FS}}{[\sigma_F]}} \tag{8-63}$$

式中：A_m——弯曲强度螺旋角因数，由表 8.15 查取，对于直齿圆柱齿轮，取 $A_m = 12.6$；

Y_{FS}——复合齿形系数，由表 8.16 查取；

m——齿轮模数；

$[\sigma_F]$——齿轮材料的许用弯曲应力，对于单向受力的轮齿，$[\sigma_F] = 1.4\sigma_{Flim}$，对于双向受力的轮齿或开式传动的齿轮，$[\sigma_F] = \sigma_{Flim}$，$\sigma_{Flim}$ 是齿轮材料的弯曲疲劳极限，由图 8.54 查取。在由式 (8-63) 进行齿轮设计时，因两齿轮的 Y_{FS} 和 $[\sigma_F]$ 都不同，故式 (8-63) 中的 $\dfrac{Y_{FS}}{[\sigma_F]}$ 应取 $\dfrac{Y_{FS1}}{[\sigma_F]_1}$ 和 $\dfrac{Y_{FS2}}{[\sigma_F]_2}$ 中的较大者，并将求得的模数 m 圆整成表 8.1 中的标准值。式中其余各参数的意义同齿面接触疲劳强度计算。

表 8.16 标准渐开线外齿轮复合齿形系数 Y_{FS}

z	12	13	14	15	16	17	18	19	20
Y_{FS}	5.05	4.91	4.79	4.70	4.61	4.55	4.48	4.43	4.38
z	25	30	35	40	45	50	60	70	80
Y_{FS}	4.22	4.13	4.08	4.05	4.02	4.01	3.88	3.88	3.88

对于斜齿圆柱齿轮传动，其齿根弯曲疲劳强度计算仍根据式 (8-62) 和式 (8-63) 进行，但不同的是，斜齿轮是按法向齿形进行计算的，因此应将式 (8-62) 和式 (8-63) 中的分度圆直径 $d_1 = mz_1$ 和模数 m 分别换成 $d_1 = m_n z_1/\cos\beta$ 和 m_n，并且弯曲强度螺旋角因数 A_m 值要按表 8.15 查取，复合齿形系数 Y_{FS} 要按斜齿轮的当量齿数 z_v 由表 8.16 查取。

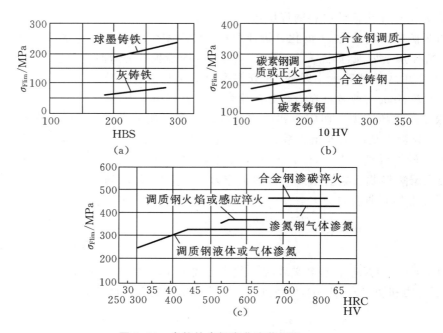

图 8.54 齿轮的齿根弯曲疲劳极限 σ_{Flim}

4. 齿轮传动参数的选择

1）齿数 z

对于闭式齿轮传动,常取 $z_1 \geqslant 20 \sim 40$。闭式软齿面齿轮载荷变动不大时,宜取较大值,以使传动平稳。闭式硬齿面齿轮载荷变动大时,宜取较小值,以增加模数 m,保证齿根有足够的抗弯曲能力。对高速传动,应使 $z_1 \geqslant 25 \sim 27$。

对于开式齿轮传动,因传动的尺寸主要取决于轮齿的弯曲疲劳强度,故需用较少的齿数获得较大的模数,一般取 $z_1 = 17 \sim 20$。

2）模数 m

模数 m 应圆整并对照表 8.1 选标准模数:对传递动力的闭式齿轮传动,应使圆整后的模数 $m \geqslant 2$ mm;对开式齿轮传动,应使圆整后的模数 m 值大于初算值的 $10\% \sim 20\%$,并使 $m \approx 0.02a$,a 为齿轮传动的中心距。

3）齿宽系数 ψ_d

增大齿宽可使齿轮的径向尺寸缩小,但齿宽越大,载荷沿齿宽分布越不均匀。动力传动齿轮 $\psi_d = 0.4 \sim 1.4$,常用范围为 $\psi_d = 0.8 \sim 1.2$。齿轮相对轴承对称布置、软齿面、斜齿轮时可取较大值,反之取较小值,若为人字齿轮,则 ψ_d 可加倍。

4）齿宽 b

为保证齿轮传动时有足够的接触齿宽,一般使小齿轮齿宽大于大齿轮齿宽 $5 \sim 10$ mm,即取 $b_2 = \psi_d d_1$,$b_1 = b_2 + (5 \sim 10)$ mm。

5）齿数比 u

齿数比 u 不宜过大,以免因大齿轮的直径过大,而使整个齿轮传动尺寸过大。通常直齿圆柱齿轮取 $u \leqslant 5$,斜齿圆柱齿轮取 $u \leqslant 7$。

6）螺旋角 β

螺旋角 β 是斜齿轮一个重要参数。设计斜齿轮时,通常初取 $\beta=8°\sim20°$,人字齿轮则取 $\beta=25°\sim40°$。通过设计求出模数 m_n 并对中心距 a 圆整取值后,再按式 $\cos\beta=\dfrac{m_n(z_1+z_2)}{2a}$ 计算出斜齿轮的实际螺旋角 β 值,要求计算出的螺旋角 β 值精确到秒。

例 8-5 试设计单级减速器中的直齿轮传动。已知:用电动机驱动,载荷有中等冲击,齿轮相对于支承位置不对称,单向运转,传递功率 $P=10\ kW$,主动轮转速 $n_1=400\ r/min$,传动比 $i=3.5$。

解 （1）选择材料,确定许用应力。

由表 8.13,小轮选用 45 钢,调质,硬度为 220 HBS,大轮选用 45 钢,正火,硬度为190 HBS。由图 8.52 和图 8.54 分别查得

$$\sigma_{Hlim1}=555\ MPa,\qquad \sigma_{Hlim2}=530\ MPa$$
$$\sigma_{Flim1}=190\ MPa,\qquad \sigma_{Flim2}=180\ MPa$$

故

$$[\sigma_H]_1=0.9\sigma_{Hlim1}=0.9\times555\ MPa=499.5\ MPa$$
$$[\sigma_H]_2=0.9\sigma_{Hlim2}=0.9\times530\ MPa=477\ MPa$$
$$[\sigma_F]_1=1.4\sigma_{Flim1}=1.4\times190\ MPa=266\ MPa$$
$$[\sigma_F]_2=1.4\sigma_{Flim2}=1.4\times180\ MPa=252\ MPa$$

以上结果取小值。因硬度小于 350 HBS,属软齿面,按接触强度设计,再校核弯曲强度。

（2）按接触强度设计。

圆柱齿轮分度圆直径 d_1 为

$$d_1 \geqslant C_m A_d \sqrt[3]{\frac{KT_1}{\psi_d[\sigma_H]^2} \cdot \frac{u\pm1}{u}}$$

① 取 $[\sigma_H]=[\sigma_H]_2=477\ MPa$;

② 小齿轮转矩为

$$T_1=9.55\times10^6\times\frac{10}{400}\ N\cdot mm=2.38\times10^5\ N\cdot mm=238\ N\cdot m$$

③ 取齿宽系数 $\psi_d=0.4,i=u=3.5,C_m=1,A_d=766$(查表 8.14 和表 8.15)。

由于原动机为电动机,中等冲击,支承不对称布置,故选 8 级精度。载荷系数选 $K=1.5$。将以上数据代入,初算得分度圆直径 $d_1=131.36\ mm$。

（3）确定基本参数,计算主要尺寸。

① 选择齿数;

取 $z_1=20$,则 $z_2=u\times z_1=3.5\times20=70$;

② 确定模数;

由公式 $d_1=mz_1$ 可得 $m=6.568$;

由表 8.1 查得标准模数,取 $m=6$;

③ 确定中心距;

$$a=m(z_1+z_2)/2=6\times(20+70)/2\ mm=270\ mm$$

④ 计算齿宽;

$$b = \psi_d a = 0.4 \times 270 \ \text{mm} = 108 \ \text{mm}$$

为补偿两轮轴向尺寸误差,取 $b_1 = 115$ mm,$b_2 = 110$ mm,$b = b_2$。

⑤ 计算齿轮几何尺寸(按表 8.2 计算,此处从略)。

(4) 校核弯曲强度。

按 $z_1 = 20$,$z_2 = 70$ 由表 8.16 查得 $Y_{FS1} = 4.38$,$Y_{FS2} = 3.88$,$C_m = 1$,$A_m = 12.6$(查表 8.15)代入式(8-62)得

$$\sigma_{F1} = \frac{C_m^3 A_m^3 K T_1 Y_{FS1}}{b d_1 m} = 39.49 \leqslant [\sigma_{F1}] = 266 \ \text{MPa},\text{安全}$$

$$\sigma_{F2} = \frac{C_m^3 A_m^3 K T_1 Y_{FS2}}{b d_1 m} = 34.98 \leqslant [\sigma_{F2}] = 252 \ \text{MPa},\text{安全}$$

(5) 设计齿轮结构,绘制齿轮工作图(略)。

四、齿轮的结构设计

齿轮的结构设计通常是先根据齿轮直径的大小选定合适的结构形式,然后再根据推荐的经验公式和数据进行结构设计。齿轮常用的结构形式有以下几种。

1. 齿轮轴

对于直径较小的钢制齿轮,当齿轮的顶圆直径 d_a 小于轴孔直径的 2 倍,或圆柱齿轮齿根圆至键槽底部的距离 $\delta < 2.5m$(斜齿轮为 m_n)、圆锥齿轮的小端齿根圆至键槽底部的距离 $\delta < 1.6m$(m 为大端模数)时,应将齿轮与轴做成一整体,称为齿轮轴,如图 8.55 所示。

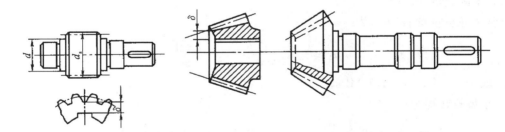

图 8.55　齿轮轴

2. 锻造齿轮

当齿轮与轴分开制造时,可采用锻造结构的齿轮,也可采用铸造结构的齿轮。

锻造齿轮的结构如图 8.56 所示。齿顶圆直径 $d_a \leqslant 200$ mm 时的锻造圆柱齿轮一般采用图 8.56(a)所示的实体形式;200 mm $< d_a \leqslant 500$ mm 时的锻造圆柱齿轮可采用图 8.56(b)所示的腹板形式。锻造圆锥齿轮的结构形式如图 8.56(c)所示。

3. 铸造齿轮

当齿轮尺寸大且重,不便锻造时,齿轮应采用铸造结构,如图 8.57 所示。当 400 mm $< d_a \leqslant$ 500 mm 时,多采用图 8.57(a)所示的腹板式结构或图 8.57(b)所示的轮辐式结构;当 $d_a > 500 \sim$ 1000 mm 时,只能采用图 8.57(b)所示的轮辐式结构。圆锥齿轮的顶圆直径 $d_a > 300$ mm 时,也应采用铸造结构,并可铸成带加强肋的腹板式结构,如图 8.57(c)所示。

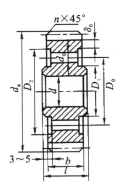

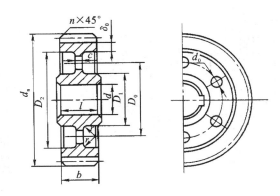

$D_1 = 1.6d; d_0 = 0.2(D_2 - D_1)$

$1.5d > l \geqslant b$

$\delta_0 = 2.5m_n$，但不小于 8mm

$D_0 = 0.5(D_2 + D_1)$

当 $d_0 < 10$ 时，可不必做孔

$n = 0.5m_n$

(a)

$1.5d > l \geqslant b$

$\delta_0 = (2.5 \sim 4)m_n$，但不小于 8mm

$d_0 = 0.25(D_2 - D_1)$

$D_0 = 0.5(D_2 + D1)$

$c = 0.3b$（自由锻）

$c = 0.2b$（模锻），但不小于 8mm

$r = 0.5c; n = 0.5m_n$

(b)

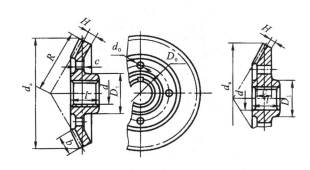

模锻   自由锻

$D_1 = 1.6d$

$l = (1 \sim 1.2)d$

$H = (3 \sim 4)m$，但不小于 10mm

$c = (0.1 \sim 0.17)R$（R 为大端锥距）

D_0 和 d_0 按结构而定

(c)

图 8.56 锻造齿轮

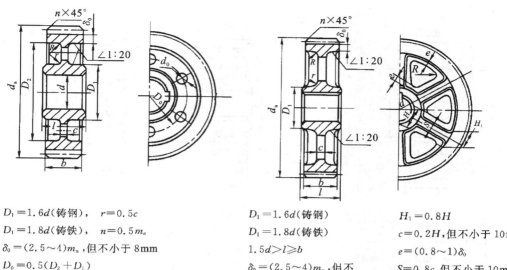

$D_1 = 1.6d$(铸钢)， $r = 0.5c$
$D_1 = 1.8d$(铸铁)， $n = 0.5m_n$
$\delta_0 = (2.5 \sim 4)m_n$，但不小于 8mm
$D_0 = 0.5(D_2 + D_1)$
$c = 0.2b$，但不小于 10mm
$d_0 = (0.25 \sim 0.35)(D_2 - D_1)$
$1.5d > l \geqslant b$

(a)

$D_1 = 1.6d$(铸钢)
$D_1 = 1.8d$(铸铁)
$1.5d > l \geqslant b$
$\delta_0 = (2.5 \sim 4)m_n$，但不
小于 8mm
$H = 0.8d$(铸钢)
$H = 0.9d$(铸铁)

(b)

$H_1 = 0.8H$
$c = 0.2H$，但不小于 10mm
$e = (0.8 \sim 1)\delta_0$
$S = 0.8c$，但不小于 10mm
$n = 0.5m_n$
$r = 0.5c$
R 由结构确定

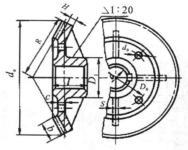

$D_1 = 1.6d$(铸钢)，$D_1 = 1.8d$(铸铁)
$l = (1 \sim 1.2)d$；$H = (3 \sim 4)m$，但不小
于 10mm；$c = (0.1 \sim 0.17)R$，但不小于
10mm；$S = 0.8c$，但不小于 10mm
D_0 和 d_0 按结构而定

(c)

图 8.57　铸造齿轮

五、齿轮传动的润滑

齿轮设计中的计算和校核都是针对润滑良好的闭式齿轮传动进行的,所以对齿轮传动的设计就必须考虑润滑问题,才能实现预期的设计要求。

1. 润滑的功用

在齿轮传动中,轮齿表面上除节点外,其他各啮合点处均有相对的切向滑动。所以,润滑的主要作用如下。

（1）减小或消除齿面的磨损：齿面的磨损主要为磨粒磨损和黏着磨损。事实上，黏着磨损就是胶合。为了增强润滑剂的抗胶合能力，常在润滑油中加入抗压添加剂。润滑的抗磨粒磨损的能力主要取决于啮合表面形成的油膜，只要油膜厚度大于磨粒尺寸，就可以起到防止或减轻磨粒磨损的作用。

（2）润滑油可以减小摩擦系数，降低齿面间的摩擦，提高传动效率。

（3）冷却齿轮传动，带走摩擦产生的热量，避免形成齿面烧伤或胶合。

（4）油膜可以起到缓冲的作用，降低齿轮传动振动、冲击和噪声。

2. 润滑剂的选择

润滑剂有以下三大类。

（1）液体润滑剂：工程中经常使用。

（2）润滑脂：用于低速传动，无法使用液体润滑剂时使用。

（3）固体润滑剂：其使用取决于使用条件及工艺水平。

最常用的液体润滑剂包括：各类机械油（如 40、68、100 等），各种齿轮油（如 H-32、HL-46 等），合成润滑油（如 SY4024-83、4403 等）。

根据黏度值，参考齿轮传动所处的条件，进行润滑油的选择。在具体选择时，黏度应根据具体条件作适当的调整。例如，速度高时，可适当降低黏度，反之可稍稍升高黏度。

在温度高时，应在油中加入抗脱氧剂及防锈添加剂。如果齿轮和轴承要用同一油池中的油来润滑，选择方法可参考机械设计手册。

3. 润滑方法及油量选择

开式齿轮传动速度较低，一般采用润滑脂或定时滴油润滑。闭式齿轮传动常利用浸油法或喷油法润滑。

1）浸油法

大齿轮浸入深度约为一个齿高，对于多级齿轮传动的高速级，可以采用带油轮。由于大齿轮或带油轮可以将油带起，溅落到被润滑处，也称为飞溅润滑。此时要求齿轮线速度不高于 $12 \sim 15$ m/s。对于单级传动，每传递 1 kW 功率约需要 0.35 L 或更多的油量，多级传动可以按比例（级数）增加。

2）喷油润滑

在线速度超过上述数值使用时，要求齿轮宽度大时增加喷嘴的数目。在节圆线速度不大于 $80 \sim 90$ m/s 时，直接由进入啮合的一侧向啮合处喷油。油量按每 10 mm 齿宽用 0.45 L/min 或者每千瓦用 8.5 L/s 来计算，喷油压力一般为 $0.01 \sim 0.2$ MPa。

对于非金属齿轮，载荷较小时可以不进行润滑。有时也可加入适量油以改善摩擦性能，提高承载能力，或改善材料使其具有自润滑能力。

思考题与习题

8-1　分度圆与节圆有何不同？齿轮在何种情况下啮合传动时分度圆与节圆重合、啮合角等于齿轮分度圆压力角？

8-2　欲使一对渐开线直齿圆柱齿轮能进行啮合传动，则必须满足什么条件？

8-3　一对齿轮传动时,大、小齿轮齿根处的弯曲应力是否相等?齿面上的接触应力是否相等?

8-4　若一对标准齿轮传动的传动比和分度圆直径均保持不变而只改变其齿数,试问对齿轮的接触强度和弯曲强度各有什么影响?

8-5　齿轮的失效形式有哪些?采取什么措施可减缓失效发生?

8-6　为何要使小齿轮比配对大齿轮轮宽 5～10 mm?

8-7　斜齿轮的当量齿轮是如何作出的?其当量齿数 z_v 在强度计算中有何用处?

8-8　圆锥齿轮的背锥是如何作出的?

8-9　进行齿轮结构设计时,齿轮轴适用于什么情况?

8-10　一标准直齿圆柱齿轮的模数 $m=4$ mm,齿数$=30$,齿顶高系数 $h_a^*=1$,试计算齿轮基圆处的压力角和齿顶处的压力角。

8-11　已知一对外啮合标准直齿圆柱齿轮传动,标准中心距 $a=120$ mm,传动比 $i=3$,模数 $m=3$ mm,试计算大齿轮的几何尺寸 d、d_a、d_f、d_b、p、s、h_a 和 h_f。

8-12　已知一圆柱蜗杆传动的模数 $m=5$ mm,蜗杆分度圆直径 $d_1=50$ mm,蜗杆头数 $z_1=2$,传动比 $i=25$,试计算该蜗杆传动的主要几何尺寸。

8-13　在题 8-13 图所示的齿轮系中,已知各齿轮齿数(括号内为齿数),3′为单头右旋蜗杆,求传动比 i_{15}。

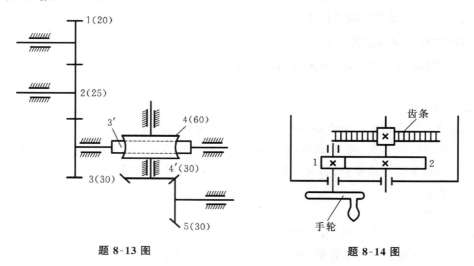

题 8-13 图　　　　　　　　　题 8-14 图

8-14　题 8-14 图为车床溜板箱手动操作机构。已知齿轮 1、2 的齿数 $z_1=16$、$z_2=80$,齿轮 3 的齿数 $z_3=13$,模数 $m=2.5$ mm,与齿轮 3 啮合的齿条被固定在床身上。试求当溜板箱移动速度为 1 m/min 时的手轮转速。

8-15　在题 8-15 图所示的差速器中,已知 $z_1=48$,$z_2=42$,$z'_2=18$,$z_3=21$,$n_1=100$ r/min,$n_3=80$ r/min,其转向如图所示,求 n_H。

8-16　在题 8-16 图所示的齿轮系中,已知 $z_1=22$,$z_3=88$,$z'_3=z_5$,试求传动比 i_{15}。

8-17　现有一对标准直齿圆柱齿轮闭式传动,已知小齿轮材料为 45 钢调质处里,齿面硬度 220 HBS,大齿轮材料为 ZG310～570,正火处理,齿面硬度 190 HBS,$z_1=24$ $z_2=71$,

$m=3$ mm，$b_1=65$ mm，$b_2=60$ mm，传递功率 $P=5$ kW，小齿轮转速 $n_1=720$ r/min，单向运转，中等载荷，齿轮相对轴承为非对称布置。试校核对齿轮传动的强度。

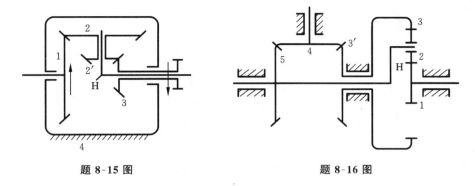

题 8-15 图   题 8-16 图

8-18 设计一单级直齿圆柱齿轮减速器中的齿轮传动。已知所传递的功率为 $P=8$ kW，高速轴转速 $n_1=720$ r/min。要求传动比 $i=3.6$，齿轮单向运转，载荷平稳，齿轮相对轴承为对称布置，电动机驱动。

项目 9

连接

在机器的设计和制造中,为了减少制造、安装、维修和运输费用,以及尽可能减轻机器重量、节约贵重金属、降低生产成本和提高劳动生产率,在一部机器中经常可以看到使用不同的材料来制造不同的零件,然后通过一定的方式和连接手段把这些零件连接成一个整体,来实现预期的性能要求。

机械静连接分为不可拆卸连接,如铆接、焊接、胶接等(这种连接拆卸时会损坏其中一个零件);可拆卸连接,如销连接、键连接、螺纹连接等。除以上的连接方式外,常用的还有过盈配合连接、无键连接等。

◀ 任务 1　螺 纹 连 接 ▶

螺纹连接是采用螺纹和螺纹连接件来实现的连接。这类连接具有结构简单、拆装方便、工作可靠等特点,在各个行业及日常生活中都得到了广泛的使用。

一、螺纹的分类和参数

1. 螺纹的分类

根据平面图形的形状,螺纹可分为三角形、矩形、梯形和锯齿形螺纹等(见图 9.1)。根据螺旋线的绕行方向,可分为左旋螺纹和右旋螺纹,规定将螺纹直立时螺旋线向右上升为右旋螺纹(见图 9.2(a)),向左上升为左旋螺纹(见图 9.2(b))。机械制造中一般采用右旋螺纹,有特殊要求时,才采用左旋螺纹。

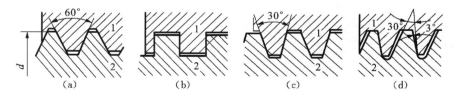

图 9.1　螺纹的牙形

根据螺旋线的数目,可分为单线螺纹(见图 9.2(a))和等距排列的多线螺纹(见图 9.2(b))。为了制造方便,螺纹一般不超过 4 线。

三角形螺纹主要用于连接,矩形、梯形和锯齿形螺纹主要用于传动。除矩形螺纹外,其他三种螺纹均已标准化。

2. 螺纹的参数

以圆柱螺纹为例(见图 9.3)。在普通螺纹基本牙形中,外螺纹直径用小写字母表示,内螺

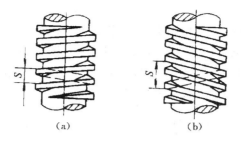

图 9.2 不同旋向和线数的螺纹

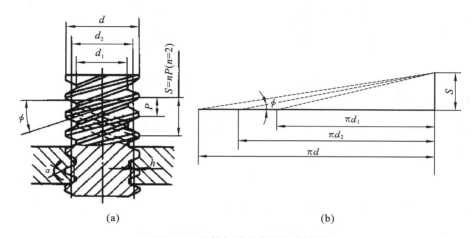

图 9.3 圆柱螺纹的主要几何参数

纹直径用大写字母表示。

① 大径 d：与外螺纹牙顶(或内螺纹牙底)相重合的假想圆柱体的直径。

② 小径 d_1：与外螺纹牙底(或内螺纹牙顶)相重合的假想圆柱体的直径。

③ 中径 d_2：螺纹轴向剖面内,牙厚等于牙间宽处的假想圆柱体的直径。

④ 螺距 P：相邻两牙在中径上对应两点间的轴向距离。

⑤ 导程 S：同一条螺旋线上相邻两牙在中径线上对应两点间的轴向距离。设螺纹线数为 n,则有 $S=nP$。

⑥ 升角 ϕ：中径 d_2 圆柱上,螺旋线的切线与垂直于螺纹轴线的平面间的夹角。

$$\phi=\tan\lambda=\frac{S}{\pi d_2}=\frac{nP}{\pi d_2} \tag{9-1}$$

⑦ 牙型角 a：螺纹轴向剖面内螺纹牙两侧边的夹角。

⑧ 牙型斜角 b：牙形侧边与螺纹轴线垂线间的夹角,对于对称牙形 $b=a/2$。

⑨ 螺纹牙的工作高度 h：内外螺纹旋合后,螺纹接触面在垂直于螺纹轴线方向上的距离。

二、螺纹连接的基本类型和螺纹连接件

1. 螺纹连接的基本类型

根据结构特点,螺纹连接有下列四种基本类型。

1) 螺栓连接

螺栓连接中被连接件的孔中不切制螺纹,装拆方便。图9.4(a)所示为普通螺栓连接,螺栓与孔之间有间隙,由于加工简便、成本低,所以应用最广。图9.4(b)所示为铰制孔用螺栓连接,被连接件上孔用高精度铰刀加工而成,螺栓杆与孔之间一般采用过渡配合,主要用于需要螺栓承受横向载荷或需靠螺杆精确固定被连接件相对位置的场合。

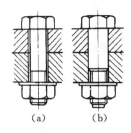 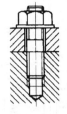

图9.4　螺栓连接　　　图9.5　双头螺柱连接

2) 双头螺柱连接

双头螺柱连接使用两端均有螺纹的螺柱,一端旋入并紧定在较厚被连接件的螺纹孔中,另一端穿过较薄被连接件的通孔,如图9.5所示。它适用于被连接件较厚,要求结构紧凑和经常拆装的场合。

3) 螺钉连接

如图9.6所示为螺钉连接,螺钉直接旋入被连接件的螺纹孔中。它结构较简单,适用于被连接件之一较厚,或另一端不能装螺母的场合。但经常拆装会使螺纹孔磨损,导致被连接件过早失效,所以不适用于经常拆装的场合。

4) 紧定螺钉连接

紧定螺钉连接将紧定螺钉拧入一零件的螺纹孔中,其末端顶住另一零件的表面或顶入相应的凹坑中,如图9.7所示。它常用于固定两个零件的相对位置,并可传递不大的力或转矩。

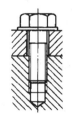 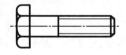

图9.6　螺钉连接　　　图9.7　紧定螺钉连接　　　图9.8　六角头螺栓

三、常用螺纹连接件

螺纹连接件品种很多,大都已标准化。常用的标准螺纹连接件有螺栓、螺钉、双头螺柱、紧定螺钉、螺母和垫圈。

1) 螺栓

螺栓头部形状很多,最常用的有六角头(见图9.8)和小六角头两种。

2) 螺钉

螺钉的结构形式与螺栓相同,但头部形式较多(见图9.9,(a)是六角头,(b)是圆柱头,(c)

是半圆头,(d)是沉头,(e)是内六角孔,(f)是十字槽,(g)是吊环螺钉),以适应对装配空间、拧紧程度、连接外观和拧紧工具的要求。有时也把螺栓作为螺钉使用。

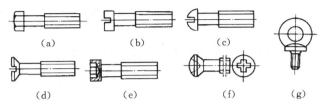

图 9.9 螺钉

3) 双头螺柱

双头螺柱没有钉头,两端制有螺纹。结构有 A 型(有退刀槽,见图 9.10(a))与 B 型(无退刀槽,见图 9.10(b))之分。

图 9.10 双头螺柱

4) 紧定螺钉

紧定螺钉的头部和尾部制有各种形状,常见的头部形状有一字槽(见图 9.11(a))等。螺钉的末端主要起紧定作用,常见的尾部形状有平端、圆柱端和锥端(见图 9.11(b)、(c)、(d))等。

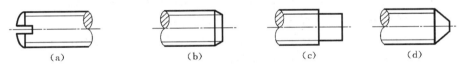

图 9.11 紧定螺钉

5) 螺母

螺母的结构形式很多,最常用的是六角螺母。按厚度不同,螺母可分为标准螺母(见图 9.12(a))、扁螺母(见图 9.12(b))和厚螺母(见图 9.12(c))三种。螺母的制造精度与螺栓的相同,也分为粗制和精制两种,以便与同精度的螺栓配用。图 9.12(d)所示的圆螺母常用于轴上零件的轴向固定,并配有止退垫圈。

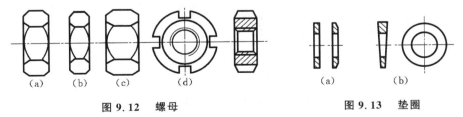

图 9.12 螺母   图 9.13 垫圈

6) 垫圈

垫圈的主要作用是增加被连接件的支承面积或避免拧紧螺母时擦伤被连接件的表面。常用的有平垫圈(见图 9.13(a))和斜垫圈(见图 9.13(b)),当被连接件表面有斜度时,应使用斜垫圈。

四、螺纹连接件的选择及注意问题

螺纹连接件的选择一般包括三方面的内容,即螺纹连接件类型选择、螺栓的数目及配置的确定和螺纹连接件的规格尺寸选择。

通常可根据连接的结构需要并参照同类机械使用情况来确定螺纹连接类型和螺栓的数目及其配置。实际应用中,螺栓往往成组使用(称为螺栓组连接)。因此,在确定螺纹连接类型后,还应确定螺栓的数目及其分布。

螺纹连接件的规格尺寸一般是根据连接的工作情况、结构需要并参照同类机械的使用经验来选择。然后通常还要对螺纹连接件的强度进行计算。计算的目的主要是确定(或校核)螺栓危险剖面的尺寸(主要是螺纹小径 d_1)。螺栓的其他尺寸以及螺母、垫圈尺寸,则根据螺栓直径并结合连接的结构需要按标准选定。

1) 螺纹连接的预紧

螺纹连接的预紧是指装配时把螺纹连接拧紧,使其受到预紧力的作用,目的是使螺纹连接可靠地承受载荷,获得所要求的紧密性、刚性和防松能力。除个别情况外,螺纹连接都必须预紧。由于预紧力的大小对螺纹连接的可靠性、强度和密封性都有很大的影响,所以对重要的螺纹连接,还应控制预紧力的大小。

2) 螺纹连接的防松

松动是螺纹连接最常见的失效形式之一。在静载荷条件下,普通螺栓由于螺纹的自锁性一般可以保证螺栓连接的正常工作。但是,在冲击、振动或者变载荷作用下,或者当温度变化很大时,螺纹副间的摩擦力可能减少或者瞬时消失,致使螺纹连接产生自动松脱现象,为了保证螺纹连接的安全可靠,许多情况下螺栓连接都采取一些必要的防松措施。

螺纹连接防松的本质就是防止螺纹副的相对运动。按照工作原理来分,螺纹防松有摩擦防松、机械防松、破坏性防松以及粘合法防松等多种方法。

(1) 摩擦防松。

①弹簧垫圈。弹簧垫圈用弹簧钢制成,装配后垫圈被压平,其反弹力能使螺纹间产生压紧力和摩擦力,能防止连接松脱,如图9.14所示。

 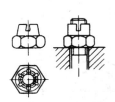

图 9.14　弹簧垫圈　　　　图 9.15　弹性圈螺母　　　　图 9.16　双螺母

②弹性圈螺母。图9.15所示为弹性圈螺母,螺纹旋入处嵌入纤维或者尼龙来增加摩擦力。该弹性圈还可以防止液体泄漏。

③双螺母。利用双螺母的对顶作用使螺栓始终受到附加拉力,致使双螺母与螺栓的螺纹间保持压紧和摩擦力,如图9.16所示。

(2) 机械防松。

①槽形螺母与开口销。槽形螺母拧紧后,用开口销穿过螺母上的槽和螺栓端部的销孔,使

螺母与螺栓不能相对转动,如图9.17所示。

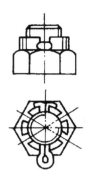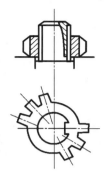

图 9.17 槽形螺母与开口销   图 9.18 止退垫圈与圆螺母

②止退垫圈与圆螺母。将垫片的内翅嵌入螺栓(轴)的槽内,拧紧螺母后再将垫圈的一个外翅折嵌入螺母的一个槽内,螺母即被锁住,如图9.18所示。

③止动垫片。如图9.19所示,将垫片折边以固定螺母和被连接件的相对位置。

④串联钢丝。用低碳钢丝穿入各螺钉头部的孔内,将各螺钉串联起来,使其相互制动。使用时必须注意钢丝的穿入方向(见图9.20,上图正确,下图错误)。

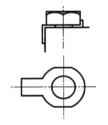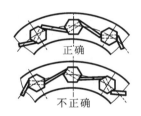

图 9.19 止动垫片   图 9.20 串联钢丝

(3)破坏性防松。

①冲点。如图9.21所示,螺母拧紧后,用冲头在螺栓末端与螺母的旋合缝处打冲2～3个冲点。该方法防松可靠,适用于不需要拆卸的特殊连接。

②焊接。如图9.22所示,螺母拧紧后,将螺栓末端与螺母焊牢,该方法连接可靠,但拆卸后连接件被破坏。

(4)粘合防松。

如图9.23所示,在旋合的螺纹表面涂以粘合剂,防松效果良好。

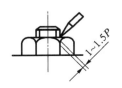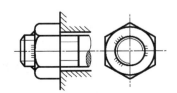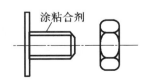

图 9.21 冲点防松   图 9.22 焊接防松   图 9.23 粘合防松

3）支承面的平整

若被连接件支承表面不平或倾斜，螺栓将受到偏心载荷作用，产生附加弯曲应力，从而使螺栓剖面上的最大拉应力可能比没有偏心载荷时的拉应力大得多。所以必须注意支承表面的平整问题。图9.24所示的凸台和凹坑都是经过切削加工而成的支承平面。对于型钢等倾斜支承面，则应采用如图9.25所示的斜垫圈。

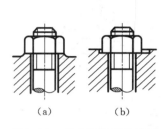

图9.24　凸台和凹坑的应用

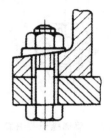

图9.25　斜垫圈的应用

4）扳手空间

设计螺纹连接时，要注意留有扳手扳动的必要空间，否则就无法装拆。各种结构情况下的扳手空间尺寸可参考《机械设计手册》。

5）螺栓组连接的结构设计

（1）要设计成轴对称的几何形状。

（2）螺栓的布置应使螺栓的受力合理。

（3）螺栓的布置应有合理的间距、边距。

（4）同一组螺栓连接中各螺栓的直径和材料均应相同。

（5）避免螺栓承受偏心载荷。

螺栓连接的强度计算可根据第3章的知识计算或参阅《机械零件手册》和《机械设计手册》。

◀ 任务2　轴 毂 连 接 ▶

为了传递运动和转矩，安装在轴上的齿轮、带轮等必须和轴连接在一起。轴毂连接常用的方法有键连接、花键连接、销连接和过盈连接等。

一、键连接

键连接结构简单、工作可靠、装拆方便，因此应用很广。键有平键、导向平键、半圆键、楔键和切向键连接等多种。

1）平键连接

如图9.26(a)所示，平键的两侧面是工作面，平键的上表面与轮毂槽底之间留有间隙。这种键的定心性好，装拆方便，应用广泛。常用的平键有普通平键和导向平键。

（1）普通平键。

普通平键按其结构可分为圆头（称为A型）、方头（称为B型）和单圆头（称为C型）三种。图9.26(b)所示为A型键，A型键在键槽中固定良好，但轴上键槽引起的应力集中较大。图9.26(c)

所示为 B 型键,B 型键克服了 A 型键的缺点,当键尺寸较大时,宜用紧定螺钉将键固定在键槽中,以防松动。图 9.26(d)所示为 C 型键,C 型键主要用于轴端与轮毂的连接。

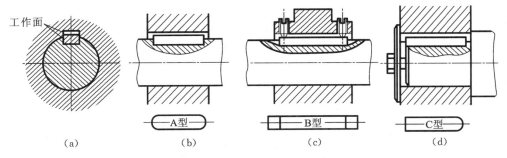

图 9.26　平键连接

（2）导向平键。

图 9.27 所示为导向平键,该键较长,键用螺钉固定在键槽中,键与轮毂之间采用间隙配合,轴上零件可沿键作轴向滑移。

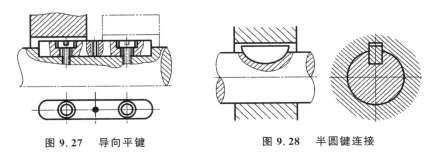

图 9.27　导向平键　　　　　　图 9.28　半圆键连接

2）半圆键连接

半圆键连接如图 9.28 所示,键与轴上键槽均呈半圆形。与平键一样,半圆键也是侧面为工作面。半圆键连接的优点是装拆较方便;缺点是键槽较深,对轴的削弱较大,只适用轻载连接。

3）楔键连接和切向键连接

（1）楔键连接。

图 9.29 所示为楔键连接,楔键的上、下两面为工作面。楔键的上表面和与它相配合的轮毂键槽底面均有 1∶100 的斜度。装配时将楔键打入,使楔键楔紧在轴和轮毂的键槽中,楔键的上、下表面受挤压,工作时靠这个挤压产生的摩擦力传递转矩。如图 9.29 所示,楔键分为普通楔键和钩头楔键两种,钩头楔键的钩头是为了便于拆卸的。

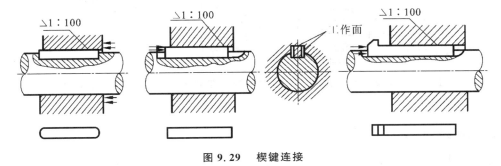

图 9.29　楔键连接

楔键连接的主要缺点是键楔紧后,轴和轮毂的配合产生偏心和偏斜,因此楔键连接一般用于定心精度要求不高和低转速的场合。

（2）切向键连接。

图9.30所示为切向键连接。切向键是由一对楔键组成的,装配时将切向键沿轴的切线方向楔紧在轴与轮毂之间。切向键的上、下面为工作面,工作面上的压力沿轴的切线方向作用,能传递很大的转矩。用一对切向键时,只能单向传递转矩,如图9.30(a)所示;当要双向传递转矩时,须采用两对互成120°分布的切向键,如图9.30(b)所示。由于切向键对轴的强度削弱较大,因此常用于直径大于100 mm的轴上。

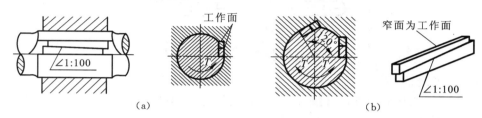

（a）　　　　　　　　　　　　　　（b）

图9.30　切向键连接

二、花键连接

图9.31所示为花键轴(外花键)和花键孔(内花键),花键轴与花键孔相配即构成花键连接。花键齿的侧面是工作面。花键连接不但传递载荷的能力强,而且轴、毂之间对中性好、导向性好。同时,轴上齿槽较普通键连接要浅,对轴的强度削弱较小。其缺点是制造比较复杂。

花键连接按其齿形不同,有矩形花键、渐开线花键和三角形花键,前两种应用较多。

三、销连接

销的主要用途是固定零件之间的相对位置,也用于轴和轮毂的连接或其他零件的连接,通常只传递不大的载荷。销还可以用于安全装置中作为过载剪断元件,称为安全销,当过载时,销即断裂,以保证安全。

销的形式较多,有圆柱销、圆锥销及其他特殊形式的销等。图9.32所示为圆锥销在轴毂连接中的应用。

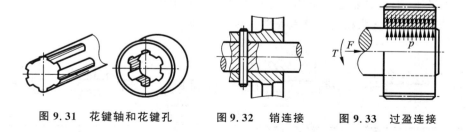

图9.31　花键轴和花键孔　　　图9.32　销连接　　　图9.33　过盈连接

四、过盈连接

过盈连接是利用轴与轮毂孔两配合零件间的过盈(轴的尺寸略大于毂孔的尺寸)而构成的

一种连接,如图 9.33 所示。过盈连接装配后,由于轮毂和轴的弹性变形,在配合面间产生很大的压力,工作时靠压力产生的摩擦力来传递转矩或轴向力。

过盈连接结构简单、定向性好,承载能力较大并能承受振动和冲击,又可以避免键槽对被连接件的削弱。但由于连接的承受能力直接取决于过盈量的大小,故对配合面加工精度要求较高。另外,装拆也较困难。

思考题与习题

9-1 常用螺纹的种类有哪些?各用于什么场合?

9-2 螺纹的导程和螺距有何区别?螺纹的导程 S、螺距 P 与螺纹线数 n 有何关系?

9-3 螺纹连接的基本形式有哪几种?各适用于何种场合?

9-4 为什么螺纹连接通常要采用防松措施?常用的防松方法和装置有哪些?

9-5 键连接有哪些类型?各有什么特点?适用什么场合?

9-6 简述销连接的类型、特点和应用。

项目10

带传动和链传动

◀ 任务 1　带　传　动 ▶

带传动是机械设备中应用较多的传动装置之一,主要是由主动带轮 1、从动带轮 2 和传动带 3 组成,如图 10.1 所示。工作时,靠带与带轮间的摩擦或啮合实现主、从动轮之间的运动和动力传递。

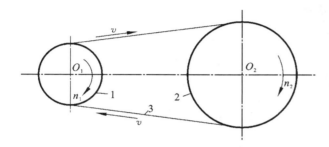

图 10.1　摩擦带传动

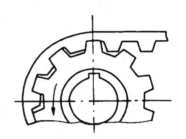

图 10.2　啮合带传动

一、带传动的主要类型、特点和应用

1. 带传动的主要类型

1) 按传动原理分类

(1) 摩擦带传动:靠传动带与带轮之间的摩擦力实现传动,如 V 带传动、平带传动等,如图 10.1 所示。

(2) 啮合带传动:靠带内侧凸齿与带轮外缘上的齿槽相啮合实现传动,如同步带传动。图 10.2 所示同步带传动则属于啮合带传动,工作时,靠带的凸齿与带轮外缘上的齿槽啮合传动。

2) 按用途分类

(1) 传动带:传递动力用。

(2) 输送带:输送物品用。

3) 按传动带的截面形状分类

(1) 平带:截面形状为矩形,内表面为工作面。常用的平带有胶带、编织带和强力锦纶带等,如图 10.3(a)所示。

(2) V 带:截面形状为梯形,两侧面为工作表面,如图 10.3(b)所示。

(3) 多楔带:是在平带基础上由多根 V 带组成的传动带。多楔带结构紧凑,可传递很大的功率,如图 10.3(c)所示。

(4) 圆形带:横截面为圆形,只用于小功率传动,如图 10.3(d)所示。

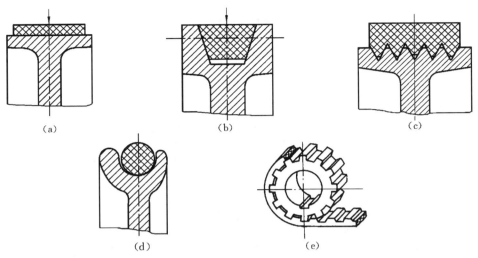

图 10.3   按传动带的截面形状分类

（5）同步带：纵截面为齿形，如图 10.3(e)所示。

2. 带传动的特点和应用

带传动具有结构简单、传动平稳、价格低廉、缓冲吸震及过载打滑以保护其他零件等优点。缺点是传动比不稳定，传动装置外形尺寸较大，效率较低，带的寿命较短以及不适合高温易燃场合等。

带传动一般不宜用于大功率传动（通常不超过 50 kW），且多用于高速级传动。带的工作速度一般为 5～30 m/s，高速带可达 60 m/s。平带传动的传动比通常为约 3，最大可达到 6，有张紧轮时传动比可达到 10。V 带传动的传动比一般不超过 7，最大达到 10。

二、普通 V 带和 V 带轮

1. 普通 V 带的结构和尺寸标准

普通 V 带的截面呈等腰梯形，V 带的横剖面结构如图 10.4 所示，其中图(a)是帘布结构，图(b)是线绳结构，均由下面几部分组成。

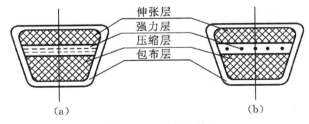

图 10.4   V 带结构

（1）包布层：由胶帆布制成，起保护作用。

（2）顶胶：由橡胶制成，当带弯曲时承受拉伸。

（3）底胶：由橡胶制成，当带弯曲时承受压缩。

（4）抗拉层：由几层帘布或浸胶的棉线（或尼龙）绳构成，承受基本拉伸载荷。V 带已标准化，按其截面大小分为 7 种型号，其截面尺寸如表 10.1 所示。

表 10.1　普通 V 带的截面尺寸(GB/T 11544—2012)　　　　　单位:mm

型号	Y	Z	A	B	C	D	E
顶宽 b	6.0	10.0	13.0	17.0	22.0	32.0	38.0
节宽 b_p	5.3	8.5	11.0	14.0	19.0	27.0	32.0
高度 h	4.0	6.0	8.0	11.0	14.0	19.0	25.0
楔角 θ				40°			
每米质量 q	0.03	0.06	0.11	0.19	0.33	0.66	1.02

　　当带受纵向弯曲时,在带中保持原长度不变的任一条周线称为节线,由全部节线构成的面称为节面,带的节面宽度称为节宽(b_p),当带受纵向弯曲时,该宽度保持不变。在 V 带轮上,与所配用的节宽 b_p 相对应的带轮直径称为节径 d_p,通常它又是基准直径 d_d。普通 V 带轮轮缘的截面图及轮槽尺寸如表 10.2 所示。普通 V 带两侧面的夹角均为 40°,由于 V 带绕在带轮上弯曲时,其截面变形使两侧面的夹角减小,为使 V 带能紧贴轮槽两侧,轮槽的楔角规定为 32°、34°、36°和 38°。

　　V 带在规定的张紧力下,位于带轮基准直径上的周线长度称为基准长度 L_d。普通 V 带的长度系列见表 10.3。

表 10.2　普通 V 带轮的轮槽尺寸　　　　　单位:mm

		Y	Z	A	B	C	D
基准宽度 b_d		5.3	8.5	11	14	19	
基准线上槽深 h_{amin}		1.6	2.0	2.75	3.5	4.8	
基准线下槽深 h_{fmin}		4.7	7.0	8.7	10.8	14.3	
槽间距 e		8±0.3	12±0.3	15±0.3	19±0.4	25.5±0.5	
槽边距 f_{min}		6	7	9	11.5	16	
轮缘厚 δ_{min}		5	5.5	6	7.5	10	
外径 d_a				$d_a=d_d+2h_a$			
φ	32°	基准直径 d_d	≤60				
	34°			≤80	≤118	≤190	≤315
	36°		>60				
	38°			>80	>118	>190	>315

表 10.3　普通 V 带的长度系列和带长修正系数 K_L（GB/T 13575.1—2008）

基准长度 L_d/ mm	K_L					基准长度 L_d/ mm	K_L			
	Y	Z	A	B	C		Z	A	B	C
200	0.81					1600	1.04	0.99	0.92	0.83
224	0.82					1800	1.06	1.01	0.95	0.86
250	0.84					2000	1.08	1.03	0.98	0.88
280	0.87					2240	1.10	1.06	1.00	0.91
315	0.89					2500	1.30	1.09	1.03	0.93
355	0.92					2800		1.11	1.05	0.95
400	0.96	0.79				3150		1.13	1.07	0.97
450	1.00	0.80				3550		1.17	1.09	0.99
500	1.02	0.81				4000		1.19	1.13	1.02
560		0.82				4500			1.15	1.04
630		0.84	0.81			5000			1.18	1.07
710		0.86	0.83			5600				1.09
800		0.90	0.85			6300				1.12
900		0.92	0.87	0.82		7100				1.15
1000		0.94	0.89	0.84		8000				1.18
1120		0.95	0.91	0.86		9000				1.21
1250		0.98	0.93	0.88		10000				1.23
1400		1.01	0.96	0.90						

2. 普通 V 带轮的结构

V 带轮是普通 V 带传动的重要零件,它必须具有足够的强度,但又要重量轻、质量分布均匀;轮槽的工作面对带必须有足够的摩擦,又要减少对带的磨损。

带轮常用材料为灰铸铁 HT150($v \leqslant 30$ m/s)或 HT200($v > 30$ m/s)。转速较高时可用铸钢或钢板焊接结构,小功率时可用铸铝或塑料。

带轮轮槽的尺寸见表 10.2。表 10.2 中 b_d 表示带轮轮槽宽度的一个无公差规定值,称为轮槽的基准宽度。通常,V 带节面宽度与轮槽基准宽度重合,即 $b_p = b_d$。轮槽基准宽度所在圆称为基准圆(节圆),其直径 d_d 称为带轮的基准直径。

铸造带轮的结构如图 10.5 所示。带轮基准直径 $d_d < (2.5 \sim 3)d$(d 为带轮轴的直径)时,可采用实心式(见图 10.5(a));$d_d < 300$ mm 时,可采用腹板式(见图 10.5(b));且当 $d_d - d_1 > 100$(d 为带轮轮毂的直径)时,可采用孔板式(见图 10.5(c));$d_d > 300$ mm 时,可采用轮辐式(见图10.5(d))。V 带轮的结构形式及腹板(轮辐)厚度的确定可参阅《机械设计手册》。

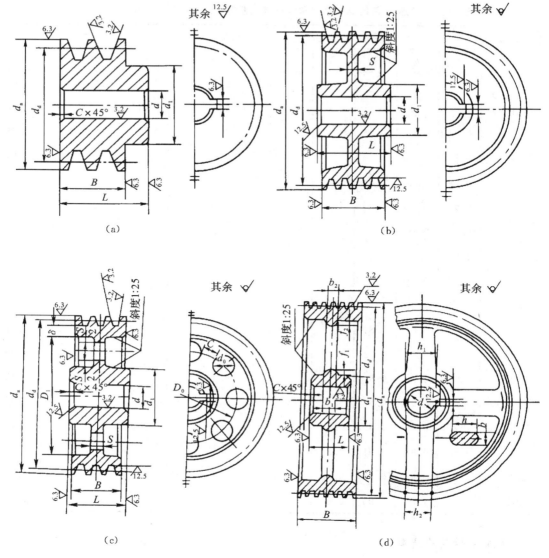

图 10.5　V 带带轮结构

三、带传动的基本理论

1. 带传动的受力分析

安装带时,需以一定的初拉力 F_0 紧套在带轮上。当带传动未工作时,带两边的拉力均等于初拉力 F_0,如图 10.6(a)所示。带传动工作时,主动轮以转速 n_1 开始转动,带与带轮接触面间产生摩擦力。主动轮作用在带上的摩擦力的方向与主动轮的圆周速度方向相同,带在此力作用下开始运动;而带作用在从动轮上的摩擦力的方向与带运动方向相反;从动轮在该摩擦力作用下以转速 n_2 转动。此时,带两边的拉力也发生了相应的变化,进入主动轮的一边被拉紧,称为紧边,拉力由 F_0 增加到 F_1;另一边则被放松,称为松边;拉力由 F_0 减小到 F_2,如图 10.6(b)所示。

设带的总长度不变,紧边拉力的增量 F_1-F_0 应等于松边拉力的减少量 F_0-F_2,即

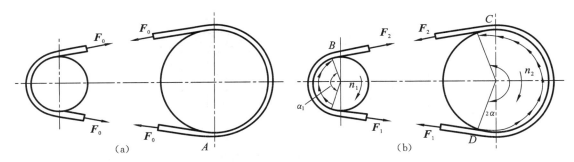

图 10.6 带传动的受力分析

$$F_1 - F_0 = F_0 - F_2 \tag{10-1}$$

或
$$F_1 + F_2 = 2F_0 \tag{10-2}$$

带的紧边拉力 F_1 和松边拉力 F_2 之差称为有效拉力 F，即

$$F = F_1 - F_2 \tag{10-3}$$

将式(10-3)代入式(10-1)，整理可得

$$F_1 = \frac{F_0 + F}{2} \tag{10-4}$$

$$F_2 = \frac{F_0 - F}{2} \tag{10-5}$$

带的有效拉力也等于带和带轮接触面上摩擦力的总和，它决定了带传动所能传递的功率 P 的大小，即

$$P = \frac{Fv}{1000}(\text{kW}) \tag{10-6}$$

式中：F——有效拉力；

v——带的速度。

当带传动的工作载荷超过了极限摩擦力的总和时，带将在带轮上发生全面的相对滑动，这种现象称为打滑。打滑将使带剧烈磨损与发热，从动轮转速急剧下降直至停止，传动因此而失效。打滑一般首先发生在小带轮上。即将打滑时，带传动中 F_1 与 F_2 的关系可利用柔韧体摩擦的欧拉公式表示，即

$$F_1 = F_2 e^{f\alpha} \tag{10-7}$$

式中：e——自然对数的底，$e = 2.718$；

f——带与带轮接触面间的摩擦系数（V 带为当量摩擦系数 f_v）；

α——带在带轮上的包角。

将式(10-4)代入式(10-7)整理后，可得到初拉力为 F_0 时，带所能传递的最大有效拉力为

$$F_{\max} = 2F_0 \frac{e^{f\alpha} - 1}{e^{f\alpha} + 1} \tag{10-8}$$

分析式(10-8)可知，带传动的最大有效拉力 F 与摩擦系数 f、包角 α 和初拉力 F_0 有关。增大 f、α 和 F_0，都可以提高带传动的工作能力，但 F_0 过大将使带的磨损加剧，缩短带的寿命。

设平带传动与 V 带传动的初拉力均为 F_0，如图 10.7 所示，则平带工作时产生的摩擦力为

$$F_f = F_N f = F_Q f \tag{10-9}$$

V 带工作时产生的摩擦力为

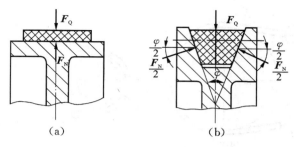

图 10.7　带与带轮间的法向压力

$$F_f = F_N f = F_Q \frac{f}{\sin \frac{\varphi}{2}} = F_Q f_v \qquad \left(其中, f_v = \frac{f}{\sin \frac{\varphi}{2}} \right) \tag{10-10}$$

式中：φ——带轮轮槽角；

$\quad$ f_v——当量摩擦系数；

$\quad$ f——摩擦系数；

$\quad$ F_Q——正压力。

当轮槽角为 32°、34°、36°、38°时，$f_v = (3.62 \sim 3.07) f$，由此可知，在相同的条件下，V 带的传动能力是平带的 3 倍以上。所以，传递相同功率时，V 带传动的结构紧凑，应用更广泛。

2. 带的应力分析

带传动工作时，带中的应力由以下三部分组成。

1) 拉应力

紧边拉应力 $\qquad\qquad\qquad\qquad\qquad \sigma_1 = \dfrac{F_1}{A}（MPa） \tag{10-11}$

松边拉应力 $\qquad\qquad\qquad\qquad\qquad \sigma_2 = \dfrac{F_2}{A}（MPa） \tag{10-12}$

式中：A 为带的横截面面积。

2) 离心应力

当带以速度 v 沿着带轮轮缘作圆周运动时，带自身的质量将产生离心力。虽然离心力只产生在带作圆周运动的部分，但由离心力产生的离心拉力作用于带的全长。离心应力可用下式计算

$$\sigma_c = \frac{qv^2}{A} \tag{10-13}$$

式中：q——带单位长度的质量，如表 10.4 所示；

$\quad$ v——带的线速度。

表 10.4　带单位长度的质量 q　　　　　　　单位：kg/m

带 型	Y	Z SPZ	A SPA	B SPB	C SPC	D	E
q	0.04	0.06 0.07	0.10 0.12	0.17 0.20	0.30 0.37	0.60	0.87

3) 弯曲应力

弯曲应力是带绕在带轮上时因弯曲而引起的弯曲应力，如图 10.8 所示，其大小由下式计算

$$\sigma_b \approx \frac{Eh}{d_d} \tag{10-14}$$

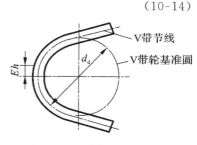

图 10.8　带的弯曲应力

式中：h——带的高度；

$\quad\quad d_d$——带轮的计算直径，对于 V 带轮，d_d 为基准直径；

$\quad\quad E$——带的弹性模量。

显然，带的弯曲应力因带轮的直径不同而不同，带轮的直径越小，带的弯曲应力越大。为了避免带的弯曲应力过大，各种形号的 V 带都规定了最小带轮基准直径，如表 10.5 所示。

表 10.5　V 带轮的最小基准直径 d_{dmin}　　　　单位：mm

带　型	Y	Z		A		B		C		D	E
			SPZ		SPA		SPB		SPC		
d_{dmin}	20	50	63	75	90	125	140	200	224	355	500

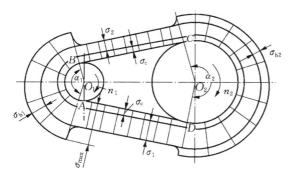

图 10.9　带的应力分析

带工作时的应力分布情况如图 10.9 所示，各截面应力的大小用自该处引出的径向线或垂直线的长短来表示。很明显，在传动过程中，带处于变应力状态下工作，最大应力发生在带的紧边开始绕入小带轮处，其值为

$$\sigma_{max} = \sigma_1 + \sigma_c + \sigma_{b1} \tag{10-15}$$

在变应力的作用下，当应力循环次数达到一定值后，带将因此产生疲劳破坏而失效。

3. 带的弹性滑动与传动比

带传动在工作时，由于带是弹性体，受到拉力后会产生弹性变形。因为紧边与松边的拉力不同，所以带的变形量也会不同。如图 10.6(b) 所示，当带在点 A 绕上主动轮时，带的速度 v 和带轮的速度 v_1 相同。带由点 A 转到点 B 的过程中，带的拉力由 F_1 逐渐减小到 F_2，带的弹性伸长量也随之减小，带沿带轮的运动是一面绕进，一面向后收缩，带速 v 也逐渐低于主动轮的圆周速度 v_1，此时带与带轮间必然发生相对滑动。这种现象也发生在从动轮上，不过情况恰好相反。这种由于带的弹性变形而引起的带与带轮间的滑动称为弹性滑动。它是带传动正常工作时固有的特性，是不可避免的。它造成功率损失，增加带的磨损，也是带传动不能保证准确传动比的根本原因。

弹性滑动导致从动轮的圆周速度 v_2 低于主动轮的圆周速度 v_1，其降低量用滑动率 ε 表示，即

$$\varepsilon = \frac{v_1 - v_2}{v_1} \times 100\% \tag{10-16}$$

$$v_1 = \frac{\pi d_{d1} n_1}{60 \times 1000} \tag{10-17}$$

$$v_2 = \frac{\pi d_{d2} n_2}{60 \times 1000} \tag{10-18}$$

式中:n_1、n_2——主、从动轮转速。

带传动的实际传动比为

$$i = \frac{n_1}{n_2} = \frac{d_{d2}}{d_{d1}(1-\varepsilon)} \qquad (10\text{-}19)$$

V带传动的滑动率 $\varepsilon = 0.01 \sim 0.02$,一般可不考虑。

四、V带传动的设计

设计V带传动时,一般给定的原始条件是:传递的功率 P、小带轮及大带轮的转速 n_1 和 n_2(或传动比)、用途、载荷性质及工作条件等。设计计算的主要任务是:确定合适的V带型号、长度、根数、传动中心距、带轮的直径、结构尺寸等。设计计算的一般步骤如下。

1. 确定计算功率 P_c,选择V带型号

按给定的传递功率 P、载荷性质来确定计算功率 P_c。

$$P_c = K_A P \qquad (10\text{-}20)$$

式中:K_A——工作情况系数,如表10.6所示。

表 10.6 工作情况系数 K_A

工作情况		K_A					
		空、轻载启动			重载启动		
		每天工作小时数/h					
		<10	10~16	>16	<10	10~16	>16
载荷变动微小	液体搅拌机、通风机和鼓风机(≤7.5 kW)、离心式水泵、压缩机、轻载荷输送机	1.0	1.1	1.2	1.1	1.2	1.3
载荷变动小	带式输送机(不均匀载荷)、通风机(>7.5 kW)、旋转式水泵和压缩机(非离心式)、发电机、金属切削机床、印刷机、旋转筛、锯木机和木工机械	1.1	1.2	1.3	1.2	1.3	1.4
载荷变动较大	制砖机、斗式提升机、往复式水泵和压缩机、起重机、磨粉机、冲剪机床、橡胶机械、振动筛、纺织机械、载重输送机	1.2	1.3	1.4	1.4	1.5	1.6
载荷变动大	破碎机(旋转式、颚式等)、磨碎机(球磨、棒磨、管磨)	1.3	1.4	1.5	1.5	1.6	1.6

注:①空、轻载启动的电动机(交流、直流并励),四缸以上的内燃机,装有离心式离合器、液压联轴器的动力机等;

②重载启动的电动机(联机交流启动、直流复励或串励),四缸以下的内燃机;

③反复启动、正反转频繁、工作条件恶劣等场合,应将表中 K_A 值乘以1.2;增速时 K_A 值查《机械设计手册》。

根据 P_c 和小带轮转速 n_1,由图10.10初步选定带的型号。

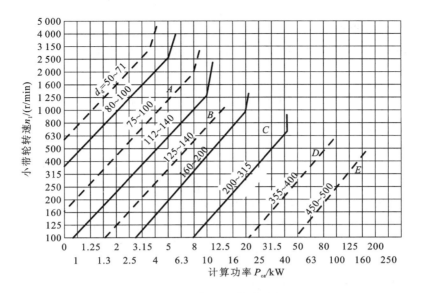

图 10.10 普通 V 带选型图

2. 确定带轮的基准直径 d_d

带轮直径小,结构紧凑,但使带的弯曲应力增大,影响带的疲劳强度,所以要限制小带轮的基准直径 d_{d1},如表 10.5 所示。一般取 $d_{d1} \geqslant d_{dmin}$,$d_{d2} = d_{d1} \times i$,$d_{d1}$ 和 d_{d2} 应符合带轮基准直径系列,如表 10.7 所示。注意:当 d_{d1} 和 d_{d2} 选用系列值后从动轮的转速将发生变化,但一般误差应控制在 $\pm 5\%$ 以内。

3. 计算 V 带的速度 v

带速过高,离心力增大,摩擦损耗也增大,且应力循环次数增多,降低了带传动的工作能力;带速过低,在传递相同功率时,需要的有效拉力增大,将会增加带的根数。故带的速度一般限制在 $5 \sim 25$ m/s。带速按下式计算

$$v = \frac{\pi d_{d1} n_1}{60 \times 10000} \tag{10-21}$$

若带速超出规定范围,则应重选小带轮的基准直径。

4. 确定中心距 a_0 及基准长度 L_d

一般推荐按下式初步确定中心距 a_0,即

$$0.7(d_{d1} + d_{d2}) \leqslant a_0 \leqslant 2(d_{d1} + d_{d2}) \tag{10-22}$$

a_0 选定后,根据带传动的几何关系,按下式初步确定带的基准长度 L'_d,即

$$L'_d = 2a_0 + \frac{\pi}{2}(d_{d1} + d_{d2}) + \frac{(d_{d2} - d_{d1})^2}{4a_0} \tag{10-23}$$

根据计算的 L'_d,由表 10.3 选取接近的标准带长 L_d,其实际中心距可由下式近似计算

$$a \approx + a_0 + \frac{L_d - L'_d}{2} \tag{10-24}$$

为了便于安装和张紧 V 带,中心距一般是可调的,其变动范围为

$$\left. \begin{array}{l} a_{min} = a - 0.015 L_d \\ a_{max} = a + 0.03 L_d \end{array} \right\} \tag{10-25}$$

5. 验算小带轮包角 α_1

小带轮包角 α_1 过小,会降低带传动的有效拉力,容易产生打滑。一般要求 $\alpha_1 \geq 120°$。包角的大小由下式计算

$$\alpha_1 = 180° - \frac{d_{d2} - d_{d1}}{a} \times 57.3° \geq 120° \tag{10-26}$$

6. 确定 V 带的根数

V 带的根数可由下式计算

$$z \geq \frac{P_c}{(P_0 + \Delta P)K_a K_L} \tag{10-27}$$

式中:P_0——单根普通 V 带的基本额定功率如表 10.7 所示;

ΔP——考虑 $i \neq 1$ 时传递功率的增量。因为带绕过带轮的弯曲应力随着带轮的直径增大而减小,所以在相同寿命下,传递的功率有所增加,其值如表 10.8 所示;

K_a——包角修正系数,考虑包角不同时对带传动的影响,其值如表 10.9 所示;

K_L——带长修正系数,考虑带长不同时对带传动的影响,其值如表 10.3 所示。

为了使各根胶带受力均匀,其根数不宜过多。一般要求 $z \leq 10$,否则应重新选择 V 带型号进行设计。

表 10.7 单根普通 V 带的额定功率 P_0 　　　　单位:kW

带型	小带轮基准直径 d_{d1}/mm	小带轮转速 n_1/(r/min)								
		200	400	730	800	980	1200	1460	2000	2800
Z	50	—	0.06	0.09	0.10	0.12	0.14	0.16	0.20	0.26
	63	—	0.08	0.13	0.15	0.18	0.22	0.25	0.32	0.41
	71	—	0.09	0.17	0.20	0.23	0.27	0.31	0.39	0.50
	80	—	0.14	0.20	0.22	0.26	0.30	0.36	0.44	0.56
	90	—	0.14	0.22	0.24	0.28	0.33	0.37	0.48	0.60
A	75	0.16	0.27	0.42	0.45	0.52	0.60	0.68	0.84	1.00
	90	0.22	0.39	0.63	0.68	0.79	0.93	1.07	1.34	1.64
	100	0.26	0.47	0.77	0.83	0.97	1.14	1.32	1.66	2.05
	112	0.31	0.56	0.93	1.00	1.18	1.39	1.62	2.04	2.51
	125	0.37	0.67	1.11	1.19	1.14	1.66	1.93	2.44	2.98
	140	0.43	0.78	1.31	1.41	1.66	1.93	2.29	2.87	3.48
B	125	0.48	0.84	1.34	1.44	1.67	1.93	2.20	2.64	2.96
	140	0.59	1.05	1.69	1.82	2.13	2.47	2.83	3.42	3.85
	160	0.74	1.32	2.16	2.32	2.72	3.17	3.64	4.40	4.89
	180	0.88	1.59	2.61	2.81	3.30	3.85	4.41	5.30	5.76
	200	1.02	1.85	3.06	3.30	3.86	4.50	5.15	6.13	6.43
	224	1.19	2.17	3.59	3.86	4.50	5.26	5.99	7.02	6.95
C	200	1.39	2.41	3.80	4.07	4.66	5.29	5.86	6.34	5.01
	224	1.70	2.99	4.78	5.12	5.89	6.71	7.47	8.05	6.08
	250	2.03	3.62	5.82	6.23	7.18	8.21	9.06	9.62	6.56
	280	2.42	4.32	6.99	7.52	8.65	9.81	10.74	11.04	6.13
	315	2.86	5.14	8.34	8.92	10.23	11.53	12.48	12.14	4.13
	400	3.91	7.06	11.5	12.10	13.67	15.04	15.51	11.95	—

带型	小带轮基准直径 d_{d1}/mm	小带轮转速 n_1/(r/min)								
		200	400	730	800	980	1200	1460	2000	2800
D	355	5.31	9.24	14.04	14.83	16.30	16.59	16.70		
	450	7.90	13.85	21.12	22.25	24.16	17.25	22.42		
	560	10.76	18.95	28.28	29.55	31.00	24.84	22.80	—	
	710	14.55	25.45	35.97	36.87	35.58	29.67	—		
	800	16.76	29.08	39.26	39.55	35.26	27.88			
E	500	10.86	18.55	26.62	27.57	28.52	25.53	16.25		
	630	15.65	26.95	37.64	38.52	37.14	29.17	—		
	800	21.70	37.05	47.79	47.38	39.08	16.46	—	—	
	900	25.15	42.49	51.13	49.21	34.01	—			
	1000	28.52	47.52	52.26	48.19	—	—			

表 10.8　单根 V 带 $i \neq 1$ 时额定功率的增量 ΔP　　　　单位:kW

带型	传动比 i	小带轮的转速 n_1/(r/min)								
		200	400	730	800	980	1200	1460	2000	2800
Z	1.35~1.51	—	0.01	0.01	0.01	0.02	0.02	0.02	0.03	0.04
	1.52~1.99	—	0.01	0.01	0.02	0.02	0.02	0.02	0.03	0.04
	≥2	—	0.01	0.02	0.02	0.02	0.03	0.03	0.04	0.04
A	1.35~1.51	0.02	0.04	0.07	0.08	0.08	0.11	0.13	0.19	0.26
	1.52~1.99	0.02	0.04	0.08	0.09	0.10	0.13	0.15	0.22	0.30
	≥2	0.03	0.05	0.09	0.10	0.11	0.15	0.17	0.24	0.34
B	1.35~1.51	0.05	0.10	0.17	0.20	0.23	0.30	0.36	0.49	0.69
	1.52~1.99	0.06	0.11	0.20	0.23	0.26	0.34	0.40	0.56	0.79
	≥2	0.06	0.13	0.22	0.25	0.30	0.38	0.46	0.63	0.89
C	1.35~1.51	0.14	0.27	0.48	0.55	0.65	0.82	0.99	1.37	1.92
	1.52~1.99	0.16	0.31	0.55	0.63	0.74	0.94	1.14	1.57	2.19
	≥2	0.18	0.35	0.62	0.71	0.83	1.06	1.27	1.76	2.47
D	1.35~1.51	0.49	0.97	1.70	1.95	2.31	2.92	3.52	—	—
	1.52~1.99	0.56	1.11	1.95	2.22	2.64	3.34	4.03	—	—
	≥2	0.63	1.25	2.19	2.50	2.97	3.75	4.53	—	—
E	1.35~1.51	0.96	1.93	3.38	3.86	4.58	5.61	6.83	—	—
	1.52~1.99	1.10	2.20	3.86	4.41	5.23	6.41	7.80	—	—
	≥2	1.24	2.48	4.34	4.96	5.89	7.21	8.78	—	—

表 10.9　小带轮包角修正系数 K_α

α°	180	175	170	165	160	155	150	145	140	135	130	125	120
K_α	1	0.99	0.98	0.96	0.95	0.93	0.92	0.91	0.89	0.88	0.86	0.84	0.82

7. 计算 V 带初拉力

保持适当的初拉力是带传动正常工作的前提。初拉力过小,带与带轮间的摩擦力小,容易打滑;初拉力过大,将增大轴和轴承的压力,并降低带的寿命。初拉力由下式计算

$$F_0 = \frac{500 P_c}{zv}\left(\frac{2.5}{K_\alpha} - 1\right) + qv^2 \tag{10-28}$$

式中:P_c——计算功率;

z——V 带根数;

v——V 带速度;

q——V 带每米长质量;

K_α——包角修正系数,如表 10.9 所示。

8. 计算作用在轴上的载荷

在设计 V 带轮轴及轴承时,需先确定带传动作用在轴上的载荷 F_Q。若不考虑带两边的拉力差,如图 10.11 所示,F_Q 可由下式近似计算

$$F_Q = 2z F_0 \sin\frac{\alpha_1}{2} \tag{10-29}$$

式中:F_0——单根 V 带的初拉力;

z—— V 带根数;

α_1——小带轮的包角。

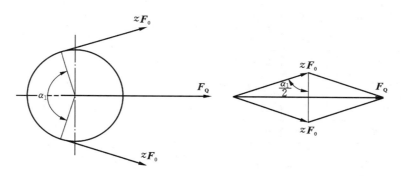

图 10.11　带传动作用在轴上的载荷

五、带传动的安装、张紧和维护

带传动在经过一段时间工作后就会产生塑性变形,使初拉力 F_0 减小,使得传动能力下降。为了保证带传动的正常工作,应定期检查初拉力。正确的安装、使用和维护,是保证带传动正常工作和延长寿命的有效措施。

1. 带传动的安装

安装 V 带轮时,带轮轴的中心线必须保持规定的平行度,V 带轮端面与轴中心线垂直,主、从动轮的轮槽必须在同一平面内。安装时,应先将中心距减小、松开张紧轮,V 带装好后再调整到合适的张紧程度。不能将 V 带强行撬入。

选用 V 带时,要注意型号和基准长度,不要搞错。否则会出现 V 带高出轮槽或底面接触,

造成传动能力降低或失去 V 带传动侧面工作的优点。

2．常见的张紧装置

1）定期张紧装置

可采用改变中心距的方法来调节带的初拉力 F_0，使带重新张紧。

2）自动张紧装置

将装有带轮的电动机安装在浮动的摆架上，利用电动机的自重，使带轮随同电动机绕固定轴摆动，以自动保持张紧力。

3）采用张紧轮的装置

当中心距不能调节时，可采用张紧轮将带张紧。张紧轮一般放在靠近大带轮松边的内侧。

4）改变带长

对有接头的带，常采用定期截去带长的方法使带张紧。

3．带传动的维护

带传动装置外面应加防护罩。V 带应保持清洁，不宜在有酸、碱等对橡胶有腐蚀或促使其老化的场合工作。

对 V 带传动应进行定期检查，发现不能继续使用时应及时更换，但必须使一组 V 带中各根带的实际长度尽量相近。

带传动不需要润滑，禁止往带上加润滑油或润滑脂，应及时清理带轮槽内及传动带上的油污。

◀ **任务 2　链　传　动** ▶

一、链传动的特点及应用

1．链传动的组成和工作原理

如图 10.12 所示，链传动由主动链轮、从动链轮和链条组成。它通过链和链轮的啮合来传递运动和动力，兼有齿轮传动和带传动的一些特点。

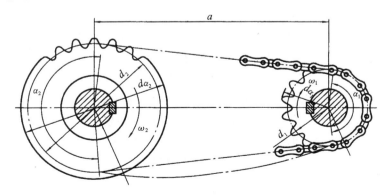

图 10.12　链传动

按用途的不同,链传动可分为传动链、起重链和牵引链。起重链和牵引链用于起重机械和运输机械,传动链主要用于一般机械,其中传动链最常用。

传动链的种类很多,主要有滚子链(见图10.13)和齿形链(见图10.14)两种。因为滚子链结构简单、重量轻、价格低、供应方便,故应用广泛。齿形链比滚子链传动平稳、噪声较小,又称为无声链,可用于较高速度或运动精度要求较高的场合,但结构复杂,重量大,价格高。

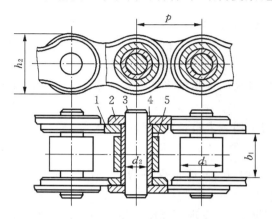

图 10.13 滚子链结构

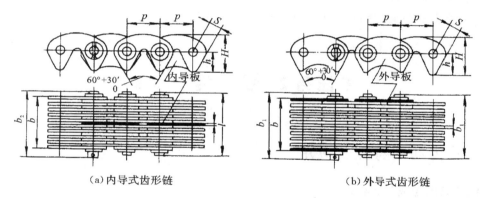

（a)内导式齿形链   (b)外导式齿形链

图 10.14 齿形链结构

2. 链传动的特点和应用

链传动与带传动相比,由于链传动是啮合传动,故没有弹性滑动和打滑现象,其平均传动比准确,效率较高;无需较大的初拉力,对轴的作用力较小;传递相同载荷时,结构更紧凑,装拆方便;能在高温、油污、粉尘和泥沙等恶劣的环境下工作。

与齿轮传动相比,链传动制造和安装精度要求低;由于链传动工作时啮合齿数较多,所以链轮轮齿受力较小,强度较高,磨损也较轻;适用于较大中心距传动。

链传动的主要缺点是仅能用于平行轴间的传动,且瞬时链速和瞬时传动比是变化的,故高速运转时不如带传动平稳,振动冲击和噪声较大,不适于载荷变化很大和急速反转的传动。

由于链传动具有以上特点,所以它广泛用于矿山机械、冶金机械、起重运输机械及机床、汽车、摩托车、自行车等机械传动中。

链传动适用的一般参数范围为:传动功率 $P \leqslant 100$ kW,链速 $v \leqslant 15$ m/s;传动比 $i \leqslant 8$;中心距 $a \leqslant 5 \sim 6$ m。传动效率为 $0.95 \sim 0.98$。

二、滚子链与链轮

1. 滚子链的结构和标准

滚子链由内链板 1、外链板 2、销轴 3、套筒 4、滚子 5 组成,如图 10.13 所示。外链板与销轴过盈配合固结成外链节,内链板与套筒用过盈配合固结成内链节。而销轴与套筒,套筒与滚子之间均采用间隙配合,组成两转动副,相邻的内、外链节可以相对转动,使链条具有挠性。当链节与链轮轮齿啮合时,滚子沿链轮齿廓滚动,减轻了链与轮齿的磨损。为了减轻链条的重量并使链板各横截面强度相近(即近似符合等强度原则),内、外链板均制成"∞"字形。

链条的零件均采用碳素钢或合金钢制成,并经热处理(硬度≥HRC40),以提高其强度和耐磨性。

滚子链相邻两链节铰链副理论中心间的距离称为节距,用 p 表示,它是链传动的主要参数。节距大,则链的各部分尺寸大,传递的功率大,但重量也大,冲击和振动也随之增加。为了控制链传动的尺寸及减小传动时的动载荷,当传动的功率较大及转速较高时,可采用小节距的双排链或多排链,双排滚子链如图 10.15 所示。由于多排链的制造和安装精度的影响,多排链承受载荷不均匀,故排数不宜过多,一般应不超过四排。相邻两排链条中心线间的距离称为排距,用 P_t 表示。

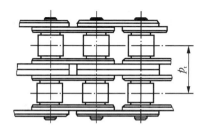

图 10.15　双排滚子链结构

滚子链的长度以链节数来表示,接头方式如图 10.16 所示。当链节数为偶数时,接头处可用开口销(见图 10.16(a))、大节距链或弹簧卡片(见图 10.16(b))来固定。当链节数为奇数时,需采用图 10.16(c)所示的过渡链节。由于过渡链节在链条受拉时,除受拉力外,还要承受附加弯矩的作用,所以应尽量避免采用奇数链节。

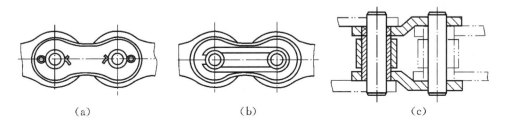

(a)　　　　　　　　　　(b)　　　　　　　　　　(c)

图 10.16　滚子链的接头形式

目前,传动用短节距精密滚子链已标准化(GB/T 1243—2006),根据使用场合和极限拉伸载荷的不同,滚子链分为 A、B 两种系列,其中 A 系列为常用系列。表 10.10 列出了国标规定的 A 系列滚子链的主要参数。

表 10.10　滚子链规格和主要参数

链号	链节距 p/ mm	排距 P_t/ mm	滚子外径 d_1/ mm	内链节内宽 b_1/ mm	销轴直径 d_2/ mm	内链板高度 h_2/ mm	极限拉伸载荷(单排)Q/kN	每米质量 q/(kg/m)
05B	8.00	5.64	5.00	3.00	2.31	7.11	4.4	0.18
06B	9.525	10.24	6.35	5.72	3.28	8.26	8.9	0.40

续表

链号	链节距 p/ mm	排距 P_t/ mm	滚子外径 d_1/ mm	内链节内宽 b_1/ mm	销轴直径 d_2/ mm	内链板高度 h_2/ mm	极限拉伸载荷（单排）Q/kN	每米质量 q/(kg/m)
08B	12.7	13.92	8.51	7.75	4.45	11.81	17.8	0.70
08A	12.7	14.38	7.95	7.85	3.96	12.07	13.8	0.60
10A	15.875	18.11	10.16	9.4	5.08	15.09	21.8	1.00
12A	19.05	22.78	11.91	12.57	5.94	18.08	31.1	1.50
16A	25.40	29.29	15.88	15.75	7.92	24.13	55.6	2.60
20A	31.75	35.76	19.05	18.90	9.53	30.18	86.7	3.80
24A	38.10	45.44	22.23	25.22	11.10	36.20	124.6	5.60
28A	44.45	48.87	25.40	25.22	12.70	42.24	169.0	7.50
32A	50.80	58.55	28.58	31.55	14.27	48.26	222.4	10.10
40A	63.50	71.55	39.68	37.85	19.84	60.33	347.0	16.10
48A	76.20	87.83	47.63	47.35	23.80	72.39	500.4	22.60

滚子链的标记方法规定如下：

链号-排数×链节数　标准号

例如，A 系列，节距 31.75 mm，双排，60 节的滚子链标记为

20A-2×60　GB/T 1243—2006

链轮齿形已标准化，设计时主要是确定其结构尺寸，合理地选择材料及热处理方法。

2. 链轮的基本参数和主要尺寸

链轮的基本参数是配用链条的节距 p、滚子外径 d_1、排距 P_t 及齿数 z。链轮的主要尺寸计算公式如下。

分度圆直径
$$d = \frac{p}{\sin \frac{180°}{z}}$$
(10-30)

齿顶圆直径
$$d_a = p\left(0.54 + \cot \frac{180°}{z}\right)$$
(10-31)

齿根圆直径
$$d_f = d - d_1$$
(10-32)

3. 链轮的齿形

目前应用较广的滚子链轮端面齿形如图 10.17 所示，由三段圆弧 aa、ab、cd 和一段直线 bc 组成。这种齿廓形状具有较好的啮合性能和加工性能，而且国标规定有标准齿形刀具，只需在零件工作图上注明"齿形按 GB/T 1243—2006 规定制造"即可，不必画出端面齿形。

链轮平面齿形则需在工作图中画出，且齿形和尺寸也应符合 GB/T 1243—2006 的规定，如图 10.18 和表 10.11 所示。

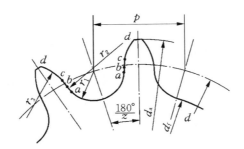

图 10.17　滚子链链轮端面齿形

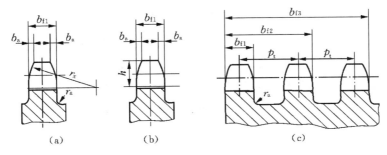

（a）　　　　　　（b）　　　　　　　　　（c）

图 10.18　链轮轴向齿廓

表 10.11　滚子链链轮轴向齿廓尺寸

名　称		代号	计算公式		备　注
			$p \leqslant 12.7$ mm	$p > 12.7$ mm	
齿宽	单排	b_{f1}	$0.93b_1$	$0.95b_1$	$p > 12.7$ mm 时,经制造厂同意亦可使用 $p \leqslant 12.7$ mm 时的齿宽 b_1,见表 10.10
	双排、三排		$0.91b_1$	$0.93b_1$	
	四排以上		$0.88b_1$	$0.93b_1$	
倒角宽		b_a	$b_a = (0.1 \sim 0.15)$	—	—
倒角半径		r_x	$r_x \geqslant p$	—	—
倒角深		h	$h = 0.5p$	仅适用于 B 型	—
齿侧凸缘（或排间槽）圆角半径		r_a	$r_a \approx 0.04p$	—	—
链轮齿总宽		b_{fn}	$b_{fn} = (n-1)p_t + b_n$	—	—

4. 链轮的结构

　　小直径链轮采用整体式(见图 10.19(a)),中等尺寸链轮采用孔板式(见图 10.19(b)),大直径链轮($d_a > 200$ mm)常采用装配式结构,以便更换齿圈,装配方式可为焊接(见图 10.19(c)),也可为螺栓连接(见图 10.19(d))。

5. 链轮的材料

　　在低速、轻载和平稳的传动中,链轮材料可采用中碳钢;中速、中载传动,也可用中碳钢,但

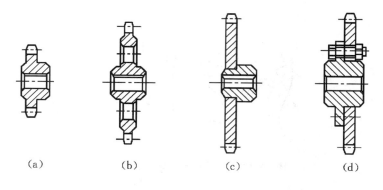

(a)   (b)   (c)   (d)

图 10.19　链轮结构

需齿面淬火使其硬度大于 40 HRC;在高速重载且连续工作的传动中,最好采用合金钢齿面渗碳淬火(如采用 15 Cr、20 Cr 淬硬至 50～60 HRC)。

由于小链轮齿数少,啮合次数多,磨损、冲击比大链轮严重。所以,小链轮材料及热处理要比大链轮的要求高。选择链轮的材料,以保证轮齿具有足够的强度和耐磨性为原则。链轮常用材料及应用范围如表 10.12 所示。

表 10.12　链轮常用材料及应用范围

材　料	热　处　理	热处理后硬度	应　用　范　围
15、20	渗碳、淬火、回火	50～60 HRC	$z \leqslant 25$,有冲击的链轮
35	正火	160～200 HBS	$z > 25$ 的链轮
40、50、ZG310～570	淬火、回火	40～50 HRC	无剧烈振动及冲击载荷的链轮
15 Cr、20 Cr	渗碳、淬火、回火	56～60 HRC	$z < 25$,传递大功率的重要链轮
35 SiMn、40 Cr、35 CrMo	淬火、回火	40～50 HRC	使用优质链条的重要链轮
Q235、Q275	—	≈140 HBS	中低速、中等功率的较大链轮

三、链传动的安装及维护

1. 链传动的合理布置

链传动的布置是否合理,对链传动的工作能力及使用寿命都有较大影响。合理布置的原则有:

(1) 链轮轴线应平行,两链轮的转动平面应在同一垂直平面内;

(2) 链轮中心线最好为水平或接近水平,倾角不大于 45°;

(3) 应使链条的紧边在上(与带传动不同),松边在下,以免松边垂度过大时干扰链与轮齿的正常啮合。链传动的布置如表 10.13 所示。

表 10.13　链传动的布置

传动条件	正确布置	不正确布置	说　　明
i 与 a 较佳场合 $i = 2 \sim 3$ $a = (20 \sim 50)p$	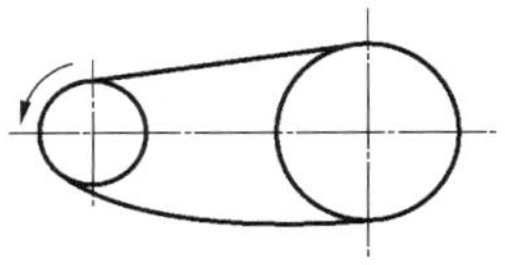	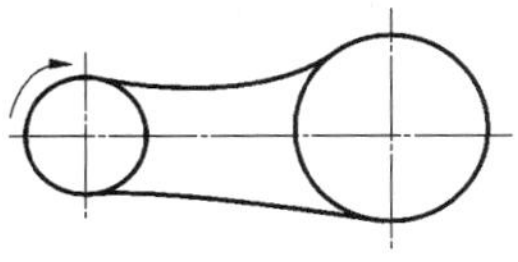	两链轮中心线最好成水平，或与水平面成 60° 以下的倾角，紧边在上、下均可，但在上好些
i 大 a 小的场合 $i > 3$ $a < 30p$	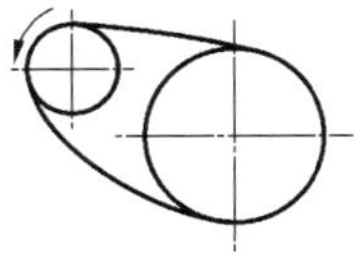	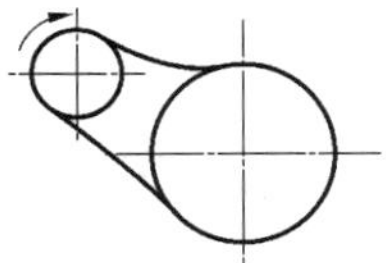	两链轮轴线不在同一水平面内，松边应在下面，否则松边下垂量增大后，松边链条易与小链轮发生干涉
i 小 a 大的场合 $i < 1.5$ $a > 60p$	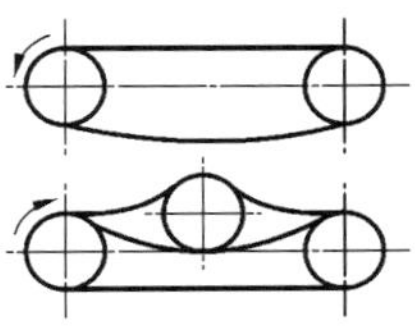	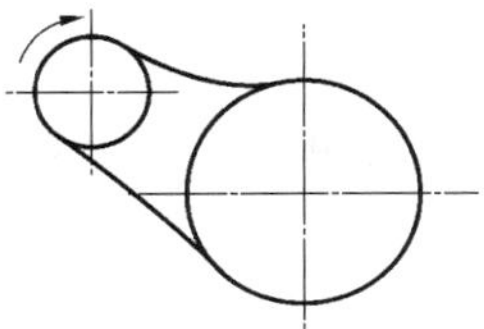	两链轮轴线在同一水平面内，松边应在下面，否则松边下垂量增大后，松边链条易与紧边相碰撞，需要经常调整中心距
垂直传动场合 i、a 为任意值	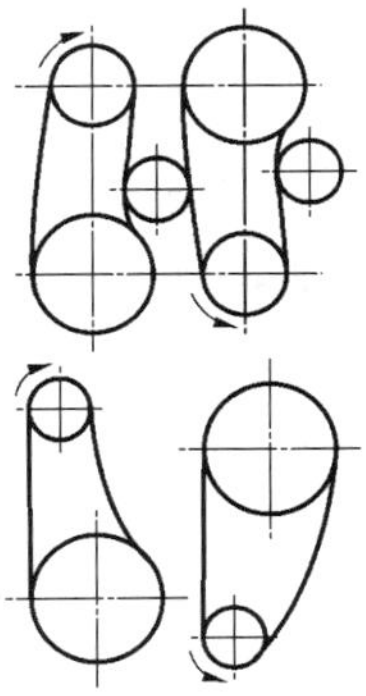	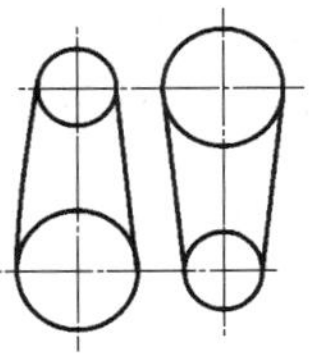	两链轮轴线在同一铅垂面内，下垂量集中在下端，要尽量避免这种布置，否则会减少下面链轮的有效啮合齿数，降低传动能力，应采用： (a) 中心距可调； (b) 设置张紧装置； (c) 上、下两轮偏置，使两轮的轴线不在同一铅垂面内

2. 链传动的张紧

链传动靠链条和链轮的啮合传递运动和转矩，不需要很大的张紧力。为了防止啮合不良和链条的抖动，链传动必须控制链条松边的垂度，因此链传动要张紧，但它与带张紧的目的是不同的。张紧的方法有：

(1) 过调整链轮中心距来张紧链轮；

(2) 拆除 1~2 个链节，缩短链长，使链张紧；

(3) 使用张紧轮张紧。当两链轮中心连线倾角大于 60° 时，应当设置张紧装置。张紧轮常设置在链条松边外侧或内侧。

张紧最常用的方法是通过移动链轮的位置以增大两轮的中心距。当中心距不可调时，可设张紧装置张紧，常用的张紧装置如下。

1）张紧轮张紧

如图 10.20(a)、(b)所示，它是利用弹簧或自重自动调整张紧轮的位置来张紧链条；图 10.20(c)则是利用螺栓定期调整张紧轮的位置来张紧链条。一般张紧轮应装在靠近主动链轮一端的松边上，张紧轮的直径与小链轮的直径相近为好。张紧轮可以是有齿的链轮，也可以是无齿的滚轮。

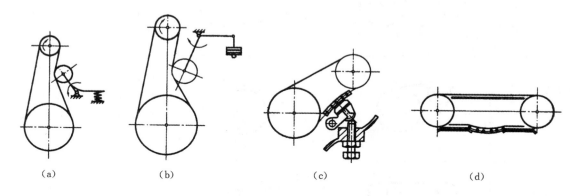

(a)   (b)   (c)   (d)

图 10.20   链传动的张紧装置

2）托板张紧

如图 10.20(d)所示，它是通过调整托板的位置来张紧链条。托板上最好衬以橡胶、塑料或胶木，以减少链条的磨损。这种方式一般用于中心距较大的链传动。

3. 链传动的润滑

链传动的润滑是影响传动工作能力和寿命的重要因素之一，润滑良好能缓和冲击、减少铰链磨损、延长使用寿命。润滑方式可根据链速和链节距的大小查阅相关手册。润滑油应加于松边，以便润滑油渗入各运动接触面。常用的链传动润滑剂有 L-AN32 油、L-AN46 油、L-AN68油。

4. 链传动的失效形式、故障分析与维修

1）链传动的失效形式

在正常的安装和润滑情况下，链传动的主要失效有以下几种。

(1) 链板的疲劳破坏。链条在工作中受到应力的作用，当应力变化达到一定的循环次数后，链条各零件将发生疲劳破坏。其中链板的疲劳破坏是链传动的主要失效形式。

(2) 链条铰链的磨损。当链节进入或退出啮合时，链条的销轴与套筒相对转动产生磨损，使链条的节距增大而脱链。磨损是开式链传动的主要失效形式。

(3) 销轴与套筒的胶合。当链速过高、载荷很大或润滑不良时，销轴与套筒的工作面上将发生胶合，导致链传动失效。

(4) 链条的拉断。重载或突然过载时，链条受到的拉力超过链条的静强度，将被拉断。

2）链传动的故障分析与维修

链传动常见故障分析与维修示例如表 10.14 所示。

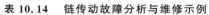

表 10.14 链传动故障分析与维修示例

故 障	原 因	维 修 措 施
链板或链轮齿严重侧磨	① 各链轮不共面; ② 链轮端面跳动严重; ③ 链轮支承刚度差; ④ 链条扭曲严重	① 提高加工与安装精度; ② 提高支承件刚度; ③ 更换合格链条
链板疲劳开裂	润滑条件良好的中低速链传动,链板的疲劳是主要矛盾,但若过早失效则有问题: ① 链条规格选择不当; ② 链条品质差; ③ 动力源或负载动载荷大	① 重新选用合适规格的链条; ② 更换质量合格的链条; ③ 控制或减弱负载和动力源的冲击振动
滚子碎裂	① 链轮转速较高而链条规格选择不当; ② 链轮齿沟有杂物或链条磨损严重发生爬齿和滚子被挤顶现象; ③ 链条质量差	① 重新选用稍大规格链条; ② 清除齿沟杂物或换新链条; ③ 更换质量合格的链条
销轴磨损或销轴与套筒胶合	链条铰链元件的磨损是最常见的现象之一。正常磨损是一个缓慢发展的过程。如果发展过快则会出现: ① 润滑不良; ② 链条质量差或选用不当	① 清除润滑油内杂质、改善润滑条件、更换润滑油; ② 更换质量合格或稍大规格链条
外链节外侧擦伤	① 链条未张紧,发生跳动,从而与邻近物体碰撞; ② 链箱变形或内有杂物	① 使链条适当张紧; ② 消除箱体变形、清除杂物
链条跳齿或抖动	① 链条磨损伸长,使垂度过大; ② 冲击或脉动载荷较重; ③ 链轮齿磨损严重	① 更换链条或链轮; ② 适当张紧; ③ 采取措施使载荷较稳定
链轮齿磨损严重	① 润滑不良; ② 链轮材质较差,齿面硬度不足	① 改善润滑条件; ② 提高链轮材质和齿面硬度; ③ 把链轮拆下,翻转180°再装上,则可利用齿廓的另一侧而延长使用寿命
卡簧、开口销等链条锁止元件松脱	① 链条抖动过烈; ② 有障碍物磕碰; ③ 锁止元件安装不当	① 适当张紧或考虑增设导板托板; ② 消除障碍物; ③ 改善锁止件安装质量
振动剧烈、噪声过大	① 链轮不共面; ② 松边垂度不合适; ③ 润滑不良; ④ 链箱或支承松动; ⑤ 链条或链轮磨损严重	① 改善链轮安装质量; ② 适当张紧; ③ 改善润滑条件; ④ 消除链箱或支承松动; ⑤ 更换链条或链轮; ⑥ 加装张紧装置或防振导板

思考题与习题

10-1 带传动中,打滑和弹性滑动有何不同?

10-2 带传动和链轮传动的主要类型有哪些?各有何特点?试分析它们的工作原理。

10-3 试比较链传动和带传动在适用范围、传动比、失效形式等方面有何不同?

10-4 简述带传动中,为何限制带速在 $5\sim25$ m/s 范围内。

10-5 链传动的张紧应该如何正确布置?

10-6 链轮的基本参数和主要尺寸计算有哪些应注意的问题?

10-7 带传动张紧的目的是什么?张紧轮应安放在紧边还是松边上?内张紧轮应靠近大带轮还是小带轮?外张紧轮又该怎样?并分析说明两种张紧方式的利弊。

10-8 V 带传动传递功率 $P=5$ kW,主动轮的转速 $n_1=1450$ r/min,主动轮直径 $d_{d1}=100$ mm,中心距 $a=1550$ mm,从动轮直径 $d_{d2}=400$ mm,带与带轮间的当量摩擦系数 $f_v=0.2$,求带速 v、小带轮包角 α_1 及紧边拉力 F_1。

10-9 设计鼓风机传动装置的 V 带传动。已知电动机(Y132M-4)额定功率 $P=7.5$ kW,转速 $n_1=1440$ r/min,鼓风机转速 $n_2=554$ r/min,每天工作 12 h。

10-10 有一 V 带传动,主动轮转速 $n_1=1450$ r/min,从动轮转速 $n_2=400$ r/min,主动轮的基准直径 $d_{d1}=180$ mm,$d_{d2}=280$ mm 的中心距 $a=1600$ mm,用 3 根 V 带传动,载荷有振动,两班制工作。求带允许传递的功率是多少?

项目11 轴承

轴承是用来支承轴及轴上零件的部件,并传递载荷,是机器的主要组成部分之一。它能使轴具有确定的工作位置和旋转精度,以保证轴系部件的工作要求,减少轴与支承面间的摩擦和磨损。

根据轴承工作时的摩擦性质,轴承可分为滑动轴承和滚动轴承两大类。每一类轴承,按其所能承受载荷的方向,又可分为承受径向载荷的向心轴承、承受轴向载荷的推力轴承以及同时承受径向载荷和轴向载荷的向心推力轴承。

在一般机器中,如无特殊使用要求,优先推荐使用滚动轴承(本章内容以介绍滚动轴承为主)。但是在高速、高精度、重载、结构上要求剖分等使用场合中,滑动轴承就显示出它的优良性能。因而,汽轮机、离心式压缩机、内燃机、大型电机等多采用滑动轴承。此外,在低速而带有冲击的机器,如水泥搅拌机、滚筒清砂机等也常采用滑动轴承。

◀ 任务1　滚 动 轴 承 ▶

滚动轴承是机器上一种重要的通用部件。它依靠主要元件间的滚动接触来支承转动零件,具有摩擦阻力小、容易启动、效率高、轴向尺寸小等优点,而且由于已大量标准化生产,因此具有制造成本低的优点,在各种机械中得到了广泛的使用。

一、滚动轴承的结构、类型和代号

1. 滚动轴承的结构

如图 11.1 所示,常见的滚动轴承一般由两个套圈(即内圈 1、外圈 2)、滚动体 3 和保持架 4 等基本元件组成。通常内圈与轴颈相配合且随轴一起转动,外圈装在机架的轴承座孔内固定不动。当内、外圈相对旋转时,滚动体在内、外圈的滚道上滚动,保持架使滚动体均匀分布并避免相邻滚动体之间的接触摩擦和磨损。

滚动轴承的内、外圈和滚动体一般采用专用的滚动轴承钢,如 GCr9、GCr15、GCr15SiMn 等制造,保持架则常用较软的材料如低碳钢板经冲压而成,或用铜合金、塑料等制成。

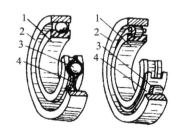

图 11.1　滚动轴承的结构

2. 滚动轴承的特性和类型

1)滚动轴承的四个基本特性

(1)接触角。

如图 11.2 所示,滚动轴承中滚动体与外圈接触处的法线和垂直于轴承轴心线的平面的夹

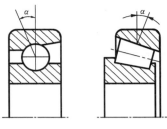

图 11.2 滚动轴承的接触角

角 α 称为接触角。α 越大,轴承承受轴向载荷的能力越大。

（2）游隙。

滚动体与内、外圈滚道之间的最大间隙称为轴承的游隙。如图 11.3 所示,将一套圈固定,另一套圈沿径向的最大移动量称为径向游隙,沿轴向的最大移动量称为轴向游隙。游隙的大小对轴承的运转精度、寿命、噪声、温升等有很大影响,应按使用要求进行游隙的选择或调整。

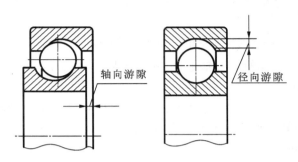

图 11.3 滚动轴承的游隙

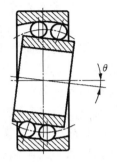

图 11.4 滚动轴承的偏位角

（3）偏位角。

如图 11.4 所示,轴承内、外圈轴线相对倾斜时所夹锐角称为偏位角。能自动适应偏位角的轴承称为调心轴承。各类轴承的许用偏位角如表 11.1 所示。

表 11.1 滚动轴承的主要类型和特性

轴承名称 类型及代号	结构简图	基本额定 动载荷比[①]	极限转速 比[②]	允许 偏位角	主要特性及应用
调心球轴承 10000		0.6~0.9	中	2°~3°	主要承受径向载荷,也能承受少量的轴向载荷。因为外圈滚道表面是以轴线中点为球心的球面,故能自动调心
调心滚子轴承 20000		1.8~4	低	1°~2.5°	主要承受径向载荷,也可承受一些不大的轴向载荷,承载能力大,能自动调心
圆锥滚子轴承 30000		1.1~2.5	中	2′	能承受以径向载荷为主的径向、轴向联合载荷,当接触角 α 大时,亦可承受纯单向轴向联合载荷。因是线接触,承载能力大于 7 类轴承。内、外圈可以分离,装拆方便,一般成对使用

续表

轴承名称 类型及代号	结构简图	基本额定 动载荷比①	极限转速 比②	允许 偏位角	主要特性及应用
推力球轴承 51000		1	低	不允许	接触角 $\alpha=0°$，只能承受单向轴向载荷，而且载荷作用线必须与轴线相重合，高速时钢球离心力大，磨损、发热严重，极限转速低。所以只用于轴向载荷大，转速不高的场合
双向推力球轴承 52000		1	低	不允许	能承受双向轴向载荷。其余与推力轴承相同
深沟球轴承 60000		1	高	$8'\sim16'$	主要承受径向载荷，同时也能承受小的轴向载荷。当转速很高而轴向载荷不太大时，可代替推力球轴承承受纯轴向载荷。生产量大，价格低
角接触球轴承 70000		$1.0\sim1.4$	较高	$2'\sim10'$	能同时承受径向和轴向联合载荷。接触角 α 越大，承受轴向载荷的能力也越大。接触角 α 有 $15°$、$25°$ 和 $40°$ 三种。一般成对使用，可以分装于两个支点或同装于一个支点上
圆柱滚子轴承 N0000		$1.5\sim3$	较高	$2'\sim4'$	外圈（或内圈）可以分离，故不能承受轴向载荷。由于是线接触，所以能承受较大的径向载荷
滚针轴承 NA0000		—	低	不允许	在同样内径条件下，与其他类型轴承相比，其外径最小，外圈（或内圈）可以分离，径向承载能力较大，一般无保持架，摩擦系数大

注：① 基本额定动载荷比：是指同一尺寸系列（直径及宽度）各种类型和结构形式的轴承的基本额定动载荷与 6 类深沟球轴承的（推力轴承则与单向推力球轴承）基本额定动载荷之比。
② 极限转速比：是指同一尺寸系列 0 级公差的各类轴承脂润滑时的极限转速与 6 类深沟球轴承脂润滑时的极限转速之比。高、中、低的含义为：高为 6 类深沟球轴承极限转速的 90%～100%；中为 6 类深沟球轴承极限转速的 60%～90%；低为 6 类深沟球轴承极限转速的 60% 以下。

（4）极限转速。

滚动轴承在一定的载荷和润滑的条件下，允许的最高转速称为极限转速，其具体数值查阅相关手册。

2）滚动轴承的类型

滚动轴承的类型很多,下面介绍几种常见的分类方法。

(1) 按滚动体的形状,可分为球轴承和滚子轴承两大类。

如图 11.5 所示,球轴承的滚动体是球形,承载能力和承受冲击能力小。滚子轴承的滚动体形状有圆柱形、圆锥形、鼓形和滚针形等,承载能力和承受冲击能力大,但极限转速低。

图 11.5　滚动体的形状

(2) 按滚动体的列数,可分为单列、双列及多列滚动轴承。

(3) 按工作时能否调心,可分为调心轴承和非调心轴承。调心轴承允许的偏位角大。

(4) 按承受载荷方向不同,可分为向心轴承和推力轴承两类。

向心轴承:主要承受径向载荷,其公称接触角 $\alpha=0°$ 的轴承称为径向接触轴承;$0°<\alpha\leqslant45°$ 的轴承称为角接触向心轴承。接触角越大,承受轴向载荷的能力也越大。

推力轴承:主要承受轴向载荷,其公称接触角 $45°<\alpha<90°$ 的轴承称为角接触推力轴承;$\alpha=90°$ 的轴承称为轴向接触轴承,也称推力轴承。接触角越大,承受径向载荷的能力越小,承受轴向载荷的能力越大,轴向推力轴承只能承受轴向载荷。

常用的各类滚动轴承的性能及特点见表 11.1。

3. 滚动轴承的代号

滚动轴承的种类和尺寸规格繁多,为了便于组织生产和选用,常用的滚动轴承大多数已经标准化。国标 GB/T 272—1993 规定了滚动轴承的代号方法,轴承的代号用字母和数字来表示。一般印或刻在轴承套圈的端面上。

滚动轴承的代号由基本代号、前置代号和后置代号组成。轴承代号的构成如表 11.2 所示。

表 11.2　滚动轴承代号的构成

前置代号	基 本 代 号			后置代号
	类型代号	尺寸系列代号		内径代号	
字母		宽度系列代号	直径系列代号		字母(或加数字)
	数字或字母	一位数字	一位数字	两位数字	

例如,滚动轴承代号 N2210/P5,在基本代号中,N——类型代号;22——尺寸系列代号;10——内径代号,后置代号:/P5——精度等级代号。

1）基本代号

基本代号(滚针轴承除外)表示轴承的类型、结构和尺寸,是轴承代号的基础。基本代号由轴承类型代号、尺寸系列代号和内径代号三部分构成。

（1）类型代号。

类型代号用数字或字母表示，其表示方法如表 11.3 所示。

表 11.3　一般滚动轴承类型代号

代　号	轴 承 类 型	代　号	轴 承 类 型
0	双列角接触球轴承	7	角接触球轴承
1	调心球轴承	8	推力圆柱滚子轴承
2	调心滚子轴承和推力调心滚子轴承	N	圆柱滚子轴承
3	圆锥滚子轴承		双列或多列用字母 NN 表示
4	双列深沟球轴承	U	外球面球轴承
5	推力球轴承	QJ	四点接触球轴承
6	深沟球轴承		

（2）尺寸系列代号。

尺寸系列代号由轴承的宽（推力轴承指高）度系列代号和直径系列代号组成。各用一位数字表示。

轴承的宽度系列代号指：内径相同的轴承，对向心轴承，配有不同的宽度尺寸系列。轴承宽度系列代号有 8、0、1、2、3、4、5、6，宽度尺寸依次递增。对推力轴承，配有不同的高度尺寸系列，代号有 7、9、1、2，高度尺寸依次递增。在 GB/T 272—1993 规定的有些型号中，宽度系列代号被省略。

轴承的直径系列代号指：内径相同的轴承配有不同的外径尺寸系列。其代号有 7、8、9、0、1、2、3、4、5，外径尺寸依次递增。图 11.6 所示为深沟球轴承的不同直径系列代号的对比。

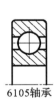
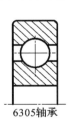
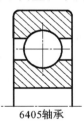

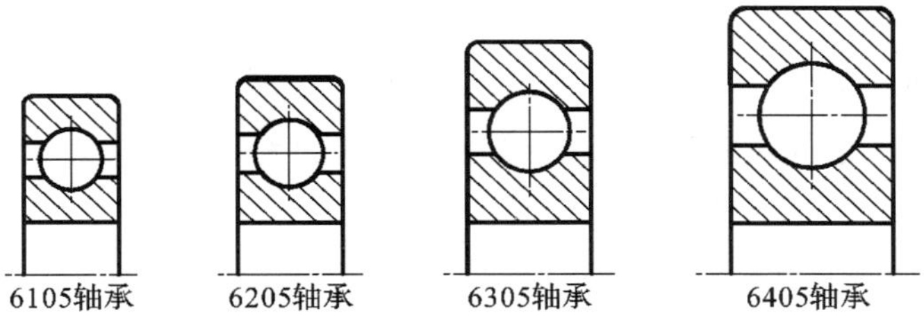

6105轴承　　6205轴承　　6305轴承　　6405轴承

图 11.6　直径系列对比

（3）内径代号。

轴承内孔直径用两位数字表示，如表 11.4 所示。

表 11.4　轴承内径代号

内径代号	00	01	02	03	04～99
轴承内径 d/mm	10	12	15	17	数字×5

注：其他直径值均用公称内径毫米数表示，但其与尺寸系列代号之间用"/"分开。

2）前置代号

轴承的前置代号用字母表示。如 L 表示可分离轴承的可分离内圈或外圈，代号示例如 LN207。

3）后置代号

轴承的后置代号用字母（或加数字）等表示。后置代号的内容很多，下面介绍几种常用的后置代号。

（1）内部结构代号用字母表示，紧跟在基本代号后面。如接触角 $\alpha = 15°$、$25°$ 和 $40°$ 的角接触球轴承分别用 C、AC 和 B 表示内部结构的不同。代号示例如 7210C、7210AC 和 7210B。

（2）密封、防尘与外部形状变化代号。如"-Z"表示轴承一面带防尘盖；"N"表示轴承外圈上有止动槽。代号示例如 6210-Z、6210N。

（3）轴承的公差等级分为 2、4、5、6、6_X 和 0 级，共 6 个级别，精度依次降低。其代号分别为 /P2、/P4、/P5、/P6、/$P6_X$ 和 /P0。公差等级中，6_X 级仅适用于圆锥滚子轴承；0 级为普通级，在轴承代号中省略不表示。代号示例如 6203、6203/P6、30210/$P6_X$。

（4）轴承的游隙分为 1、2、0、3、4 和 5 组，共 6 个游隙组别，游隙依次由小到大。常用的游隙组别是 0 游隙组，在轴承代号中省略不表示，其余的游隙组别在轴承代号中分别用符号 /C1、/C2、/C3、/C4、/C5 表示。代号示例如 6210、6210/C4。

实际应用的滚动轴承类型是很多的，相应的轴承代号也比较复杂。以上介绍的代号是轴承代号中最基本、最常用的部分，熟悉了这部分代号，就可以识别和查选常用的轴承。关于滚动轴承详细的代号方法可查阅 GB/T 272—1993。

例 11-1　试说明下面代号的含义。

30210：表示圆锥滚子轴承，宽度系列代号为 0，直径系列代号为 2，内径为 50 mm，公差等级为 0 级，游隙为 0 组。

LN207/P63：表示圆柱滚子轴承，外圈可分离，宽度系列代号为 0（0 在代号中省略），直径系列代号为 2，内径为 35 mm，公差等级为 6 级，游隙为 3 组。

二、滚动轴承的选择

1. 滚动轴承的选择原则

选择轴承类型应考虑的因素很多，如轴承所受载荷的大小、方向及性质，转速与工作环境，调心性能要求，经济性及其他特殊要求等。

1）载荷条件

轴承承受载荷的大小、方向和性质是选择轴承类型的主要依据。如载荷小而又平稳，可选球轴承；载荷大又有冲击，宜选滚子轴承；如轴承仅受径向载荷，选径向接触球轴承或圆柱滚子轴承；只受轴向载荷，宜选推力轴承。轴承同时受径向和轴向载荷时，选用角接触轴承，轴向载荷越大，应选择接触角越大的轴承，必要时也可选用径向轴承和推力轴承的组合结构。应该注意推力轴承不能承受径向载荷，圆柱滚子轴承不能承受轴向载荷。

2）轴承的转速

若轴承的尺寸和精度相同，则球轴承的极限转速比滚子轴承的高，所以当转速较高且旋转精度要求较高时，应选用球轴承。推力轴承的极限转速低。当工作转速较高，而轴向载荷不大时，可采用角接触球轴承或深沟球轴承。对于高速回转的设备，为减小滚动体施加于外圈滚道的离心力，宜选用外径和滚动体直径较小的轴承。若工作转速超过轴承的极限转速，可通过提高轴承的公差等级、适当加大其径向游隙等措施来满足要求。

3）调心性能

轴承内、外圈轴线间的偏位角应控制在极限值之内，如表 11.1 所示。否则会增加轴承的附加载荷而降低其寿命。当刚度较差或安装精度较差时,轴承内、外圈轴线间的偏位角较大,宜选用调心类轴承,如调心球轴承(1 类)、调心滚子轴承(2 类)等。

4) 允许的空间

当轴向尺寸受到限制时,宜选用窄或特窄的轴承。当径向尺寸受到限制时,宜选用滚动体较小的轴承。如要求径向尺寸小而径向载荷又很大,可选用滚针轴承。

5) 装调性能

圆锥滚子轴承(3 类)和圆柱滚子轴承(N 类)的内、外圈可分离,装拆比较方便。

6) 经济性

在满足使用要求的情况下应尽量选用价格低廉的轴承。一般情况下球轴承的价格低于滚子轴承。轴承的精度等级越高,其价格也越高。在同尺寸和同精度的轴承中深沟球轴承的价格最低。同型号、尺寸,不同公差等级的深沟球轴承的价格比约为 P0∶P6∶P5∶P4∶P2≈1∶1.5∶2∶7∶10。如无特殊要求,应尽量选用普通级精度轴承,只有对旋转精度有较高要求时,才选用精度较高的轴承。

除此之外,还可能有其他各种各样的要求,如轴承装置整体设计的要求等,因此设计时要全面分析比较,选出最合适的轴承。

2. 滚动轴承的工作能力计算

1) 滚动轴承的失效形式和计算准则

(1) 载荷分析。

以深沟球轴承为例进行分析。如图 11.7 所示,轴承受径向载荷 F_r 作用时,各滚动体承受的载荷是不同的,处于最低位置的滚动体受载荷最大。由理论分析知,受载荷最大的滚动体所受的载荷为 $F_0 \approx (5/z)F_r$,z 为滚动体的数目。

当外圈不动内圈转动时,滚动体既自转又绕轴承的轴线公转,于是内、外圈与滚动体的接触点位置不断发生变化,滚道与滚动体接触表面上某点的接触应力也随着作周期性的变化,滚动体与旋转套圈(设为内圈)受周期性变化的脉动循环接触应力作用,固定套圈上点 A 受最大的稳定脉动循环接触应力作用。

(2) 失效形式。

滚动轴承的失效形式主要有以下三种。

① 疲劳点蚀。滚动体和套圈滚道在脉动循环的接触应力作用下,当应力值或应力循环次数超过一定数值后,接触表面会出现接触疲劳点蚀。点蚀使轴承在运转中产生振动和噪声,回转精度降低且工作温度升高,使轴承失去正常的工作能力。接触疲劳点蚀是滚动轴承的最主要失效形式。

② 塑性变形。在过大的静载荷或冲击载荷的作用下,套圈滚道或滚动体可能会发生塑性变形,滚道出现凹坑或滚动体被压扁,使运转精度降低,产生振动和噪声,导致轴承不能正常工作。

③ 磨损。在润滑不良、密封不可靠及多尘的情况

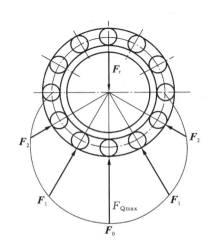

图 11.7 滚动轴承的载荷分析

下,滚动体或套圈滚道易产生磨粒磨损,高速时会出现胶合磨损,轴承过热还将导致滚动体回火。

另外,滚动轴承配合、安装、拆卸及使用维护不当,还会引起轴承元件破裂等其他形式的失效,这也应采取相应的措施加以防止。

(3)计算准则。

针对上述的主要失效形式,滚动轴承的计算准则如下。

① 对于一般转速($n>10$ r/min)的轴承,疲劳点蚀为其主要的失效形式,应进行寿命计算。

② 对于低速($n\leqslant10$ r/min)重载或大冲击条件下工作的轴承,其主要失效形式为塑性变形,应进行静强度计算。

③ 对于高转速的轴承,除疲劳点蚀外,胶合磨损也是重要的失效形式,因此除应进行寿命计算外还要校验其极限转速。

2)滚动轴承的基本额定寿命和基本额定动载荷

(1)轴承寿命。

在一定载荷作用下,滚动轴承运转到任一滚动体或套圈滚道上出现疲劳点蚀前,两套圈相对运转的总转数(圈数)或工作的小时数,称为轴承寿命。这也意味着一个新轴承运转至出现疲劳点蚀就不能再使用了。如同预言一个人的寿命一样,对于一个具体的轴承,无法预知其确切的寿命。但借助于人口调查等相关资料,却可以预知某一批人的寿命。同理,引入下面关于基本额定寿命的说法。

(2)基本额定寿命。

一批相同的轴承,在同样的受力、转数等常规条件下运转,其中有10%的轴承发生疲劳点蚀破坏(90%的轴承未出现点蚀破坏)时,一个轴承所转过的总转(圈)数或工作的小时数称为轴承的基本额定寿命,用符号$L(10^6 r)$或$L_h(h)$表示。需要说明的是:①轴承运转的条件不同,如受力大小不一样,则其基本额定寿命值不一样;②某一轴承能够达到或超过此寿命值的可能性即可靠度为90%,达不到此寿命值的可能性即破坏率为10%。

(3)基本额定动载荷。

基本额定动载荷是指基本额定寿命为$L=10^6 r$时,轴承所能承受的最大载荷,用字母C表示。基本额定动载荷越大,其承载能力也越大。不同型号轴承的基本额定动载荷C值可查阅轴承样本或《机械设计手册》等资料。

3)滚动轴承的寿命计算公式

滚动轴承的基本额定寿命(以下简称为寿命)与承受的载荷有关,通过大量试验获得轴承的基本额定寿命为

$$L_h=\frac{10^6}{60n}\left(\frac{f_T C}{P}\right)^\varepsilon\geqslant[L_h] \tag{11-1}$$

或
$$C\geqslant C'=\frac{P}{f_T}\left(\frac{60n[L_h]}{10^6}\right)^{\frac{1}{\varepsilon}} \tag{11-2}$$

式中:L_h——轴承的基本额定寿命;

n——轴承转数;

ε——轴承寿命指数;

C——基本额定动载荷;

C'——所需轴承的基本额定动载荷；

P——当量动载荷；

f_T——温度系数(见表11.5)，是考虑轴承工作温度对C的影响而引入的修正系数；

$[L_h]$——轴承的预期使用寿命，设计时如果不知道轴承的预期寿命值，表11.6的荐用值可供参考。

表 11.5 温度系数 f_T

轴承工作温度/℃	≤100	125	150	200	250	300
温度系数 f_T	1	0.95	0.90	0.80	0.70	0.60

表 11.6 滚动轴承预期使用寿命的荐用值

机 器 类 型	预期寿命/h
不经常使用的仪器或设备，如闸门开闭装置等	300~3000
短期或间断使用的机械，中断使用不致引起严重后果，如手动机械等	3000~8000
间断使用的机械，中断使用后果严重，如发动机辅助设备，流水作业线自动传动装置、升降机、车间吊车、不经常使用的机床等	8000~12 000
每日8 h工作的机械(利用率不高)，如一般的齿轮传动、某些固定电动机等	12 000~20 000
每日8 h工作的机械(利用率较高)如金属切削机床、连续使用的起重机、木材加工机械等	20 000~30 000
24 h连续工作的机械，如矿山升降机、泵、电动机等	40 000~60 000
24 h连续工作的机械，中断使用后果严重，如纤维生产或造纸设备、发电站主发电机、矿井水泵、船舶螺旋桨等	100 000~200 000

4) 滚动轴承的当量动载荷计算

轴承的基本额定动载荷C是在一定的试验条件下确定的，对向心轴承是指纯径向载荷，对推力轴承是指纯轴向载荷。在进行寿命计算时，需将作用在轴承上的实际载荷折算成与上述条件相当的载荷，即当量动载荷。在该载荷的作用下，轴承的寿命与实际载荷作用下轴承的寿命相同。当量动载荷用符号p表示，计算公式为

$$p = f_p(XF_r + YF_a) \tag{11-3}$$

式中：f_p——载荷系数，是考虑工作中的冲击和振动会使轴承寿命降低而引入的系数，如表11.7所示；

F_r——轴承所受的径向载荷；

F_a——轴承所受的轴向载荷；

X、Y——径向载荷系数和轴向载荷系数，如表11.8所示。

表 11.7 载荷系数 f_p

载荷性质	无冲击或轻微冲击	中等冲击	强烈冲击
f_p	1.0~1.2	1.2~1.8	1.8~3.0

表 11.8　径向载荷系数 X 和轴向载荷系数 Y

轴承类型		F_a/C_o	e	$F_a/F_r > e$		$F_a/F_r \leqslant e$	
				X	Y	X	Y
深沟球轴承		0.014	0.19	0.56	2.30	1	0
		0.028	0.22		1.99		
		0.056	0.26		1.71		
		0.084	0.28		1.55		
		0.11	0.30		1.45		
		0.17	0.34		1.31		
		0.28	0.38		1.15		
		0.42	0.42		1.04		
		0.56	0.44		1.00		
角接触球轴承	$\alpha = 15°$	0.015	0.38	0.44	1.47	1	0
		0.029	0.40		1.40		
		0.058	0.43		1.30		
		0.087	0.46		1.23		
		0.12	0.47		1.19		
		0.17	0.50		1.12		
		0.29	0.55		1.02		
		0.44	0.56		1.00		
		0.58	0.56		1.00		
	$\alpha = 25°$	—	0.68	0.41	0.87	1	0
	$\alpha = 40°$	—	1.14	0.35	0.57	1	0
圆锥滚子轴承		—	$1.5\tan\alpha$	0.40	$0.4\cot\alpha$	1	0

注：①表中均为单列轴承的系数值，双列轴承查《滚动轴承产品样本》；

②C_o 为轴承的基本额定静载荷；α 为接触角；

③e 是判别轴向载荷 F_a 对当量动载荷 P 影响程度的参数。查表时，可按 F_a/C_o 查得 e 值，再根据 $F_a/F_r > e$ 或 $F_a/F_r \leqslant e$ 来确定 X、Y 值。

5）角接触轴承的轴向载荷

（1）角接触轴承的内部轴向力。

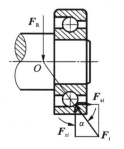

如图 11.8 所示，由于角接触轴承存在着接触角 α，所以载荷作用中心不在轴承的宽度中点，而与轴心线交于点 O。当受到径向载荷 F_R 作用时，作用在承载区内第 i 个滚动体上的法向力 F_i 可分解为径向分力 F_{ri} 和轴向分力 F_{si}。各滚动体上所受轴向分力的总和即为轴承的内部轴向力 F_s，其大小可按表 11.9 求得，方向沿轴线由轴承外圈的宽边指向窄边。

图 11.8　角接触轴承中的
内部轴向力分析

表 11.9　角接触轴承的内部轴向力

圆锥滚子轴承	角接触球轴承		
	70000C($\alpha=15°$)	70000AC($\alpha=25°$)	70000B($\alpha=40°$)
$F_s=F_r/(2Y)$	$F_s=eF_r$	$F_s=0.68F_r$	$F_s=1.14F_r$

注:上表中 e 值查表 11.8 确定。

（2）角接触轴承轴向力 F_a 的计算。

为了使角接触轴承能正常工作,一般这种轴承都要成对使用,并将两个轴承对称安装。常见有两种安装方式:①图 11.9 所示为外圈窄边相对安装,称为正装或面对面安装;②图 11.10 所示为两外圈宽边相对安装,称为反装或背靠背安装。

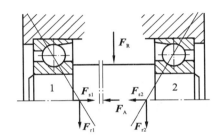

图 11.9　外圈窄边相对安装

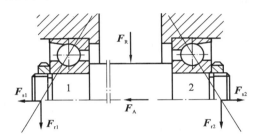

图 11.10　外圈宽边相对安装

下面以图 11.9 所示的角接触球轴承支承的轴系为例,分析轴线方向的受力情况。将图 11.9 抽象成为图 11.11(a)所示的受力简图,F_{a1} 及 F_{a2} 为两个角接触轴承所受的轴向力,作用在轴承外圈宽边的端面上,方向沿轴线由宽边指向窄边。F_A 称为轴向外载荷(力),是轴上除 F_a 之外的轴向外力的合力。在轴线方向,轴系在 F_A、F_{a1} 及 F_{a2} 作用下处于平衡状态。由于 F_A 为已知,F_{a1} 及 F_{a2} 待求,这属于超静定的问题,故引入求解角接触轴承轴向力 F_a 的方法如下。

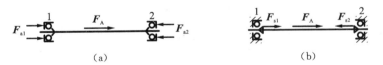

(a)　　　　　　　　　　　　　　　　　(b)

图 11.11　轴向力分析

① 先计算出轴上的轴向外力(合力)F_A 的大小及两支点处轴承的内部轴向力 F_{s1}、F_{s2} 的大小,并在计算简图 11.11(b)中绘出这三个力。

② 将轴向外力 F_A 及与之同向的内部轴向力相加,取其之和与另一反向的内部轴向力比较大小。如图 11.11(b)所示,若 $F_{s1}+F_A\geqslant F_{s2}$,根据轴承及轴系的结构,外圈固定不动,轴与固结在一起的内圈有右移趋势,则轴承 2 被"压紧",轴承 1 被"放松"。若 $F_{s1}+F_A<F_{s2}$,根据轴承及轴系的结构,外圈固定不动,轴与固结在一起的内圈有左移趋势,则轴承 1 被"压紧",轴承 2 被"放松"。

③ "放松端"轴承的轴向力等于它本身的内部轴向力。

④ "压紧端"轴承的轴向力等于除本身的内部轴向力外其余各轴向力的代数和。

例 11-2　已知一对 7206C 轴承支承的轴系,轴上径向力 $F_R=6000$ N,求图 11.12(a)、(b)、 (c)三种情况两轴承所受的轴向力。

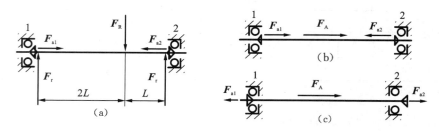

图 11.12　例 11-2 图

解　(1) 情况(a)：如图 11.12(a)所示,轴向外力 $F_A=0$,$F_a/C_0=0.029$。
列平衡方程求得：

① $F_{r1}=2000$ N,$F_{r2}=4000$ N。($F_R \times L-F_{r1} \times 3L_1=0$)

② 由表 11.9 及表 11.8 知,内部轴向力为

$$F_{s1}=0.4F_{r1}=0.4 \times 2000 \text{ N}=800 \text{ N}$$

$$F_{s2}=0.4F_{r2}=0.4 \times 4000 \text{ N}=1600 \text{ N}$$

③ 由于 $F_{s1}<F_{s2}$,再根据结构判断轴承 1 被压紧,轴承 2 被放松,所以 $F_{a1}=F_{s2}=1600$ N；轴承 2 仅受内部轴向力,$F_{a2}=F_{s2}=1600$ N。

(2) 情况(b)：$F_A=600$ N,$F_{s1}=800$ N,$F_{s2}=1600$ N,方向如图 11.12(b)所示。

　　$F_{s2}>F_A+F_{s1}$,轴承 1 被压紧,轴承 2 被放松。

$$F_{a1}=F_{s2}-F_A=1000 \text{ N}$$

$$F_{a2}=F_{s2}=1600 \text{ N}$$

(3)情况(c)：两轴承反安装,如图 11.12(c)所示,$F_A=1000$ N,$F_{s1}=800$ N,$F_{s2}=1600$ N。

　　$F_A+F_{s2}>F_{s1}$,轴有向右移动趋势,轴承 1 被压紧。

$$F_{a1}=F_A+F_{s2}=2600 \text{ N}$$

$$F_{a2}=F_{s2}=1600 \text{ N}$$

值得注意的是,在本例的几种情况中,虽然判断轴承 1 被压紧,轴承 2 被放松,但这并不说明轴承 1 受的轴向力必然大于轴承 2 所受的轴向力。"情况(b)"中 $F_{a1}=1000$ N,$F_{a2}=1600$ N 就明显说明了这一点。

　　6) 滚动轴承的静强度计算

对于缓慢摆动或低转速($n<10$ r/min)的滚动轴承,其主要失效形式为塑性变形,应按静强度进行计算确定轴承尺寸。对在重载荷或冲击载荷作用下转速较高的轴承,除要进行寿命计算外,为安全起见,也要再进行静强度验算。

(1) 基本额定静载荷 C_0。

轴承两套圈间相对转速为零,使受最大载荷滚动体与滚道接触中心处引起的接触应力达到一定值(向心和推力球轴承为 4200 MPa,滚子轴承为 4000 MPa)时的静载荷,称为滚动轴承的基本额定静载荷 C_0(向心轴承称为径向基本额定静载荷 C_{or},推力轴承称为轴向基本额定静载荷 C_{oa})。各类轴承的 C_0 值可由轴承标准中查得。实践证明,在上述接触应力作用下所产生的塑性变形量,除了对那些要求转动灵活性高和振动低的轴承外,一般不会影响其正常工作。

(2) 当量静载荷 P_0。

当量静载荷 P_o 是指承受最大载荷滚动体与滚道接触中心处,引起与实际载荷条件下相当的接触应力时的假想静载荷。其计算公式为

$$P_o = X_o F_r + Y_o F_a \tag{11-4}$$

式中:X_o、Y_o——当量静载荷的径向系数和轴向系数,可由表 11.10 查取。若由式(11-4)计算出的 $P_o < F_r$,则应取 $P_o = F_r$。

表 11.10 单列轴承的径向静载荷系数 X_o 和轴向静载荷系数 Y_o

轴承类型		X_o	Y_o
深沟球轴承		0.6	0.5
角接触球轴承	$\alpha = 15°$	0.5	0.46
	$\alpha = 25°$		0.38
	$\alpha = 40°$		0.26
圆锥滚子轴承		0.5	$0.22\cot\alpha$
推力球轴承		0	1

(3)静强度计算。

轴承的静强度计算式为

$$C_o \geqslant S_o P_o \tag{11-5}$$

式中:S_o——静强度安全系数,其值可查表 11.11。

表 11.11 静强度安全系数 S_o

旋转条件	载荷条件	S_o	使用条件	S_o
连续旋转轴承	普通载荷	1~2	高精度旋转场合	1.5~2.5
	冲击载荷	2~3	振动冲击场合	1.2~2.5
不常旋转及作摆动运动的轴承	普通载荷	0.5	普通旋转精度场合	1.0~1.2
	冲击及不均匀载荷	1~1.5	允许有变形量场合	0.3~1.0

例 11-3 齿轮减速器中的 30205 轴承受轴向力 $F_a = 2000$ N,径向力 $F_r = 4500$ N,静强度安全系数 $S_o = 2$,试验算该轴承是否满足静强度要求。

解 由《机械设计手册》查得,30205 轴承的基本额定静载荷为 $C_o = 37000$ N,$X_o = 0.5$,$Y_o = 0.9$。当量静载荷为

$$P_o = X_o F_r + Y_o F_a = (0.5 \times 4500 + 0.9 \times 2000) \text{ N} = 4050\text{N}$$

由式(11-5)得

$$\frac{C_o}{P_o} = \frac{37000}{4050} = 9.14 > S_o = 2$$

该轴承满足静强度要求。

三、滚动轴承的组合设计

滚动轴承安装在机器设备上,它与支承它的轴和轴承座(机体)等周围零件之间的整体关系

称为轴承部件的组合。为了保证滚动轴承能够正常工作,除了要合理地选择轴承类型、尺寸外,还必须正确地进行轴承组合的结构设计。在设计轴承的组合结构时,要考虑轴承的安装、调整、配合、拆卸、紧固、润滑和密封等多方面的内容。

1. 滚动轴承的固定

1)两端单向固定

如图 11.13(a)所示,在轴的两个支点上,用轴肩顶住轴承内圈,轴承盖顶住轴承的外圈,使每个支点都能限制轴的单方向轴向移动,两个支点合起来就限制了轴的双向移动,这种固定方式称为两端单向固定或双固式。图 11.13(a)上半部为采用深沟球轴承支承的结构,它结构简单、便于安装,适于工作温度变化不大的短轴。考虑轴因受热而伸长,安装轴承时,如图 11.13(b)所示,在深沟球轴承的外圈和端盖之间,应留有 $c=0.25\sim0.4$ mm 的热补偿轴向间隙。图 11.13(a)下半部为采用角接触球轴承支承的结构。

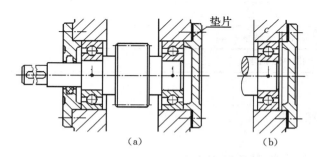

垫片

(a)　　　　　　　　　(b)

图 11.13　两端单向固定的轴系

2)一端双向固定、一端游动

如图 11.14(a)所示,左端轴承内、外圈都为双向固定,以承受双向轴向载荷,称为固定端。右端为游动端,选用深沟球轴承时内圈作双向固定,外圈的两侧自由,且在轴承外圈与端盖之间留有适当的间隙,轴承可随轴颈沿轴向游动,适应轴的伸长和缩短的需要。如图 11.14(b)所示,游动端选用圆柱滚子轴承时,该轴承的内、外圈均应双向固定。这种固游式结构适于工作温度变化较大的长轴。

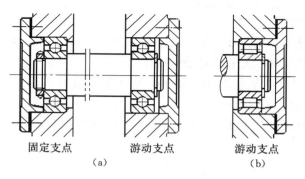

固定支点　　　　游动支点　　　　　游动支点
(a)　　　　　　　　　　　(b)

图 11.14　一端双向固定、一端游动的轴系

3)两端游动式

图 11.15 所示为人字齿轮传动中的主动轴,考虑到轮齿两侧螺旋角的制造误差,为了使轮齿啮合时受力均匀,两端都采用圆柱滚子轴承支承,轴与轴承内圈可沿轴向少量移动,即为两端游动式结构。与其相啮合的从动轮轴系则必须用双固式或固游式结构。若主动轴的轴向位置

也固定,可能会发生干涉以至卡死现象。

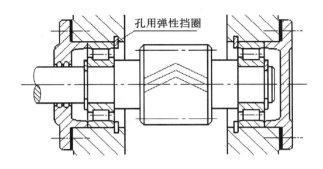

图 11.15 两端游动的轴系

轴承在轴上一般用轴肩或套筒定位,轴承内圈的轴向固定应根据轴向载荷的大小选用图 11.16(a)所示的轴端挡圈、圆螺母、轴用弹性挡圈等结构。外圈则采用图 11.16(b)所示的轴承座孔的端面(止口)、孔用弹性挡圈、压板、端盖等形式固定。

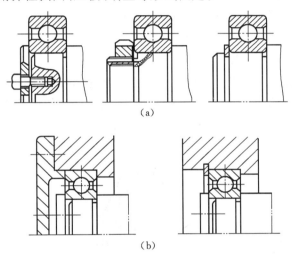

图 11.16 单个轴承的轴向定位与固定

2. 轴承组合的调整

1)轴承间隙的调整

常用的调整轴承间隙的方法如下。

(1) 如图 11.13 所示,靠增减端盖与箱体结合面间垫片的厚度进行轴承间隙的调整。

(2) 如图 11.17 所示,利用端盖上的调节螺钉改变可调压盖及轴承外圈的轴向位置来实现轴承间隙的调整,调整后用螺母锁紧防松。

2)滚动轴承的预紧

在轴承安装以后,使滚动体和套圈滚道间处于适合的预压紧状态,称为滚动轴承的预紧。预紧的目的在于提高其工作的刚度和旋转精度。成对并列使用的圆锥滚子轴承、角接触球轴承及对旋转精度和刚度有较高要求的轴系通常都采用预紧方法装配。如图 11.18 所示,常用的预紧方法有在套圈间加垫片并加预紧力、磨窄套圈并加预紧力等。

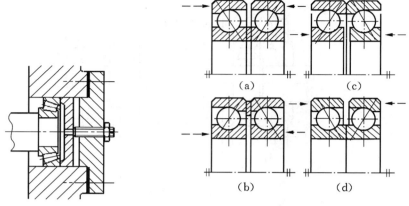

图 11.17　利用压盖调整轴承的间隙　　　　图 11.18　轴承的预紧

3）轴承组合位置的调整

轴承组合位置调整的目的,是使轴上的零件如齿轮等具有准确的轴向工作位置。图 11.19
所示为圆锥齿轮轴承的组合结构,套杯与机座之间的垫片 1 用来调整轴系的轴向位置,而垫片
2 则用来调整轴承间隙。

3. 支承部位的刚度和同轴度

为保证支承部分的刚度,轴承座孔壁应有足够的厚度,并设置图 11.20(a)所示的加强肋以
增强支承刚度。为保证两端轴承座孔的同轴度,箱体上同一轴线的两个轴承座孔应一次镗出。
如图 11.20(b)所示,若轴上装有不同外径尺寸的轴承,则可采用套杯式结构,使两端轴承座孔
的直径尺寸尽量相同,以便加工时一次镗出两轴承座孔。

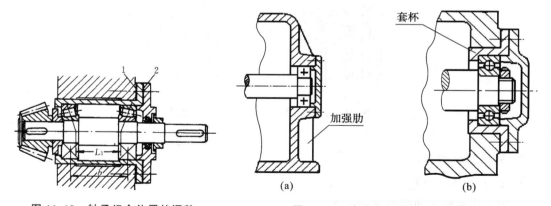

图 11.19　轴承组合位置的调整　　　　　图 11.20　支承部位的刚度和同轴度

4. 滚动轴承的配合

滚动轴承的配合是指轴承内圈与轴颈、外圈与轴承座孔的配合。因为滚动轴承已经标准
化,轴承内孔与轴颈的配合采用基孔制,轴承外圈与轴承座孔的配合采用基轴制。一般说来,转
动圈(通常是内圈与轴一起转动)的转速越高,载荷越大,工作温度越高,则内圈与轴颈应采用越
紧的配合;而外圈与座孔间(特别是需要作轴向游动或经常装拆的场合)常采用较松的配合。轴
颈公差带常取 n6、m6、k6、js6 等;座孔的公差带常取 J7、J6、H7 和 G7 等,具体选择可参考有关

的《机械设计手册》。

5. 滚动轴承的安装与拆卸

设计轴承的组合结构时,应考虑有利于轴承的装拆,以便在装拆时不损坏轴承和其他零部件。装拆时,要求滚动体不受力,装拆力要对称或均匀地作用在套圈的端面上。

1)轴承的安装

(1)冷压法。

冷压法是用专用压套压装轴承的安装方法,如图 11.21(a)所示,装配时,先加专用压套,再用压力机压入或用手锤轻轻打入。

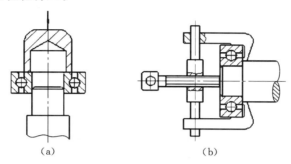

(a)　　　　　　　　　(b)

图 11.21　轴承的安装与拆卸

(2)热装法。

热装法是将轴承放入油池或加热炉中加热至 80~100 ℃,然后套装在轴上的安装方法。

2)轴承的拆卸

应使用专门的拆卸工具拆卸轴承,如图 11.21(b)所示。

为了便于用专用工具拆卸轴承,设计时轴上定位轴肩的高度应低于轴承内圈的高度。同理,轴承外圈在套筒内应留出足够的高度和必要的拆卸空间,或采取其他便于拆卸的结构。图 11.22 所示为结构设计错误的示例,图 11.22(a)表示轴肩 h 过高,无法用拆卸工具拆卸轴承;图 11.22(b)表示衬套孔直径 d_0 过小,无法拆卸轴承外圈。

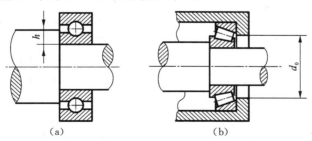

(a)　　　　　　　　　(b)

图 11.22　结构错误示例

6. 滚动轴承的润滑和密封

1)滚动轴承的润滑

滚动轴承润滑的主要目的是减小摩擦与磨损,同时也有吸振、冷却、防锈和密封等作用。滚动轴承的润滑与滑动轴承的类似,常用的润滑剂有润滑油和润滑脂两种,一般高速时采用油润滑,低速时用脂润滑,某些特殊情况下用固体润滑剂。润滑方式可根据轴承的 dn 值来确定。这里 d 为轴承内径,n 是轴承的转速,dn 值间接表示了轴颈的圆周速度。适用于脂润滑和油润滑

的 dn 值界限列于表 11.12 中,可作为选择润滑方式时的参考。

表 11.12　适用于脂润滑和油润滑的 dn 值界限　　单位:$10^4 \times$ mm·r/min

轴承类型	脂润滑	油润滑			
		油浴	滴油	循环油(喷油)	油雾
深沟球轴承	16	25	40	60	>60
调心球轴承	16	25	40	—	—
角接触球轴承	16	25	40	60	>60
圆柱滚子轴承	12	25	40	60	>60
圆锥滚子轴承	10	16	23	30	—
调心滚子轴承	8	12		25	—
推力球轴承	4	6	12	15	—

脂润滑能承受较大的载荷,且润滑脂不易流失,结构简单,便于密封和维护。润滑脂常常采用人工方式定期更换,润滑脂的加入量一般应是轴承内空隙体积的 1/2～1/3。

速度较高或工作温度较高的轴承都采用油润滑,润滑和散热效果均较好,但润滑油易于流失,因此要保证在工作时有充足的供油。减速器常用的润滑方式有油浴润滑及飞溅润滑等。油浴润滑时油面不应高于最下方滚动体的中心,否则搅油能量损失较大易使轴承过热。喷油润滑或油雾润滑兼有冷却作用,常用于高速情况。

2) 滚动轴承的密封

滚动轴承密封的作用是防止外界灰尘、水分等进入轴承,并防止轴承内润滑剂流失。密封方法可分为接触式密封和非接触式密封两大类。

接触式密封常用的有毛毡圈密封、唇形密封圈密封等。图 11.23(a)所示为采用毛毡圈密封的结构。毛毡圈密封是将工业毛毡制成的环片,嵌入轴承端盖上的梯形槽内,与转轴间摩擦接触,其结构简单、价格低廉,但毡圈易于磨损,常用于工作温度不高的脂润滑场合。图 11.23(b)所示为采用唇形密封圈密封的结构。唇形密封圈是由专业厂家供货的标准件,有多种不同的结构和尺寸;其广泛用于油润滑和脂润滑场合,密封效果好,但在高速时易于发热。

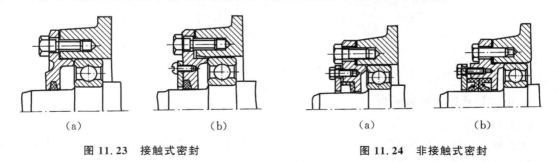

图 11.23　接触式密封　　　　　　　　图 11.24　非接触式密封

高速时多采用与转轴无直接接触的非接触式密封,以减小摩擦功耗和发热。非接触式密封常用的有油沟式密封、迷宫式密封等结构。图 11.24(a)所示为采用油沟密封的结构,在油沟内填充润滑脂密封,其结构简单,适用于轴颈速度 $v \leqslant 5 \sim 6$ m/s 的场合。图 11.24(b)所示为采用曲路迷宫式密封的结构,适用于高速场合。

◀ 任务 2　滑动轴承 ▶

工作时轴承和轴颈的支承面间形成直接或间接滑动摩擦的轴承称为滑动轴承。润滑良好的滑动轴承在高速、重载、高精度以及结构要求对开的场合优点更突出,在汽轮机、内燃机、大型电动机、仪表、机床、航空发动机及铁路机车等机械上被广泛应用。此外,在低速、伴有冲击的机械中,如水泥搅拌机、破碎机等也常采用滑动轴承。

按受载方向,滑动轴承可分为受径向载荷的径向滑动轴承和受轴向载荷的推力滑动轴承。

一、滑动轴承的结构

常用滑动轴承的结构形式及其尺寸已经标准化,应尽量选用标准形式。必要时也可以专门设计,以满足特殊需要。

1. 径向滑动轴承的结构

图 11.25 所示为整体式径向滑动轴承,由轴承体 1、轴承 2、润滑装置等组成。这种轴承结构简单,但装拆时轴或轴承需轴向移动,而且轴套磨损后轴承间隙无法调整。整体式轴承多用于间歇工作和低速轻载的机械。

图 11.26(a)所示为剖分式径向滑动轴承。轴瓦直接与轴相接触。轴瓦不能在轴承孔中转动,为此轴承盖应适度压紧。轴承盖上制有螺纹孔,便于安装油杯或油管。为了提高安装的对心精度,在中分面上制出台阶形榫口。当载荷方向倾斜时,可将中分面相应斜置(见图 11.26(b)),但使用时应保证径向载荷的实际作用线与中分面对称线的摆角不超过 35°。

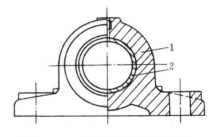

图 11.25　整体式径向滑动轴承

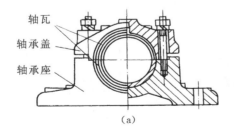
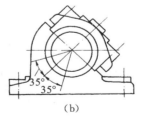

轴瓦
轴承盖
轴承座

(a)　　　　　　　　　(b)

图 11.26　剖分式径向滑动轴承

剖分式径向滑动轴承装拆方便,轴承孔与轴颈之间的间隙可适当调整,当轴瓦磨损严重时,可方便地更换轴瓦,因此应用比较广泛。

径向滑动轴承还有许多其他类型,如轴瓦外表面和轴承座孔均为球面,从而成为能适应轴线偏转的调心轴承、轴承间隙可调的滑动轴承等。

2. 推力滑动轴承的结构

推力滑动轴承能够承受轴向载荷,如图 11.27(e)所示 **F**。常见的止推面结构有轴的端面(见图 11.27(a)、(b))、轴段中制出的单环或多环形轴肩(见图 11.27(c)、(d))等。

实心端面(见图 11.27(a))为止推面的轴颈,工作时接触端面外缘的滑动速度较大,因此端面外缘的磨损大于中心处,结果使应力集中于中心处。实际结构中多数采用空心轴颈(见图 11.27(b)),它不但能改善受力状况,而且有利于润滑油由中心凹孔导入润滑并储存。图 11.27(e)所示为空心型立式平面推力滑动轴承结构示意图,轴承座 1 由铸铁或铸钢制成,止推轴瓦 2 由青铜或其他减摩材料制成,销钉 4 限制轴瓦转动。止推轴瓦下表面制成球形,以防偏载。

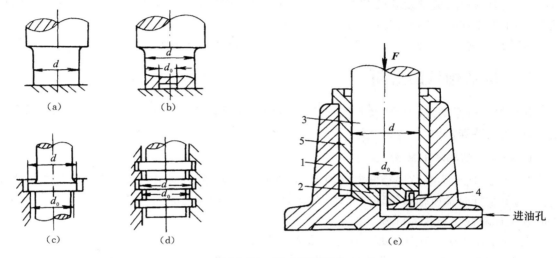

图 11.27　推力滑动轴承

二、轴瓦和轴承衬

1. 结构

轴瓦和轴套是滑动轴承的重要零件。轴套用于整体式滑动轴承,轴瓦用于剖分式滑动轴承。轴瓦有厚壁(壁厚 δ 与直径 D 之比大于 0.5)和薄壁两种,如图 11.28 所示。

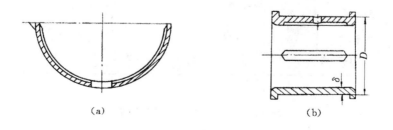

图 11.28　轴瓦

薄壁轴瓦(见图 11.28(a))是将轴承合金粘附在低碳钢带上经冲裁、弯曲变形及精加工而成的,这种轴瓦适合于大量生产,其质量稳定、成本低。但其刚性差,装配后不再修刮内孔,轴瓦受力变形后形状取决于轴承座的形状,所以轴承座也应精加工。

厚壁轴瓦(见图 11.28(b))常由铸造制得。为改善摩擦性能,可在底瓦内表面浇注一层轴承合金(称为轴承衬),厚度为零点几毫米至几毫米。为使轴承衬牢固粘附在底瓦上,可在底瓦内表面预制出燕尾槽(见图 11.29)。为更好发挥材料的性能,还可在这种双金属轴瓦的轴承衬表面镀一层铟、银等更软的金属。多金属轴瓦能满足轴瓦的各项性能要求。

为使润滑油均布于轴瓦工作表面,轴瓦上制有油孔和油槽。当载荷向下时,承载区为轴瓦下部,上部为非承载区。润滑油进口应设在上部(见图 11.30),使油能顺利导入。油槽应以进油口为中心沿纵横或斜向开设,但不得与轴瓦端面开通,以减少端部泄油。图 11.31 所示为常用的油槽形式。

轴瓦的主要参数是宽径比 B/d,B 是轴瓦的宽度,d 是轴颈直径。对流体摩擦滑动轴承,常取 $B/d=0.5\sim1$;对边界和混合摩擦滑动轴承,常取 $B/d=0.8\sim1.5$。

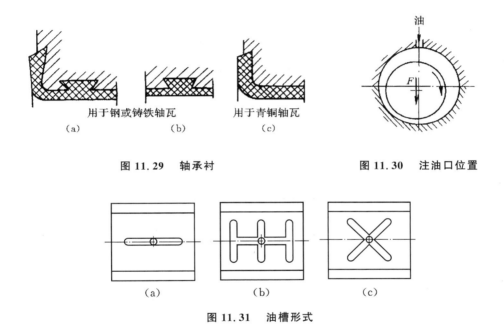

用于钢或铸铁轴瓦　(a)　(b)　用于青铜轴瓦　(c)

图 11.29　轴承衬　　　　　　图 11.30　注油口位置

(a)　　　　(b)　　　　(c)

图 11.31　油槽形式

2. 材料

轴瓦和轴承衬的材料应具备下述性能:①摩擦系数小;②导热性好,热胀系数小;③耐磨、耐蚀、抗胶合能力强;④足够的力学强度和一定的可塑性;⑤对润滑油具有亲合性。轴瓦(包括轴承衬)材料直接影响到轴承的性能,应根据使用要求、生产批量和经济性要求合理选择。常用的轴瓦或轴承衬的材料及其性能如表 11.13 所示。

除了上述几种金属材料外,还可采用其他金属材料及非金属材料,如黄铜、铸铁、塑料、碳石墨、橡胶及粉末冶金等作为轴瓦材料。应用时,轴瓦和轴承衬材料的牌号和性能可由《机械设计手册》查取。

三、滑动轴承的润滑

润滑对减少滑动轴承的摩擦和磨损以及保证轴承正常工作有重要意义。因此,设计和使用滑动轴承时,必须合理地采取措施,对滑动轴承进行润滑。

表 11.13　常用的金属轴瓦材料及性能

轴承材料	最大许用值			最高工作温度/℃	最小轴颈硬度/HBS	性能比较				备　注
	$[p]$/MPa	$[v]$/(m/s)	$[pv]$/(MPa·m/s)			抗咬黏性	顺嵌应藏性	耐蚀性	疲劳强度	
锡基轴承合金 ZSnSb11Cu6 ZSnSb8Cu4	平稳载荷			150	150	1	1	1	5	用于高速、重载下工作的重要轴承,变载荷下易疲劳,价格贵
	25	80	20							
	冲击载荷									
	20	60	15							
铅基轴承合金 ZPbSb16Sn16Cu2	15	12	10	150	150	1	1	3	5	用于中速、中等载荷的轴承,不宜受显著的冲击载荷。可作为锡锑轴承合金的代用品
ZPbSb15Sn5Cu3	5	8	5							
锡青铜 ZCuSn10P1	15	10	15	280	200	3	5	1	1	用于中速、重载及受变载荷的轴承
ZCuSn5Pb5Zn5	8	3	15							用于中速、中等载荷的轴承
铝青铜 ZCuAl10Fe3	15	4	12	280	200	5	5	5	2	用于润滑充分的低速、重载轴承

1. 润滑剂

1) 润滑油

润滑油是使用最广的润滑剂,其中以矿物油应用最广。润滑油的主要性能指标是黏度。通常它随温度的升高而降低。我国润滑油产品牌号是按运动黏度(单位为 mm^2/s)的中间值划分的。例如,L-AN46 全损耗系统用油(机械油),即表示在 40℃时运动黏度的中间值为 46/(mm^2/s)(40℃时的运动黏度记为 ν_{40})。除黏度之外,润滑油的性能指标还有凝点、闪点等。滑动轴承常用的润滑油牌号及选用如表 11.14 所示。

表 11.14　滑动轴承常用润滑油牌号选择

轴颈圆周速度 v/(m/s)	轻载 $p<3$ MPa 工作温度(10~60℃)		中载 $p=3~7.5$ MPa 工作温度(10~60℃)		重载 $p>7.5~30$ MPa 工作温度(20~80℃)	
	运动黏度 ν_{40}/(mm^2/s)	适用油牌号	运动黏度 ν_{40}/(mm^2/s)	适用油牌号	运动黏度 ν_{40}/(mm^2/s)	适用油牌号
0.3~1.0	45~75	L-AN46,L-AN68	100~125	L-AN100	90~350	L-AN100,L-AN150 L-AN200,L-AN320
1.0~2.5	40~75	L-AN32,L-AN46, L-AN68	65~90	L-AN68 L-AN100	—	—
2.5~5.0	40~55	L-AN32,L-AN46	—	—	—	—

轴颈圆周速度 $v/(m/s)$	轻载 $p<3$ MPa 工作温度(10~60 ℃)		中载 $p=3\sim7.5$ MPa 工作温度(10~60 ℃)		重载 $p>7.5\sim30$ MPa 工作温度(20~80 ℃)	
	运动黏度 $\nu_{40}/(mm^2/s)$	适用油牌号	运动黏度 $\nu_{40}/(mm^2/s)$	适用油牌号	运动黏度 $\nu_{40}/(mm^2/s)$	适用油牌号
5.0~9.0	15~45	L-AN15,L-AN22, L-AN32,L-AN46	—	—	—	—
>9	5~23	L-AN7,L-AN10, L-AN15,L-AN22	—	—	—	—

2) 润滑脂

润滑脂是由润滑油添加各种稠化剂和稳定剂稠化而成的膏状润滑剂。润滑脂主要应用在速度较低(轴颈圆周速度小于 1~2 m/s)、载荷较大、不经常加油、使用要求不高的场合。具体选用如表 11.15 所示。

表 11.15 滑动轴承润滑脂选择

轴承压强 p/MPa	轴颈圆周速度 $v/(m/s)$	最高工作温度 $t/℃$	润滑脂牌号
<1.0	≤1.0	75	3 号钙基脂
1.0~6.5	0.5~5.0	55	2 号钙基脂
1.0~6.5	≤1.0	-50~100	2 号锂基脂
≤6.5	0.5~5.0	120	2 号钠基脂
>6.5	≤0.5	75	3 号钙基脂
>6.5	≤0.5	110	1 号钙钠基脂

除了润滑油和润滑脂之外,在某些特殊场合,还可使用固体润滑剂,如石墨、二硫化钼、水或气体等作润滑剂。

2. 润滑方法

在选用润滑剂之后,还要选用恰当的润滑方式。滑动轴承的润滑方法可按下式求得的 k 值选用,即

$$k=\sqrt{pv^3} \tag{11-6}$$

式中: p ——轴颈的平均压强(MPa);

v ——轴颈的圆周速度(m/s)。

当 $k\leq2$ 时,若采用润滑脂润滑,可用图 11.32(a)所示的旋盖式油杯或用图 11.32(b)所示的压配式压注油杯定期加润滑脂润滑;若采用润滑油润滑,则可用图 11.32(b)所示的压配式压注油杯或图 11.32(c)所示的旋套式油杯定期加油润滑。当 $k>2\sim16$ 时,用图 11.32(e)所示的针阀式注油杯或图 11.32(d)所示的油芯式油杯进行连续的滴油润滑。

当 $k>16\sim32$ 时,用图 11.33 所式的油环带油方式,或采用飞溅、压力循环等连续供油方式进行润滑;当 $k>32$ 时,则必须采用压力循环的供油方式进行润滑。

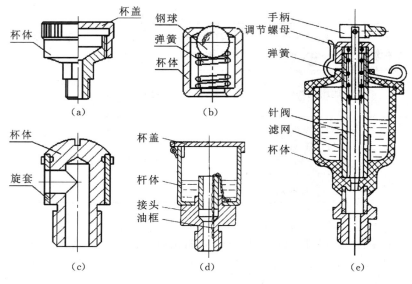

图 11.32　几种供油装置

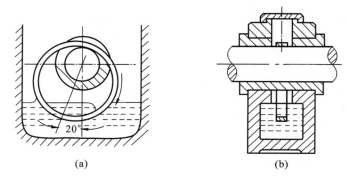

图 11.33　油环润滑

思考题与习题

11-1　滚动轴承的组成零件中,哪一个零件是不可省略的关键零件? 球轴承和滚子轴承各有何特点?

11-2　按承受载荷方向的不同,滚动轴承可分为哪几类? 各有何特点?

11-3　说明下列滚动轴承代号的含义:

$$60210/P6 \quad 612/32 \quad N2312 \quad 70216AC \quad 71311C$$

11-4　选择滚动轴承类型时要考虑哪些因素?

11-5　滚动轴承的额定动载荷 C 和额定静载荷 C_0 的意义有何不同? 分别针对何种失效形式?

11-6　轴承间隙常用的调整方法有哪些? 轴承的预紧有何意义?

11-7　轴承常用的密封装置有哪些? 各适用于什么场合?

11-8　轴瓦和轴承衬有何区别? 轴瓦有哪两种形式?

11-9　轴瓦上的油槽应设在什么位置? 油槽可否与轴瓦端面连通?

11-10　轴瓦的主要参数是什么？边界和混合摩擦状态时,该参数一般取多少？

11-11　止推滑动轴承的止推面为什么不能制成实心端面？

11-12　一深沟球轴承径向载荷 $F_r = 7500$ N,转速 $n = 2000$ r/min,预期寿命$[L_h] = 4000$ h,中等冲击,温度小于 100 ℃。试计算轴承应有的径向基本额定动载荷 C_r 值。

11-13　30208 轴承基本额定动载荷 $C_r = 63000$ N。(1)若当量动载荷 $P = 6200$ N,工作转速 $n = 750$ r/min,试计算轴承寿命;(2)若工作转速 $n = 960$ r/min,轴承的预期寿命$[L_h] = 10000$ h,求允许的最大当量动载荷。

11-14　一对 7210C 角接触球轴承分别受径向载荷 $F_{r1} = 8000$ N,$F_{r2} = 5200$ N,轴向外载荷 F_A 的方向如题 11-14 图所示。试求下列情况下各轴承的内部轴向力 F_s 和轴向载荷 F_a:(1)$F_A = 2200$ N;(2)$F_A = 900$ N;(3)$F_A = 1120$ N。

11-15　直齿轮轴系用一对深沟球轴承支承,轴颈 $d = 35$ mm,转速 $n = 1450$ r/min,每个轴承受径向载荷 $F_r = 2100$ N,载荷平稳,预期寿命$[L_h] = 8000$ h,试选择轴承型号。

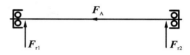

题 **11-14** 图

项目12

轴

轴是组成机器的重要零件之一,用途极广,类型很多。其主要功用是支撑机器中作回转运动的零件并传递运动和动力。机器中各种作回转运动的零件,如齿轮、带轮、链轮、车轮等都必须装在轴上才能实现其功能。

◀ 任务1 轴的类型、材料及设计内容 ▶

一、轴的类型

1. 按承载情况分

按轴在工作时的承载情况可分为心轴、传动轴和转轴三类。

1) 心轴

心轴是用来支承转动的零件,是只承受弯矩而不承受转矩的轴。心轴可以随转动的零件一起转动,如铁路车辆的轴,如图 12.1 所示;也可以是不转动的,如自行车的前轮轴,如图 12.2 所示。

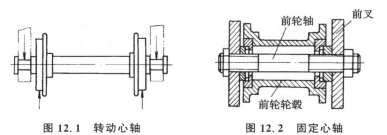

图 12.1 转动心轴 　　　　　图 12.2 固定心轴

2) 传动轴

传动轴是主要承受转矩而不承受弯矩或所受弯矩很小的轴,如汽车变速箱与驱动桥(后桥)之间的传动轴,如图 12.3 所示。

3) 转轴

转轴是工作时既承受弯矩又承受转矩的轴,如图 12.4 所示。转轴是机械中最常见的轴,如汽车变速箱中的轴、齿轮减速器中的轴。

图 12.3 传动轴 　　　　　图 12.4 转轴

2. 按轴线形状分

按轴线形状不同,轴还可以分为直轴(见图 12.5)、曲轴(见图 12.6)和挠性轴(见图12.7)三类。

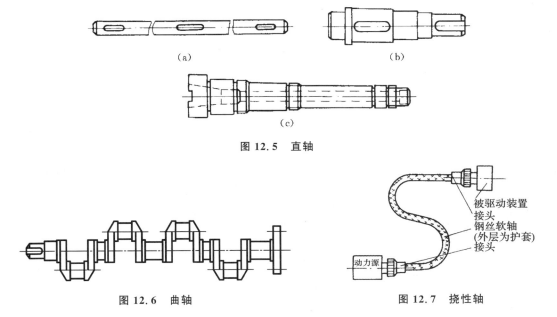

图 12.5　直轴

图 12.6　曲轴　　　　　　　　　　　　图 12.7　挠性轴

1)直轴

直轴包括光轴及阶梯轴。光轴指各处直径相同的轴。阶梯轴指各段直径不同的轴。阶梯轴便于轴上零件的定位、紧固、装拆,在机械中最常见。有时为了减轻重量或满足某种使用要求,将轴制造成空心的,称为空心轴,如汽车的传动轴和一些机床的主轴。

2)曲轴

曲轴用于活塞式动力机械、曲轴压力机、空气压缩机等机械中,是一种专用零件。

3)挠性轴

挠性轴通常是由几层紧贴在一起的钢丝层构成的,可以把动力和运动灵活地传到任何位置。挠性轴常用于振捣器和医疗设备中。

二、轴的材料

轴的材料主要是碳素钢和合金钢。常用的碳素钢为 45 钢,一般应进行正火或调质处理以改善其力学性能。不重要的或受载较小的轴,可采用 Q235 等普通碳钢制造。

承受较大载荷、要求强度高、结构紧凑或耐磨性较好的轴,可采用合金钢制造。常用的合金钢有 40Cr、20Gr、20CrMnTi 等。应当指出:当尺寸相同时,采用合金钢不能提高轴的刚度,因为在一般情况下各种钢的弹性模量相差不多;合金钢对应力集中的敏感性较高,因此轴的结构设计更要注意减少应力集中的影响;采用合金钢时必须进行相应的热处理,以便更好地发挥材料的性能。

表 12.1 所示为轴的常用材料及力学性能。

表 12.1　轴的常用材料

材料及热处理	毛坯直径/mm	硬度/HBS	强度极限 σ_b	屈服强度 σ_s	弯曲疲劳极限 σ_{-1}	应用说明
			MPa			
Q235	—	—	440	240	200	用于不重要或载荷不大的轴
35 正火	≤100	149～187	520	270	250	塑性好和强度适中可做一般曲轴、转轴等
45 正火	≤100	170～217	600	300	275	用于较重要的轴,应用最为广泛
45 调质	≤200	217～255	650	360	300	
40Cr 调质	25	—	1000	800	500	用于载荷较大,而无很大冲击的重要的轴
	≤100	241～286	750	550	350	
	>100～300	241～266	700	550	340	
40MnB 调质	25	—	1000	800	485	性能接近于40Cr,用于重要的轴
	≤200	241～286	750	500	335	
35CrMo 调质	≤100	207～269	750	550	390	用于受重载荷的轴
20Cr 渗碳淬火回火	15	表面 HRC56～62	850	550	375	用于要求强度、韧度及耐磨性均较高的轴
	—		650	400	280	
QT400-100	—	156～197	400	300	145	结构复杂的轴
QT600-2	—	197～269	600	200	215	结构复杂的轴

三、轴的设计内容及应考虑的主要问题

与其他零件一样,轴的设计包括以下两个方面的内容。

1. 轴的结构设计

轴的结构设计即根据轴上零件的安装、定位及轴的制造工艺等方面的要求,合理确定轴的结构形状和尺寸。

2. 轴的工作能力设计

轴的工作能力设计即从强度、刚度和振动稳定性等方面来保证轴具有足够的工作能力和可靠性。对于不同的机械,轴的工作能力的要求是不同的,必须针对不同的要求进行。但是强度要求是任何轴都必须满足的基本要求。

设计轴时主要应该满足轴的强度要求和结构要求;对于刚度要求较高的轴(如机床主轴),主要应该满足刚度要求;对于一些高速旋转的轴(如高速磨床主轴、气轮机主轴等),要考虑满足

振动稳定性的要求,另外要根据装配、加工、受力等具体要求,合理确定轴的形状和各部分的尺寸,即进行轴的结构设计。

同时应当注意:在转轴设计中,因为转轴工作时受到弯矩和转矩的联合作用,而弯矩是与轴上载荷的大小及轴上零件相互位置有关的,在轴的结构尺寸未确定之前,轴上载荷的大小及分布情况以及支反力的作用点还不能确定,无法求出轴所受的弯矩,因此不能对轴进行强度计算。

轴的设计程序是:先根据扭转强度(或扭转刚度)条件,初步确定轴的最小直径;然后,根据轴上零件的相互关系和定位要求,以及轴的加工、装配工艺性等,合理地拟订轴的结构形状和尺寸;在此基础上,再对较为重要的轴进行强度校核。只有在需要时,才进行轴的刚度或振动稳定性校核。

因而,轴的设计区别于其他零件设计过程的显著特点是:必须先进行结构设计,然后才能进行工作能力的核算。

◀ 任务 2　轴的基本直径估算 ▶

图 12.8 所示为一既受弯矩又受扭矩的转轴。

已知:齿轮的模数为 m,齿数为 z,齿宽为 b,轴的转速为 n 和传递的功率为 P。轴的估算有两种方法:按扭转强度估算和按经验公式估算。

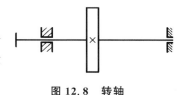

图 12.8　转轴

一、按扭转强度估算直径

在开始的时候,轴的长度及结构形式往往是未知的,因此求不出支承反力,画不出弯矩图,应力集中情况也不清楚,无法对轴进行弯曲疲劳强度计算,所以常按抗扭强度计算公式来进行轴径的初步估算,并采用降低许用切应力的方法来考虑弯曲的影响,以求出等直径的光轴。然后以该光轴为基准,按轴上零件及工艺要求进行轴的结构设计,得出轴的结构草图,从而确定各轴段的直径、长度、载荷作用点和支承位置等,进而进行轴的强度校核计算。经过校核计算,判断轴的强度是否满足需要,结构、尺寸是否需要修改。

当主要考虑扭矩作用时,由前面所学的力学知识可知,其强度条件为

$$\tau = \frac{T}{W_\mathrm{n}} = \frac{9.55 \times 10^6 \times \dfrac{P}{n}}{W_\mathrm{n}} \leqslant [\tau] \tag{12-1}$$

式中:τ——扭转切应力(MPa);

　　　T—— 轴所传递的扭矩(N·mm);

　　　W_n——轴的抗扭截面模量(mm³);

　　　P——轴所传递的功率(kW);

　　　n——轴的转速(r/min);

　　　d——轴的直径(m);

　　　$[\tau]$——轴材料的许用切应力(MPa)。

对于实心轴,有

$$W_\mathrm{n} = \frac{\pi d^3}{16} \approx 0.2 d^3 \tag{12-2}$$

故轴的直径为

$$d \geqslant \sqrt[3]{\frac{9.55 \times 10^6 P}{0.2[\tau]n}} = A\sqrt[3]{\frac{P}{n}} \tag{12-3}$$

对于空心轴,有

$$W_n = \frac{\pi d^3(1-\gamma^4)}{16} \approx 0.2d^3(1-\gamma^4) \tag{12-4}$$

故轴的直径为

$$d \geqslant \sqrt[3]{\frac{9.55 \times 10^6 P}{0.2(1-\gamma^4)[\tau]n}} = A\sqrt[3]{\frac{P}{(1-\gamma^4)n}} \tag{12-5}$$

式中:$\gamma = \dfrac{d_0}{d}$,即空心轴内、外径之比。

常用材料的$[\tau]$值、A值如表 12.2 所示。$[\tau]$值、A值的大小与轴的材料及受载情况有关。当作用在轴上的弯矩比转矩小或轴只受转矩时,$[\tau]$值取较大值,A值取较小值;否则相反。

表 12.2　常用材料的$[\tau]$值和 A 值

轴的材料	Q235A,20	35	45	40Cr,35SiMn
$[\tau]$ / MPa	≥12～20	>20～30	>30～40	>40～52
A	160～135	135～118	118～107	107～98

由式(12-3)求出的直径,一般作为轴的最小直径。如果截面上有键槽,则应该按照求得的直径增加适当的数值,如表 12.3 所示。最后需要将轴径圆整为标准值。

表 12.3　轴计算修正值

轴的直径 d/mm	<30	30～100	>100
有一个键槽时的增大值/(%)	7	5	3
有相隔 180°两个键槽时的增大值/(%)	15	10	7

二、按照经验公式估算

对于一般减速器的轴,一般也可以用经验公式来估算轴的最小直径。对于高速级输入轴的最小轴径可按与其相连接的电动机轴径 D 估算,即

$$d = (0.8 \sim 1.2)D \tag{12-6}$$

相应各级低速轴的最小直径可按同级齿轮中心距 a 估算,即

$$d = (0.3 \sim 0.4)a \tag{12-7}$$

◀ 任务 3　轴的结构设计 ▶

轴上与轴承配合的部分称为轴颈。与传动零件(带轮、齿轮、联轴器等)相配合的部分称为轴头,连接轴颈与轴头的非配合部分通常称为轴身。

轴的结构没有标准形式,在进行轴的结构设计时,必须针对不同的情况进行具体分析。要合理考虑机器的总体布局,轴上零件的类型及其定位方式,轴上载荷的大小、性质、方向和分布

情况等,同时要考虑轴的加工和装配工艺等,合理地确定轴的结构形状和尺寸。

一、拟订轴上零件的装配方案

在进行结构设计时,首先应按传动简图上所给出的各主要零件的相互位置关系拟定轴上零件的装配方案。

图 12.9 所示为一单级圆柱齿轮减速器简图。其输出轴上装有齿轮、联轴器和滚动轴承。可以采用如下的装配方案:齿轮、左端轴承和联轴器从轴的左端进行装配,右端轴承从轴的右端进行装配。在考虑了轴的加工及轴和轴上零件的定位、装配与调整要求后,确定轴的结构形式如图 12.10 所示。

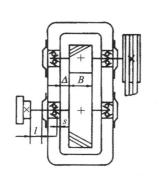

图 12.9　单级圆柱齿轮减速器简图

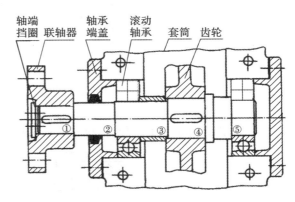

图 12.10　轴的结构

二、轴上零件的轴向定位

轴上零件的定位和固定是两个不同的概念。定位是针对装配而言的,是为了保证准确的安装位置;固定是针对工作而言的,是为了使运转中保持原位不变。但二者之间又有联系,通常作为结构措施,既起固定作用又起定位作用。

为了传递运动和动力,保证机械的工作精度和使用可靠,零件必须可靠地安装在轴上,不允许零件沿轴向发生相对运动。因此,轴上零件都必须有可靠的轴向定位措施。

轴上零件的轴向定位方法取决于零件所承受的轴向载荷大小。常用的轴向定位方法有以下几种。

1. 轴肩与轴环定位

轴肩与轴环定位方便可靠,不需要附加零件,承受的轴向力大,如图 12.11 所示。该方法会使轴径增大,阶梯处形成应力集中,阶梯过多将不利于加工。这种方法广泛用于各种轴上零件的定位。

设计要点:为了保证零件与定位面靠紧,轴上过渡圆角半径应小于零件圆角半径或倒角,一般定位高度 h 取为 $(0.07\sim0.1)d$,轴环宽度 $b=1.4h$。

2. 套筒定位

套筒定位可简化轴的结构,减小应力集中,结构简单,定位可靠,如图 12.12 所示。该方法多用于轴上零件间距离较小的场合。但由于套筒与轴之间存在间隙,所以在高速情况下不宜使用。

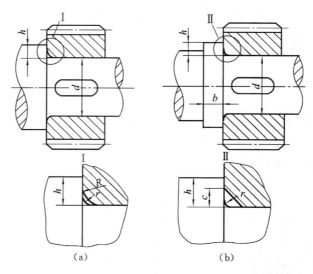

图 12.11 轴肩与轴环定位

设计要点:套筒内径与轴的配合较松,套筒结构、尺寸可以根据需要灵活设计。

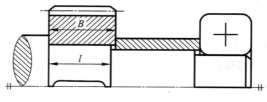

图 12.12 套筒定位

3. 轴端挡圈定位

轴端挡圈定位工作可靠,能够承受较大的轴向力,应用广泛,如图 12.13 所示。
设计要点:只用于轴端零件轴向定位,需要采用止动垫片等防松措施。

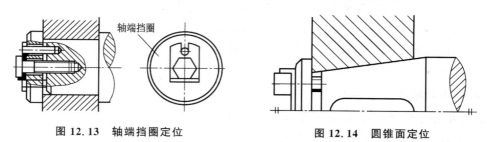

图 12.13 轴端挡圈定位   图 12.14 圆锥面定位

4. 圆锥面定位

圆锥面定位装拆方便,兼作周向定位。适用于高速、冲击以及对中性要求较高的场合,如图 12.14 所示。
设计要点:只用于轴端零件轴向定位,常与轴端挡圈联合使用,实现零件的双向定位。

5. 圆螺母定位

圆螺母定位固定可靠,可以承受较大的轴向力,能实现轴上零件的间隙调整,如图 12.15 所示。但切制螺纹将会产生较大的应力集中,降低轴的疲劳强度。多用于固定装在轴端的零件。

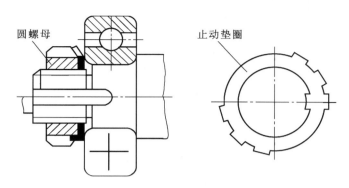

图 12.15　圆螺母定位

设计要点:为了减小对轴强度的削弱,常采用细牙螺纹;为了防松,需加止动垫片或者使用双螺母。

6. 弹性挡圈定位

弹性挡圈定位结构紧凑、简单,装拆方便,但受力较小,且轴上切槽会引起应力集中,常用于轴承的定位,如图 12.16 所示。

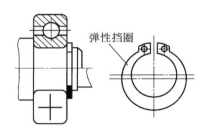

图 12.16　弹性挡圈定位

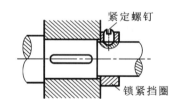

图12.17　紧定螺钉定位和锁紧挡圈定位

设计要点:注意轴上切槽尺寸。

7. 其他定位方式

其他定位方式包括紧定螺钉定位、弹簧挡圈定位、锁紧挡圈定位等定位,多用于轴向力不大而且速度不高的场合,如图 12.17 所示。

三、轴上零件的周向定位

轴上零件的周向定位包括键(平键、半圆键、楔键等)连接、销连接、过盈配合等定位。

工作条件不同,零件在轴上的定位方式和配合性质也不相同,而轴上零件的定位方法又直接影响到轴的结构形状。因此,在进行轴的结构设计时,必须综合考虑轴上载荷的大小及性质、轴的转速、轴上零件的类型及其使用要求等,合理作出定位选择。

1. 平键连接

平键连接制造简单,装拆方便,如图 12.18 所示。它适用于传递转矩较大、对中性要求一般的场合,应用最为广泛。

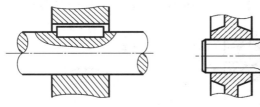

图 12.18　平键连接　　　　　　　　图 12.19　花键连接

2. 花键连接

花键连接承载能力高,定心好,导向性好,但制造较困难,成本较高,如图 12.19 所示。它适用于传递转矩较大、对中性要求较高或零件在轴上移动时要求导向性良好的场合。

3. 销连接

销连接用于固定不太重要,受力不大,但同时需要周向和轴向固定的零件,如图 12.20 所示。

4. 过盈配合

过盈配合结构简单,定心好,承载能力高,在振动下能可靠地工作,如图 12.21 所示。但它装配困难,且对配合尺寸的精度要求较高。过盈配合常与平键联合使用,以承受大的交变、振动和冲击载荷。

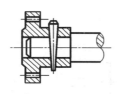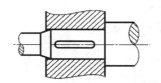

图 12.20　销连接　　　　　　　　图 12.21　过盈配合

四、确定各轴段的直径和长度

轴上零件的装配方案和定位方法确定之后,轴的基本形状就确定下来了。轴的直径大小应该根据轴所承受的载荷来确定。但是,初步确定轴的直径时,往往不知道支反力的作用点,不能决定弯矩的大小和分布情况。因此,在实际设计中,通常按扭矩强度条件来初步估算轴的直径,并将这一估算值作为轴的最小直径(也可以凭经验和参考同类机械用类比的方法确定)。

轴的最小直径初步确定后,可按轴上零件的装配方案和定位要求,逐步确定各轴段的直径,并根据轴上零件的轴向尺寸、各零件的相互位置关系以及零件装配所需的装配和调整空间,来确定轴的各段长度。

具体工作时,需要注意以下几个问题。

(1) 轴与零件配合的直径应取成标准值,非配合轴段允许为非标准值,但最好取为整数。

(2) 与滚动轴承相配合的直径,必须符合滚动轴承的内径标准。

(3) 安装联轴器的轴径应与联轴器的孔径范围相适应。

(4) 轴上的螺纹直径应符合标准。

(5) 轴与零件相配合部分的轴段长度,应比轮毂长度略短 2～3 mm,以保证零件轴向定位可靠。

（6）若在轴上装有滑移的零件,应该考虑零件的滑移距离。

（7）轴上各零件之间应该留有适当的间隙,以防止运转时相碰。

（8）轴的长度尺寸要考虑加工要求,要留有工艺尺寸。

五、轴的结构工艺性

1. 确定轴的工艺结构

从满足强度和节省材料考虑,轴的形状最好是等强度的抛物线回转体。但是这种形状的轴既不便于加工,也不便于轴上零件的固定;从加工考虑,最好是直径不变的光轴,但光轴不利于零件的拆装和定位。由于阶梯轴接近于等强度,而且便于轴上零件的定位和拆装,所以实际上轴多为阶梯形。为了能选用合适的圆钢和减少切削用量,阶梯轴各轴段的直径不宜相差过大,一般取为 5~10 mm。

为了便于切削加工:一根轴上的圆角应尽可能取相同的半径,倒角尺寸相同;一根轴上各键槽应开在同一母线上,若键槽的轴段直径相差不大,则应尽可能采用相同宽度的键槽,以减少换刀次数,如图 12.22 所示。

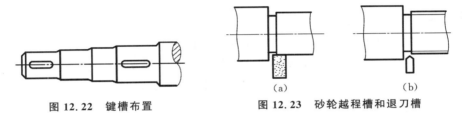

图 12.22　键槽布置　　图 12.23　砂轮越程槽和退刀槽

需要磨削的轴段应该留有砂轮越程槽,如图 12.23(a)所示,以便磨削时砂轮可以磨削到轴肩的端部;需要切制螺纹的轴段,应留有退刀槽,如图 12.23(b)所示。

为了便于装配,轴端应加工出倒角(一般为 45°),如图 12.24(a)所示,以免装配时把轴上零件的孔壁擦伤;过盈配合零件的装入端应加工出导向锥面,如图 12.24(b)所示,以便零件能顺利地压入。

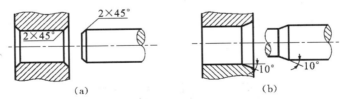

图 12.24　倒角和锥面

2. 确定轴的制造工艺

制造工艺往往是评价设计优劣的一个重要方面,为了便于制造、降低成本,一根轴上的每一个结构都必须认真考虑。如图 12.25 所示的轴结构,要综合考虑下列制造工艺。

（1）螺纹段(见图 12.25(a)的①)留有退刀槽;

（2）磨削段(见图 12.25(b)的④)要留越程槽;

（3）同一轴上的圆角、倒角应尽可能相同;

（4）同一轴上的几个键槽(见图 12.25(b)的⑤)应开在同一母线上;

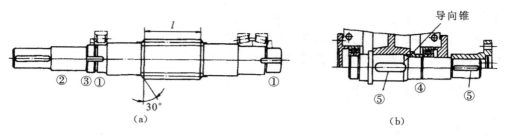

图 12.25　轴的结构工艺性示例

（5）螺纹前导段（见图 12.25（a）的②）直径应该小于螺纹小径；

（6）轴上零件（如齿轮、带轮、联轴器）的轮毂宽度大于与其配合的轴段长度；

（7）轴上各段的精度和表面粗糙度不同。

六、提高轴疲劳强度的措施

轴的基本形状确定之后，还要按照工艺要求，对轴的结构细节进行合理设计，以便提高轴的加工和装配工艺性，改善轴的疲劳强度。

1．减小应力集中

轴上的应力集中会严重削弱轴的疲劳强度，因此轴的结构应尽量避免和减小应力集中。为了减小应力集中，应该在轴剖面发生突变的地方制成适当的过渡圆角；由于轴肩定位面要与零件接触，加大圆角半径经常受到限制，这时可以采用凹切圆角或肩环结构等。

2．改善轴的表面质量

表面粗糙度对轴的疲劳强度有显著的影响。实践表明，疲劳裂纹常发生在表面粗糙的部位。设计时应十分注意轴的表面粗糙度的参数值，即使是不与其他零件相配合的自由表面也不应该忽视。采用碾压、喷丸、渗碳淬火、渗氮、高频淬火等表面强化的方法可以显著提高轴的疲劳强度。

3．改善轴的受力情况

改进轴上零件的结构，减小轴上载荷或改善其应力特征，也可以提高轴的强度和刚度，如第3章图3.54和图3.55所示。

◀ 任务 4　轴的强度校核 ▶

一、按弯扭合成进行强度计算

对于一般用途的轴，按当量弯矩校核轴径可以作为轴的精确强度验算方法。

轴的结构设计完成之后，就需要对轴的工作能力及结构设计的合理性进行检验。根据轴的几何尺寸和形状就可以确定轴上载荷的大小、方向及作用点和轴的支点位置，从而可以求出支反力，画出弯矩图和转矩图，然后按照当量弯矩对轴径进行校核。

在画轴的计算简图的时候，首先要确定轴承支反力的作用点。把轴视为一简支梁，作用在轴上的载荷,一般按集中载荷考虑,其作用点取零件轮缘宽度的中点。轴上支反力的作用点(滚动轴承和滑动轴承)按《机械设计手册》选定。

由弯矩图和转矩图可以初步确定轴的危险截面。对于一般钢制的轴,可以用第三强度理论求出危险截面的当量应力 σ_e,其强度大小

$$\sigma_e = \sqrt{\sigma_b^2 + 4\tau^2} \tag{12-8}$$

式中:σ_b——危险截面上的弯矩 M 所产生的弯曲应力;

τ——扭矩 T 产生的扭转切应力。

对于直径为 d 的圆轴,有

$$\sigma_b = \frac{M}{W} \approx \frac{M}{0.1d^3}, \qquad \tau = \frac{T}{W_T} \approx \frac{T}{0.2d^3} = \frac{T}{2W}$$

式中:W、W_T——轴的抗弯模量和抗剪截面模量。所以

$$\sigma_e = \frac{1}{W}\sqrt{M^2 + T^2} \tag{12-9}$$

对于一般转轴,σ_b 为对称变化的弯曲应力,而 τ 的应力特性则随着 T 的特性而定。考虑二者不同的循环应力特性的影响,将上式中的转矩乘以校正系数 α,得校核轴强度的基本公式为

$$\sigma_e = \frac{10\sqrt{M^2 + (\alpha T)^2}}{d^3} \approx \frac{10 M_e}{d^3} \leqslant [\sigma_{-1}]_b \tag{12-10}$$

由此得设计公式为

$$d \geqslant \sqrt[3]{\frac{10 M_e}{[\sigma_{-1}]_b}} \tag{12-11}$$

式中:M_e——当量弯矩,其单位为 N·mm;d 的单位为 mm;$[\sigma-1]_b$ 的单位为 MPa。

对于不变的转矩,取 $\alpha = \frac{[\sigma_{-1}]_b}{[\sigma_{+1}]_b} \approx 0.3$;对于脉动循环的转矩,取 $\alpha = \frac{[\sigma_{-1}]_b}{[\sigma_0]_b} \approx 0.6$;对于对称循环的转矩,取 $\alpha = 1$。如果是单向回转转矩,其变化规律不太清楚时,一般按照脉动变化的转矩处理。其中,$[\sigma_{-1}]_b$、$[\sigma_0]_b$、$[\sigma_{+1}]_b$ 分别为对称循环、脉动循环及静应力状态下的许用弯曲应力,这些数据在《机械设计手册》上可以查到。

如果截面上有键槽,则应该按照求得的直径增加适当的数值,查表 12.3。

在按弯扭合成设计时应该注意如下要点。

(1)要正确选择危险截面。由于轴的各截面的当量弯矩和直径不同,因此轴的危险截面在当量弯矩较大或轴的直径较小处,一般选取一个或两个危险截面核算。

(2)若验算轴的强度不够,即 $\sigma_e > [\sigma_{-1}]_b$,则可用增大轴的直径、改用强度较高的材料或改变热处理方法等措施来提高轴的强度。

(3)当 σ_e 比 $[\sigma_{-1}]_b$ 小很多时,是否要减小轴的直径,应该综合考虑其他因素而定。有时单从强度的观点考虑,轴的尺寸可以缩小,不过却受到其他条件的限制,例如,刚度、振动稳定性、加工和装配工艺条件以及与轴有关联的其他零件和结构的限制,因此必须综合考虑各种因素进行全面考虑,方可作出是否改变轴结构尺寸的决定。

这种计算方法,在工作应力分析方面是比较准确的,对于一般工作条件下工作的转轴精确度已经足够了。但是对于重载、尺寸受限制和非常重要的转轴,应该采用更为精确的疲劳强度安全系数校核。本章就不再讨论了。

二、轴的设计示例

轴的设计计算一般遵循如下步骤：①选择轴的材料,确定许用应力;②利用公式估算轴的直径;③对轴的结构进行设计;④对轴按弯扭合成进行强度校核;⑤对轴进行疲劳强度安全系数校核;⑥轴的刚度校核;⑦绘制轴的零件图。

但是在一般情况下,设计轴时不必进行疲劳强度安全系数校核和轴的刚度计算。

例 12-1   设计如图 12.26 所示的带式输送机中的单级斜齿轮减速器的低速轴。已知电动机的功率 $P=25$ kW,转速 $n_1=970$ r/min,传动零件(齿轮)的主要参数及尺寸为:法面模数为 $m_n=4$ mm,齿数比 $u=3.95$,小齿轮齿数 $z_1=20$,大齿轮齿数 $z_2=79$,分度圆上的螺旋角 $\beta=8°6'34''$,小齿轮分度圆直径 $d_1=80.81$ mm,大齿轮分度圆直径 $d_2=319.19$ mm,中心距为 $a=200$ mm,齿宽 $B_1=85$ mm,$B_2=80$ mm。设计过程如下。

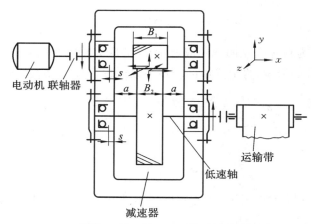

图中 $a=10\sim20$ mm;$s=5\sim10$ mm

图 12.26   例 12-1 图

(1)选择轴的材料。

该轴没有特殊的要求,可选用调质处理的 45 钢,可查其强度极限 $\sigma_b=650$ MPa。

(2)初步估算轴径。

按扭转强度估算输出端联轴器处的最小直径,根据表 12.2 按 45 钢,取 $A=110$。

输出轴的功率 $P_2=P\eta_1\eta_2\eta_3$(η_1 为联轴器的效率,取为 0.99;η_2 为滚动轴承的效率,取为 0.99;η_3 为齿轮传动效率,取为 0.98),所以

$$P_2=25\times0.99\times0.99\times0.98\text{kW}=24 \text{ kW}$$

输出轴转速为

$$n_2=970/3.95 \text{ r/min}=245.6 \text{ r/min}$$

根据式(12-3),有

$$d_{min}=A\sqrt[3]{\frac{P_2}{n_2}}=110\sqrt[3]{\frac{24}{245.6}} \text{ mm}=50.7 \text{ mm}$$

由于在联轴器处有一个键槽,轴径应增加 5%;为了使所选轴径与联轴器孔径相适应,需要同时选取联轴器。从《机械设计手册》可以查得,选用 HL4 弹性联轴器 J55×84/Y55×112。故取与联轴器连接的轴径为 55 mm。

（3）轴的结构设计。

根据齿轮减速器的简图图 12.26 确定轴上主要零件的布置图（见图 12.27）和轴的最小直径，初步定出其他部位的轴径与长度。

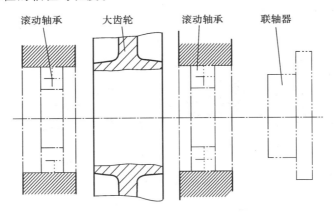

图 12.27　轴上主要零件的布置图

① 轴上零件的轴向定位。

齿轮的一端靠轴肩定位，另一端靠套筒定位，装拆、传力均较为方便。为了便于拆装轴承，该轴承处轴肩不宜过高（其高度最大值可从轴承标准中查得），故左端轴承与齿轮间设置两个轴肩，如图 12.28 所示。

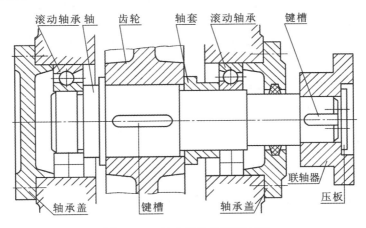

图 12.28　轴上零件的装配方案

② 轴上零件的周向定位。

齿轮与轴、联轴器与轴的周向定位均采用平键连接及过渡配合。考虑便于加工，按《机械设计手册》：取在齿轮、联轴器处的键截面尺寸为 $b \times h = 18 \times 11$，配合均采用 H7/k6；滚动轴承内圈与轴的配合采用基孔制，轴的尺寸公差为 k6。

③ 确定各段轴径直径和长度。

轴径：从联轴器开始向左取 $\phi55 \rightarrow \phi62 \rightarrow \phi65 \rightarrow \phi70 \rightarrow \phi80 \rightarrow \phi70 \rightarrow \phi65$。

轴长：取决于轴上零件的宽度及它们的相对位置。选用 7213C 轴承，其宽度为 23 mm；齿轮端面至箱体壁间的距离取 $a = 15$ mm；考虑到箱体的铸造误差，装配时留有余地，取滚动轴承与箱体内边距 $s = 5$ mm；轴承处箱体凸缘宽度，应按箱盖与箱座连接螺栓尺寸及结构要求确定，暂定:该宽度=轴承宽+(0.08~0.1)a+(10~20) mm,取为 50 mm;轴承盖厚度取为 20 mm;轴承盖与联轴器之间的距离取为 15 mm;联轴器与轴配合长度为 84 mm,为使压板压住联轴器,取其相应的轴长为 82 mm;已知齿轮宽度为 B_2=80 mm,为使套筒压住齿轮端面,取其相应的轴长为 78 mm。如图 12.29 所示。

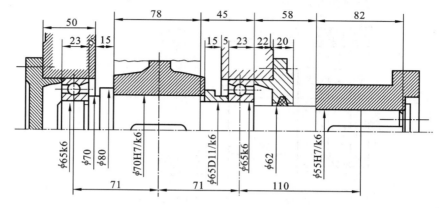

图 12.29　轴的结构设计

根据以上考虑可确定每段轴长,并可以计算出轴承与齿轮、联轴器间的跨度。

④ 考虑轴的结构工艺性。

在轴的左端与右端均制成 2×45° 倒角;左端支撑轴承的轴径为磨削加工到位,留有砂轮越程槽;为便于加工,齿轮、联轴器处的键槽布置在同一母线上,并取同一截面尺寸。

(4) 轴的强度计算。

先作出轴的受力计算图(即力学模型)如图 12.30(a)所示,取集中载荷作用于齿轮及轴承的中点。

① 求齿轮上作用力的大小和方向。

转矩:$T_2 = 9.55 \times 10^3 P_2/n_2$

$\qquad\quad = 9.55 \times 10^3 \times 24/245.6$ N · m=933.2 N · m

圆周力:$F_{t2}=2T_2/d_2$

$\qquad\quad = 2 \times 933200/319.19$ N=5847 N

径向力:$F_{r2}=F_{t2}\tan\alpha_n/\cos\beta$

$\qquad\quad = 5847 \times \tan20°/\cos8°6'34''$ N=2150 N

轴向力:$F_{a2}=F_{t2}\tan\beta$

$\qquad\quad = 5847 \times \tan8°6'34''$ N=833 N

F_{t2}、F_{r2}、F_{a2} 的方向如图 12.30(a)所示。

② 求轴承的支反力。

水平面上的支反力:$F_{RA}=F_{RB}=F_{t2}/2=5847/2$ N=2923.5 N

垂直面上的支反力:$F'_{RA}=(-F_{a2}d_2/2+71 F_{r2})/142$ N=139 N

$\qquad\qquad\qquad\quad F'_{RB}=(F_{a2}d_2/2+71 F_{r2})/142$ N=2011 N

③ 画弯矩图(见图 12.30(b)、(c))。

截面 C 处的弯矩。

水平面上的弯矩:$M_C=71F_{RA}\times10^{-3}=71\times2923.5\times10^{-3}$ N · m=207.6 N · m

垂直面上的弯矩:$M'_{C1}=71F'_{RA}\times10^{-3}=71\times139\times10^{-3}$ N · m=9.87 N · m

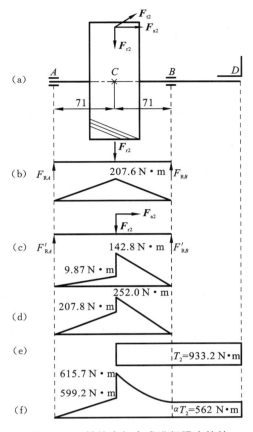

图 12.30 轴按弯扭合成进行强度校核

$$M'_{C2} = (71F'_{RA} + F_{a2}d_2/2) \times 10^{-3} = (139 \times 71 + 833 \times 319.19/2) \times 10^{-3} \text{ N} \cdot \text{m}$$
$$= 142.8 \text{ N} \cdot \text{m}$$

合成弯矩：$M_{C1} = \sqrt{M_C^2 + M'^2_{C1}} = 207.8 \text{ N} \cdot \text{m}$

$$M_{C2} = \sqrt{M_C^2 + M'^2_{C2}} = 252.0 \text{ N} \cdot \text{m}$$

④ 画合成弯矩图（见图 12.30(d)）。

⑤ 画转矩矩图（见图 12.30(e)）。

⑥ 画当量弯矩图（见图 12.30(f)）。

因为是单向回转,视转矩为脉动循环,$\alpha = \dfrac{[\sigma_{-1}]_b}{[\sigma_0]_b}$。

已知 $\sigma_b = 650$ MPa,查《机械设计手册》得：$[\sigma_{-1}]_b = 59$ MPa,$[\sigma_0]_b = 98$ MPa,则 $\alpha = 0.602$。

截面 C 处的当量弯矩：$M''_{C1} = \sqrt{M_{C1}^2 + (\alpha T_2)^2} = 599.2 \text{ N} \cdot \text{m}$

$$M''_{C2} = \sqrt{M_{C2}^2 + (\alpha T_2)^2} = 615.9 \text{ N} \cdot \text{m}$$

⑦ 判断危险截面并验算强度。

截面 C 当量弯矩最大,而且直径与邻接段相差不大,故截面 C 为危险截面。

已知 $M_e = M''_{C2} = 615.9 \text{ N} \cdot \text{m}$,$[\sigma_{-1}]_b = 59$ MPa,有

$$\sigma_e = \frac{M_e}{W} = \frac{M_e}{0.1d^3} = \frac{615.9 \times 10^3}{0.1 \times 70^3} \text{ MPa} = 18.0 \text{ MPa} < [\sigma_{-1}]_b = 59 \text{ MPa}$$

截面 D 处虽然仅受转矩,但其直径较小,则该截面也为危险截面。

$$M_D = \sqrt{(\alpha T)^2} = \alpha T = 562 \text{ N} \cdot \text{m}$$

$$\sigma_e = \frac{M}{W} = \frac{M_D}{0.1 d^3} = \frac{562 \times 10^3}{0.1 \times 55^3} \text{ MPa} = 33.8 \text{ MPa} < [\sigma_{-1}]_b = 59 \text{ MPa}$$

所以强度足够。

◀ 任务5　轴的刚度校核 ▶

在载荷的作用下,轴将产生一定的弯曲变形。若变形量超过允许的限度,就会影响轴上零件的正常工作,甚至会丧失其应有的工作性能。例如,安装齿轮的轴,若弯曲刚度(或扭转刚度)不足而导致挠度(或扭转角)过大时,将影响齿轮的正常啮合,使齿轮沿齿宽和齿高方向接触不良,造成载荷在齿面上严重分布不均。又如采用滑动轴承的轴,若挠度过大而导致轴颈偏斜过大时,将使轴颈和滑动轴承产生边缘接触,造成不均匀磨损和过度发热。因此,在设计有刚度要求的轴时,必须进行刚度的校核计算。

一、轴的弯曲刚度校核

常见的轴可以视为简支梁。若是光轴,可以直接利用材料力学中的公式计算其挠度或偏转角;若是阶梯轴,如果对计算精度要求不高,则可用当量直径法作近似计算,即把阶梯轴看成是当量直径为 d_v 的光轴,然后再按材料力学的公式进行计算。当量直径为

$$d_v = \sqrt[4]{\frac{L}{\sum\limits_{i=1}^{z} \frac{l_i}{d_i^4}}} \tag{12-12}$$

式中: l_i——阶梯轴第 i 段的长度;

d_i——阶梯轴第 i 段的直径;

L——阶梯轴总长度;

z——阶梯轴计算长度内的轴段数。

当载荷作用于两支撑之间时, L 为支撑跨距;当载荷作用于悬臂端时, L 等于悬臂长度加上跨距。

许用偏转角或允许挠度可以根据设计不同查阅相关《机械设计手册》。

二、轴的扭转刚度校核

轴的扭转变形用每米长的转角 φ 来表示。圆轴扭转角 φ 的计算公式如下。

光轴:

$$\varphi = 5.73 \times 10^4 \frac{T}{GI_p} \tag{12-13}$$

阶梯轴:

$$\varphi = 5.73 \times 10^4 \frac{1}{LG} \sum_{i=1}^{z} \frac{T_i l_i}{I_{pi}} \tag{12-14}$$

式中: T——转轴所受的扭矩;

G——轴材料的剪切弹性模量,钢材 $G = 8.1 \times 10^4$ MPa;

I_p——轴截面的极惯性矩,对于圆轴 $I_p = \pi d^4/32$;

L——阶梯轴受扭矩作用的长度；

z——阶梯轴受扭矩作用的轴段数。

轴的扭转刚度条件为

$$\varphi \leqslant [\varphi] \tag{12-15}$$

对于一般传动的场合，可取$[\varphi]=(0.5\sim1)(°)/m$；对于精密传动的轴$[\varphi]=(0.25\sim0.5)(°)/m$；对于精度要求不高的轴$[\varphi]$可以大于$1(°)/m$。

思考题与习题

12-1　自行车的中轴和后轮轴是什么类型的轴，为什么？

12-2　多级齿轮减速器高速轴的直径总比低速轴的直径小，为什么？

12-3　轴上最常用的轴向定位结构是什么？ 轴肩与轴环有何异同？

12-4　圆螺母也可以对轴上零件作轴向固定定位吗？

12-5　轴按功用与所受载荷的不同分为哪三种？ 常见的轴大多属于哪一种？

12-6　轴的结构设计应从哪几个方面考虑？

12-7　制造轴的常用材料有几种？ 若轴的刚度不够，是否可采用高强度合金钢提高轴的刚度？ 为什么？

12-8　轴上零件的周向固定有哪些方法？ 采用键固定时应注意什么？

12-9　轴上零件的轴向固定有哪些方法？ 各有何特点？

12-10　常用提高轴的强度和刚度的措施有哪些？

12-11　题 12-11 图所示为二级圆柱齿轮减速器。已知：$z_1=z_3=20$，$z_2=z_4=40$，$m=4\ mm$，高速级齿宽$b_{12}=45\ mm$，低速级齿宽$b_{34}=60\ mm$，轴I传递的功率$P=4\ kW$，转速$n_1=960\ r/min$，不计摩擦损失，图中a、c取为$5\sim20\ mm$，轴承端面到箱体内壁的距离为$5\sim10\ mm$。试设计轴Ⅱ，初步估算轴的直径，画出轴的结构图、弯矩图及扭矩图，并按弯扭合成强度校核此轴。

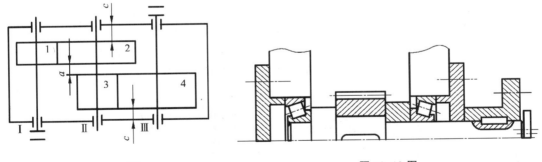

题 12-11 图　　　　　　　　　　　　　　题 12-12 图

12-12　题 12-12 图所示为斜齿轮、轴和轴承组合的结构图。斜齿轮用油润滑，轴承用脂润滑。试改正该图中的错误，并画出正确的结构图。

联轴器、离合器和弹簧

联轴器和离合器都是用来连接两轴,使两轴一起转动并传递转矩的装置。用联轴器连接的两轴在工作时不能分开,只有停车后通过拆卸才能将它们分开;而用离合器连接的两轴,在机械运转时,能方便地将两轴分开和接合。此外,它们有的还可起到过载安全保护作用。联轴器、离合器是机械传动中的通用部件,而且大部分已标准化。本章仅介绍几种常用联轴器、离合器和弹簧的结构、特点、应用范围及选择方法。

◀ 任务 1 联 轴 器 ▶

联轴器的类型很多,根据是否包含弹性元件,可分为刚性联轴器和弹性联轴器。弹性联轴器因有弹性元件,故可起到缓冲减振的作用,也可在不同程度上补偿两轴之间的偏移。根据结构特点不同,刚性联轴器又可分为固定式和可移式两类。可移式刚性联轴器对两轴间的偏移量具有一定的补偿能力。

一、联轴器的类型

1. 固定式联轴器

固定式联轴器是一种比较简单的联轴器,常用的有套筒式联轴器和凸缘式联轴器。

1)套筒式联轴器

套筒式联轴器是一个圆柱形套筒,它与轴用圆锥销连接(见图 13.1(b))或键连接(见图 13.1(a))以传递转矩。当用圆锥销连接时,则传递的转矩较小;当用键连接时,则传递的转矩较大。套筒式联轴器的结构简单,制造容易,径向尺寸小;但两轴线要求严格对中,装拆时需作轴向移动。它适用于工作平稳,无冲击载荷的低速、轻载的轴。

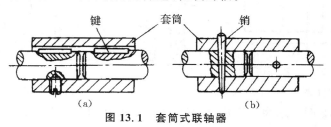

键　　　套筒　　　销

(a)　　　　　　　　　(b)

图 13.1　套筒式联轴器

2)凸缘式联轴器

凸缘式联轴器把两个带有凸缘的半联轴器用键分别与两轴连接,然后用螺栓把两个半联轴器连成一体,以传递运动和转矩。凸缘式联轴器有两种对中方法:一种是用一个半联轴器上的凸肩与另一个半联轴上的凹槽相配合而对中,如图 13.2(a)所示;另一种则是用铰制孔螺栓对中,如图 13.2(b)所示。前者采用普通螺栓连接,螺栓与孔壁间存在间隙,转矩靠半联轴器结合面间的摩擦力矩来传递,装拆时,轴必须作轴向移动;后者采用铰制孔连接,螺栓与孔同为过度配合,靠螺栓杆承受挤压与剪切来传递转矩,装拆时轴无须作轴向移动。

凸缘式联轴器的结构简单,使用维修方便,对中精度高,传递转矩大;但对所联两轴间的偏移缺乏补偿能力,制造和安装精度要求较高,故凸缘式联轴器适用于速度较低、载荷平稳、两轴对中性较好的情况。

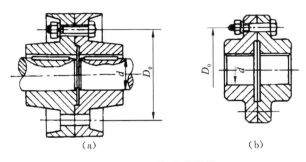

图 13.2 凸缘式联轴器

2. 可移式联轴器

可移式联轴器具有可移性,故可补偿两轴间的偏移。但因无弹性元件,故不能缓冲减振。常用的有以下几种。

1) 十字滑块联轴器

如图 13.3 所示,十字滑块联轴器是由两个在端面上开有凹槽的半联轴器 1、3 和一个两面带有凸牙的中间盘 2 组成。两个半联轴器 1、3 分别固定在主动轴和从动轴上,中间盘两面的凸牙位于相互垂直的两个直径方向上,并在安装时分别嵌入 1、3 的凹槽中,将两轴连接为一体。因为凸牙可在凹槽中滑动,故可补偿安装及运转时两轴间的偏移。这种联轴器结构简单,径向尺寸小,适用与径向位移 $y \leqslant 0.04d$(d 为直径)、角位移 $\alpha \leqslant 30°$ 最高转速 $n \leqslant 250$ r/min、工作平稳的场合。为了减少滑动面的摩擦及磨损,凹槽及凸块的工作面要淬硬,并且在凹槽和凸块的工作面间要注入润滑油。

2) 齿式联轴器

如图 13.4 所示,齿式联轴器是由两个带有内齿及凸缘的外套筒 2、3 和两个带有外齿的内套筒 1、4 所组成。两个内套筒 1、4 分别用键与两轴连接,两个外套筒 2、3 用螺栓连成一体,依靠内外齿相啮合以传递转矩。由于外齿的齿顶制成椭球面,且保持与内齿啮合后具有适当的顶隙和侧隙,故在转动时,套筒 1 可有轴向、径向及角位移。工作时,轮齿沿轴向有相对滑动。为了减轻磨损,可由油孔注入润滑油,并在套筒 1 和 3 之间装有密封圈,以防止润滑油泄露。

3) 万向联轴器

如图 13.5 所示,万向联轴器是由两个叉形接头和一个十字销组成。十字销分别与固定在

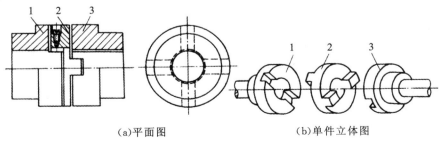

(a)平面图　　　　　　　(b)单件立体图

图 13.3 十字滑块联轴器

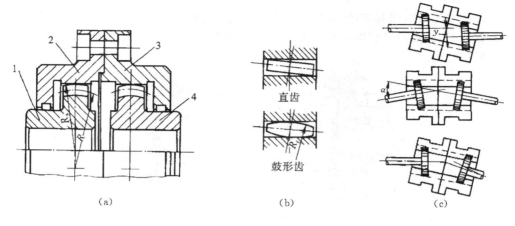

图 13.4　齿式联轴器

两根轴上的叉形接头用铰链连接，从而形成一个可动的连接。这种联轴器可允许两轴间有较大的夹角，而且在运转过程中，夹角发生变化仍可正常工作；但当夹角 α 过大时，转动效率明显降低，故夹角 α 最大可达 $35°\sim45°$。若用单个万向联轴器连接轴线相交的两轴时，当主动轴以等角速度 ω_1 回转时，从动轴的角速度 ω_2 并不是常数，而是在一定的范围内（$\omega_1\cos\alpha\leqslant\omega_2\leqslant\omega_1/\cos\alpha$）变化，因而在传动过程中将产生附加的动载荷。为了改善这种状况，常将万向联轴器成对使用，组成双万向联轴器，如图 13.6 所示；但安装时应保证主、从动轴与中间轴间的夹角相等，且中间轴两端叉形接头应在同一平面内。这样便可使主、从动轴的角速度相等。万向联轴器的结构紧凑，维修方便，能补偿较大的位移，因而在汽车、拖拉机和金属车削机床中获得广泛应用。

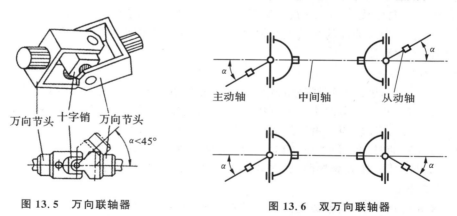

图 13.5　万向联轴器　　　　　　图 13.6　双万向联轴器

3. 弹性联轴器

弹性联轴器是利用弹性连接件的弹性变形来补偿两轴相对位移，缓和冲击和吸收振动。弹性联轴器有弹性套柱销联轴器、弹性柱销联轴器和轮胎式联轴器等。

1）弹性套柱销联轴器

弹性套柱销联轴器如图 13.7 所示，它利用一端具有弹性套的柱销作为中间连接件。为了补偿轴向偏移，在两轴间留有轴向间隙 c。为了更换易损元件弹性套，留出一定的空间距离 A。弹性套柱销联轴器的参数如表 13.1 所示。

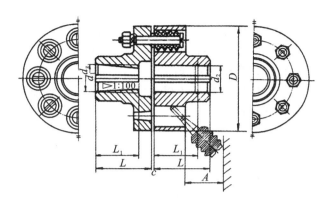

标记示例:
主动端
Y型轴孔。A型键槽
$d_1=42mm,L=112mm$
从动端
J_1型轴孔,A型键槽
$d_2=40mm,L_1=84mm$

TL6联轴器 $\dfrac{YA42\times112}{J_1A40\times84}$

图 13.7 弹性套柱销联轴器结构

表 13.1 弹性套柱销联轴器的参数(GB/T 4323—2002) 单位:mm

型号	公称转矩 T_n /(N·m)	许用转速 [n] /(r/min) 铁	钢	轴孔直径* d_1、d_2、d_z	轴孔长度 Y型 L	J、J_1、Z型 L_1	Z型 L	D	A	质量 m /kg	转动惯量 I /(kg·m²)	径向 ΔY	角向 Δα
TL1	6.3	6 600	8 800	9	20	14	—	71	18	1.16	0.000 4	0.2	1°30'
				10,11	25	17							
				12,(14)	32	20							
TL2	16	5 500	7 600	12,14	32	20	42	80		1.64	0.001		
				16,(18),(19)	42	30	42						
TL3	31.5	4 700	6 300	16,18,19	42	30	42	95	35	1.9	0.002		
				20,(22)	52	38	52						
TL4	63	4200	5 700	20,22,24	52	38	52	106		2.3	0.004		
				(25),(28)	62	44	62						
TL5	125	3 600	4 600	25,28	62	44	62	130	45	8.36	0.011	0.3	
				30,32,(35)	82	60	82						
TL6	250	3 300	3 800	32,35,38	82	60	82	160		10.36	0.026		
				40,(42)	112	84	112						
TL7	500	2 800	3 600	40,42,45,(48)	112	84	112	190		15.6	0.06		
TL8	710	2 400	3 000	45,48,50,55,(56)	112	84	112	224	65	25.4	0.13	0.4	1°
				(60),(63)	142	107	142						
TL9	1 000	2 100	2 850	50,55,56	112	84	112	250		30.9	0.20		
				60,63,(65),(70),(71)	142	107	142						
TL10	2 000	1 700	2 300	63,65,70,71,75	142	107	142	315	80	65.9	0.64		
				80,85,(90),(95)	172	132	172						
TL11	4 000	1 350	1 800	80,85,90,95	172	132	172	400	100	122.6	2.06	0.5	
				100,110	212	167	212						
TL12	8 000	1 100	1 450	100,110,120,125	212	167	212	475	130	218.4	5.00		0°30'
				(130)	252	202	252						
TL13	16 000	800	1 150	120,125	212	167	212	600	180	425.8	16.00	0.6	
				130,140,150	252	202	252						
				160,(170)	302	242	302						

注:d_1、d_2、d_z 分别代表 J 型轴孔、Y 型轴孔和 Z 型轴孔。

2) 弹性柱销联轴器

弹性柱销联轴器如图 13.8 所示,它直接利用具有弹性的非金属(如尼龙)柱销 2 作为中间连接件,将半联轴器 1 连接在一起。为了防止柱销由凸缘孔中滑出,在两端配置有档板 3。这种联轴器的柱销结构简单,更换方便;安装时,要留有轴向间隙 S。

弹性套柱销联轴器和弹性柱销联轴器的径向偏移和角偏移的许用范围不大,故安装时,需注意两轴对中,否则会使柱销或弹性套迅速磨损。

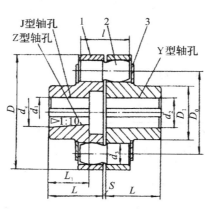

图 13.8 弹性柱销联轴器

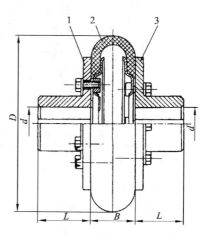

图 13.9 轮胎式联轴器

3) 轮胎式联轴器

轮胎式联轴器如图 13.9 所示,它利用轮胎式橡胶制品 2 作为中间连接件,将半联轴 1 与 3 连接在一起。这种联轴器结构简单可靠,能补偿较大的综合偏移,可用于潮湿多尘的场合,它的径向尺寸大,而轴向尺寸比较紧凑。轮胎式联轴器标准号为 GB/T 5844—2002。

二、联轴器的选择

常用联轴器已标准化,一般先依据机器的工作条件选择合适的类型;再依据计算转矩、轴的直径和转速,从标准中选择所需型号及尺寸;必要时对某些薄弱、重要的零件进行验算。

1. 联轴器类型的选择

选择联轴器类型的原则是使用要求应与所选联轴器的特性一致。例如,两轴要精确对中,轴的刚性较好,可选择刚性固定式的凸缘联轴器,否则选择具有补偿能力的刚性可移式联轴器;两轴轴线要求有一定夹角的,可选择十字轴式万向联轴器;转速较高、要求消除冲击和吸收振动的,可选择弹性联轴器。

2. 联轴器型号、尺寸的选择

选择类型后,根据计算转矩、轴径、转速,由手册或标准中选择联轴器的型号、尺寸。选择时要满足如下标准。

(1) 计算转矩 T_c,不超过联轴器的公称转矩 T_n,即

$$T_c = KT = K \cdot 9550 \frac{P}{n} \leqslant T_n \tag{13-1}$$

式中:K——工作情况系数,如表 13.2 所示;

T——理论转矩(N·m);

P——原动机功率（kW）；

n——转速（r/min）。

表 13.2　工作情况系数 K

原动机为电动机	工作机
1.3	转矩变化很小的机械,如发电机、小型通风机、小型离心泵
1.5	转矩变化较小的机械,如汽轮压缩机、木工机械、运输机
1.7	转矩变化中等的机械,如搅拌机、增压机、有飞轮的压缩机
1.9	转矩变化和冲击载荷大的机械,如织布机、水泥搅拌机、拖拉机
2.3	转矩变化和冲击载荷大的机械,如挖掘机、起重机、碎石机、造纸机械

（2）转速 n 不超过联轴器许用转速 $[n]$。

（3）轴径与联轴器孔径一致。

在国标 GB/T 3852—2008 中,对联轴器轴孔及键槽的规定:①轴孔有长圆柱形（Y 型）、有沉孔的短圆柱形（J 型）、无沉孔的短圆柱形（J_1 型）和有沉孔的圆锥形（Z 型）;②键槽有平键单键槽（A 型）,120°、180°布置的平键双键槽（B 型、B_1 型）和圆锥形孔平键单键槽（C 型）。各种型号适应各种被连接轴的端部结构和强度要求。

◀ 任务 2　离　合　器 ▶

离合器要求接合平稳,分离迅速彻底;操作省力,调节、维修方便;结构简单、尺寸小、重量轻,转动惯性小;接合元件耐磨,易于散热等。离合器的操作方式除机械操作外,还有电磁、液压、气动操作,已成为自动化机械中的重要组成部分。摩擦式离合器是利用接触面间产生的摩擦力传递转矩的。摩擦离合器可分单片式和多片式等。

一、单片式摩擦离合器

单片式摩擦离合器如图 13.10 所示,是利用两圆盘面 2、3 压紧或松开,使摩擦力产生或消失,以实现两轴的连接或分离。操作滑环 4,使从动盘 3 左移,以压力 F 将其压在主动盘 2 上,从而使两圆盘结合;反向操作滑环 4,使从动盘右移,则两圆盘分离。单片式摩擦离合器结构简单,但径向尺寸大,而且只能传递不大的转矩,常用在轻型机械上。

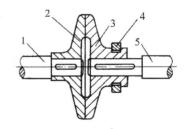

图 13.10　单片式摩擦离合器

二、多片式摩擦离合器

多片式摩擦离合器如图 13.11(a)所示,主动轴 1、外套 2 与一组内摩擦盘 5 组成主动部分,外摩擦片(见图 13.11(b))可沿外套 2 的槽移动。压板 3、外摩擦盘 4 与一组螺母 6 组成从动部分、内摩擦片(见图 13.11(c))可沿外摩擦盘 4 上的槽滑动。滑环 7 向左移动,使曲臂压杆 8 绕支点顺时针转,通过套筒 9 将两组摩擦片压紧(见图 13.11(d)),于是主动轴带动从动轴转动。滑环 7 向右移动,曲臂压杆 8 下面的弹簧的弹力将曲臂压杆 8 绕支点反转,两组摩擦片松开,于是主动轴 1 与从动轴 10 脱开。从动轴 10 是调节摩擦片的间距用的,借以调整摩擦面间的压力。

多片式摩擦离合器由于摩擦面的增多,传递转矩的能力显著增大,径向尺寸相对减小,但是结构比较复杂。

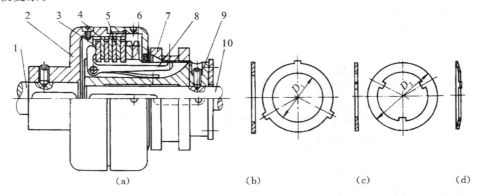

图 13.11　多片式摩擦离合器

三、电磁摩擦离合器

利用电磁力操作的摩擦离合器称为电磁摩擦离合器。其中最常用的是多片式电磁摩擦离合器,如图 13.12 所示。摩擦片部分的工作原理与前述相同。电磁操作部分及原理如下:当直流电接通后,电流经接触环 1 导入励磁线圈 2,线圈产生的电磁力吸引衔铁 5,压紧两组摩擦片 3、4,使离合器处于接合状态。切断电流后,依靠复位弹簧 6 将衔铁 5 推开,两组摩擦片随着松开,使离合器处于分离状态。电磁摩擦离合器可以在电路上实现改善离合器功能的要求,例如,利用快速励磁电路可实现快速接合,利用缓冲励磁电路可实现缓慢接合,避免起动冲击。

摩擦式离合器的优点:①在任何转速下都可接合;②过载时摩擦面打滑,能保护其他零件,不致损坏;③接合平稳、冲击和振动小。缺点:接合过程中,相对滑动引起发热与磨损,损耗能量。

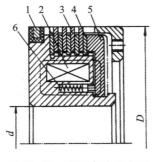

图 13.12　电磁摩擦离合器

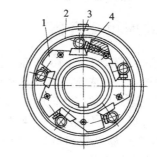

图 13.13　滚柱式定向离合器

四、定向离合器

定向离合器是利用机器本身转速、转向的变化,来控制两轴离合的离合器。如图 13.13 所示的滚柱式定向离合器,星轮 1 和外环 2 分别装在主动件或从动件上。星轮 1 与外环 2 间有楔形空腔,内装滚柱 3。每个滚柱都被弹簧推杆 4 以适当的推力推入楔形空腔的小端,且处于临界状态(即稍加外力便可楔紧或松开的状态)。星轮 1 和外环 2 都可作主动件。按图 13.13 所示结构,外环为主动件逆时针回转时,摩擦力带动滚柱进入楔形空间的小端,便楔紧内、外接触面,驱动星轮转动。当外环顺时针回转,摩擦力带动滚柱进入楔形空间的大端,便松开内、外接触面,外环空转。由于传动具有确定转向,故称为定向离合器。

星轮和外环都作顺时针回转时,根据相对运动关系,如外环转速小于星轮转速,则滚柱楔紧内、外接触面,外环与星轮接合。反之,滚柱与内、外接触面松开,外环与星轮分离。可见只有当星轮超过外环转速,才能起到传递转矩并一起回转的作用,故又称为超越离合器。

◀ 任务 3 弹 簧 ▶

弹簧是一种弹性元件。由于它具有刚性小、弹性大、在载荷作用下容易产生弹性变形等特性,被广泛地应用于各种机器、仪表及日常用品中。

一、弹簧的类型、功用及材料

1. 弹簧的类型

弹簧的类型很多,表 13.3 列出了常用弹簧的类型、特点和应用。在一般机械中最常用的是圆柱形螺旋弹簧,这里主要讨论圆柱形螺旋压缩及拉伸弹簧的结构形式。

表 13.3 常用弹簧的类型及应用

名 称	简 图	说 明
圆柱形螺旋弹簧	圆截面压缩弹簧	承受压力。结构简单,制造方便,应用最广
	矩形截面压缩弹簧	承受压力。当空间尺寸相同时,矩形截面弹簧比圆形截面弹簧吸收能量大,刚度更接近于常数
	圆截面拉伸弹簧	承受拉力
	圆截面扭转弹簧	承受转矩。主要用于压紧和蓄力以及传动系统中的弹性环节
圆锥形螺旋弹簧	圆截面压缩弹簧	承受压力。弹簧圈从大端开始接触后特性线为非线性的。可防止共振,稳定性好,结构紧凑。多用于承受较大载荷和减振
碟形弹簧	对置式	承受压力。缓冲、吸振能力强。采用不同的组合,可以得到不同的特性线,用于要求缓冲和减振能力强的重型机械。卸载时需先克服各接触面间的摩擦力,然后恢复到原形,故卸载线和加载线不重合

名　　称	简　　图	说　　明
环形弹簧		承受压力。圆锥面间具有较大的摩擦力,因而具有很高的减振能力,常用于重型设备的缓冲装置
盘簧	非接触型	承受转矩。圈数多,变形角大,储存能量大。多用作压紧弹簧和仪器、钟表中的储能弹簧
板弹簧	多板弹簧	承受弯矩。主要用于汽车、拖拉机和铁路车辆的车厢悬挂装置中,起缓冲和减振作用

2. 弹簧的功用

弹簧的功用:①缓冲和吸振,如汽车的减振簧和各种缓冲器中的弹簧等;②储存及输出能量,如钟表的发条等;③测量载荷,如弹簧秤、测力器中的弹簧等;④控制运动,如内燃机中的阀门弹簧等。

3. 弹簧的材料

弹簧材料及性能可以查阅相关手册、规范和标准(如 GB/T 1239.1—2009、GB/T 4357—2009)。常用的弹簧钢主要如下。

1) 碳素弹簧钢

这种弹簧钢(如 65、70 钢)的优点是价格便宜,原材料来源方便;缺点是弹性极限低,多次重复变形后易失去弹性,并且不能在 130 ℃的温度下正常工作。

2) 低锰弹簧钢

这种弹簧钢(如 65Mn)与碳素弹簧钢相比,优点是淬透性较好和强度较高;缺点是淬火后容易产生裂纹及热脆性。但由于价格便宜,所以一般机械上常用于制造尺寸不大的弹簧,如离合器弹簧等。

3) 硅锰弹簧钢

这种钢(如 60Si2MnA)中因为加入了硅,所以可以显著提高弹性极限,并提高了回火稳定性,因而可以在更高的温度下回火,从而得到良好的力学性能。硅锰弹簧钢在工业上得到了广泛的应用,一般用于制造汽车、拖拉机的螺旋弹簧。

4) 铬钒钢

这种钢(如 50CrVA)中加入钒的目的是细化组织,提高钢的强度和韧性。这种材料的耐疲劳和抗冲击性能良好,并能在 −40 ℃~210 ℃的温度下可靠的工作,但价格较贵。它多用于要求较高的场合,如用于制造航空发动机调节系统中的弹簧。

选择材料时,应考虑到弹簧的用途、重要程度、使用条件(包括载荷性质、大小及循环特性、工作持续时间、工作温度和周围介质情况等)、加工、热处理和经济性等因素。同时,也要参照现有设备中使用的弹簧,选择较为合用的材料。

二、圆柱形螺旋弹簧的基本几何参数

图 13.14(a)、(b)所示分别为螺旋压缩弹簧和拉伸弹簧。压缩弹簧在自由状态下各圈间留

有间隙 δ,经最大工作载荷的作用压缩后各圈间还应有一定的余留间隙 $\delta(\delta=0.1d>0.2\ \text{mm})$。为使载荷沿弹簧轴线传递,弹簧的两端各有 3/4~5/4 圈与邻圈并紧,称为死圈。死圈端部须磨平,如图 13.15 所示。拉簧在自由状态下各圈应并紧,端部制有挂钩,利于安装及加载,常用的端部结构如图 13.16 所示。

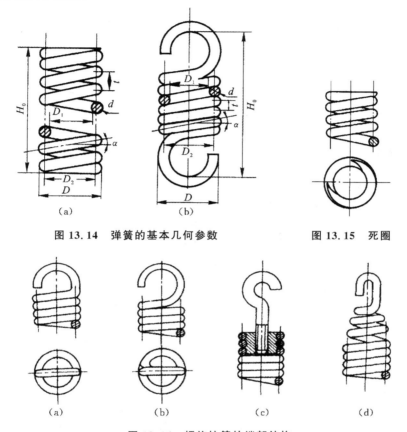

(a)　　　　　　　(b)

图 13.14　弹簧的基本几何参数　　　　图 13.15　死圈

(a)　　　　(b)　　　　(c)　　　　(d)

图 13.16　螺旋拉簧的端部结构

如图 13.14 所示,圆柱形螺旋弹簧的主要参数和几何尺寸有:弹簧丝直径、弹簧圈外径、内径和中径、节距、螺旋升角、弹簧工作圈数和弹簧自由高度等。螺旋弹簧各参数间的关系如表 13.4 所示。

表 13.4　螺旋弹簧基本几何参数的关系式

参数名称	压缩弹簧	拉伸弹簧
外径	$D=D_2+d$	
内径	$D=D_2-d$	
螺旋角	$\alpha=\arctan\dfrac{t}{\pi D_2}$	
节距	$t=(0.28\sim0.5)D_2$	$t=d$
有效工作圈数	n	
死圈数	n_2	—

续表

参数名称	压缩弹簧	拉伸弹簧
弹簧总圈数	$n_1 = n + n_2$	$n_1 = n$
弹簧自由高度	两端并紧、磨平 $H_0 = nt + (n_2 - 0.5)d$ 两端并紧、不磨平 $H_0 = nt + (n_2 + 1)d$	$H_0 = nd +$ 挂钩尺寸
簧丝展开长度	$L = \dfrac{\pi D_2 n_1}{\cos\alpha}$	$L = \pi D_2 n +$ 挂钩展开尺寸

三、弹簧的强度计算

1. 弹簧的特性曲线

弹簧应具有经久不变的弹性，且不允许产生永久变形。因此在设计弹簧时，务必使其工作应力在弹性极限范围之内。这个范围内工作的弹簧，当承受轴向载荷 F 时，弹簧将产生相应的弹性变形。为了表示弹簧的载荷与变形的关系，取纵坐标表示弹簧承受的载荷，横坐标表示弹簧的变形，这种表示载荷与变形关系的曲线称为特性曲线，如图 13.17 所示，它是弹簧设计和制造过程中检验或试验的重要依据。

等节距圆柱螺旋压缩（拉伸）弹簧，F 与 λ 呈线性变化，其特性曲线为一直线。压缩弹簧的特性曲线如图13.17所示。

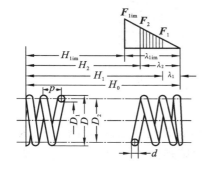

图 13.17 压缩弹簧的特性曲线

图 13.17 中，F_1 为最小工作载荷，它是弹簧安装时所预加的初始载荷。在 F_1 的作用下，弹簧产生最小变形 λ_1，其高度由自由高度 H_0 压缩到 H_1。F_2 为最大工作载荷，在 F_2 的作用下，弹簧变形增加到 λ_2，此时高度为 H_2。$F_{\lim}$ 是弹簧的极限工作载荷，在 $F_{\lim}$ 的作用下，弹簧变形增加到 $\lambda_{\lim}$，这时其高度为 $H_{\lim}$，弹簧丝的应力达到材料的屈服极限。其中 $h = \lambda_2 - \lambda_1$，$h$ 称为弹簧的工作行程。弹簧的最大工作载荷由工作条件所确定。

2. 弹簧的强度计算

弹簧的强度条件为

$$\tau = K \frac{8FC}{\pi d^2} \leqslant [\tau] \tag{13-2}$$

式中：$[\tau]$——许用剪切应力（MPa）；

F——弹簧的最大工作载荷（N）；

d——弹簧丝直径（mm）；

C——弹簧指数，如表 13.5 所示；

K——载荷系数，常取 $1.1\sim1.5$。

所以得到设计公式为

$$d \geqslant 1.6 \sqrt{\frac{KFC}{[\tau]}} \tag{13-3}$$

表 13.5 弹簧指数 C

弹簧丝直径/ mm	0.2~0.4	0.5~1	1.1~2.2	2.5~6	7~16	18~42
C	7~14	5~12	5~10	4~10	4~8	4~6

注：① C 值太大，弹簧过软（刚度小），易颤动；

② C 值太小，弹簧过硬（刚度大），卷绕时簧丝弯曲剧烈；

③ C 值范围为 4~16，常用值为 5~8；

④ C 和许用剪切应力 $[\tau]$ 均与簧丝直径 d 有关，必须通过试算才能得到合适的簧丝直径。

3. 弹簧的刚度计算

根据材料力学中的有关公式，求得圆柱螺旋压缩（拉伸）弹簧的轴向变形 λ 为

$$\lambda = \frac{8FC^3 n}{Gd} \qquad (13-4)$$

式中：n——弹簧的工作圈数；

G——弹簧材料的剪切弹性模量（钢 $G=8\times10^4$，铜 $G=4\times10^4$）。

弹簧刚度 k 是弹簧的主要参数之一，它表示弹簧单位变形所需要的力，计算公式为

$$k = \frac{F}{\lambda} = \frac{Gd}{8C^3 n} \qquad (13-5)$$

刚度越大，需要的力越大，弹簧的弹力也就越大。

从而可以得到弹簧圈数为

$$n = \frac{\lambda Gd}{8FC^3} = \frac{Gd}{8C^3 k} \qquad (13-6)$$

对于拉伸弹簧总圈数大于 20 圈时，一般圆整为整圈数，小于 20 圈时可以圆整为 0.5 圈。对于压缩弹簧，总圈数的尾数宜取 0.25、0.5 或整数。有效圈数通常圆整为 0.5 的整倍数，并且大于 2 才能保证弹簧具有稳定的性能。若计算的 n 与 0.5 的倍数相差较大时，应在圆整后再计算弹簧的实际长度。

思考题与习题

13-1 试述联轴器的类型和功用。

13-2 某发动机须用电动机启动，当发动机运行正常后，两机脱开，试问采用哪种离合器为宜？

13-3 汽油发动机由电动机启动。当发动机正常运转后，电动机自动脱开，由发动机直接带动发电机。请选择电动机与发动机、发动机与发电机之间采用什么类型离合器。

13-4 电动机经减速器驱动水泥搅拌机工作。已知电动机的功率 $P=11$ kW，转速 $n=970$ r/min，电动机轴的直径和减速器输入轴的直径均为 42 mm。试选择电动机与减速器之间的联轴器。

13-5 交流电动机通过联轴器直接带动一台直流发电机运转。若已知该直流发电机所需的最大功率 $P=20$ kW，转速 $n=3000$ r/min，外伸轴轴径为 50 mm，交流电动机伸出轴的轴径为 48 mm，试选择联轴器的类型和型号。

13-6 找出实际生活中的三种不同的弹簧，说明它们的类型、结构和功用。

13-7 什么是弹簧的特性曲线？它在设计中起什么作用？

13-8 设计弹簧时，为什么通常取弹簧指数 $C=4\sim16$，弹簧指数 C 的含义是什么？

13-9 制造弹簧的材料应符合哪些主要要求？常用材料有哪些？

附录 A

部分型钢表

1. 热轧等边角钢（GB/T 9787—1988）

符号意义：

b——边宽 $\qquad$ d——边厚

I——惯性矩 $\qquad$ W——截面系数

i——惯性半径 $\qquad$ z_0——重心距离

r——内圆弧半径 $\qquad$ r_1——边端内圆弧半径

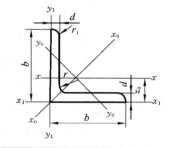

角钢型号	尺寸/mm b	d	r	截面面积 A/cm²	理论质量/(kg·m⁻¹)	外表面积 A_1/(m²·m⁻¹)	$x-x$ I_x/cm⁴	i_x/cm	W_x/cm³	x_0-x_0 I_{x0}/cm⁴	i_{x0}/cm	W_{x0}/cm³	y_0-y_0 I_{y0}/cm⁴	i_{y0}/cm	W_{y0}/cm³	x_1-x_1 I_{x1}/cm⁴	z_0/cm
2	20	3	3.5	1.132	0.889	0.078	0.40	0.59	0.29	0.63	0.75	0.45	0.17	0.39	0.20	0.81	0.60
		4		1.459	1.145	0.077	0.50	0.58	0.36	0.78	0.73	0.55	0.22	0.38	0.24	1.09	0.64
2.5	25	3	3.5	1.432	1.124	0.098	0.82	0.76	0.46	1.29	0.95	0.73	0.34	0.49	0.33	1.57	0.73
		4		1.859	1.459	0.097	1.03	0.74	0.59	1.62	0.93	0.92	0.43	0.48	0.40	2.11	0.76
3	30	3	4.5	1.749	1.373	0.117	1.46	0.91	0.65	2.31	1.15	1.09	0.61	0.59	0.51	2.17	0.85
		4		2.276	1.786	0.117	1.84	0.90	0.87	2.92	1.13	1.37	0.77	0.58	0.62	3.63	0.89
3.0	36	3	4.5	2.109	1.656	0.141	2.58	1.11	0.99	4.09	1.39	1.61	1.07	0.71	0.76	4.68	1.00
		4		2.756	2.163	0.141	3.29	1.09	1.28	5.22	1.38	2.05	1.37	0.70	0.93	6.25	1.04
		5		3.382	2.656	0.141	3.95	1.08	1.56	6.24	1.36	2.45	1.65	0.70	1.09	7.84	1.07
4	40	3	5	2.539	1.852	0.157	3.59	1.23	1.23	5.69	1.55	2.01	1.49	0.79	0.96	6.41	1.09
		4		3.086	2.422	0.157	4.60	1.22	1.60	7.29	1.54	2.58	1.91	0.79	1.19	8.56	1.13
		5		3.791	2.976	0.156	5.53	1.21	1.96	8.76	1.52	3.10	2.30	0.78	1.39	10.74	1.17
4.5	45	3	5	2.659	2.088	0.177	5.17	1.40	1.58	8.20	1.76	2.58	2.14	0.89	1.24	9.12	1.22
		4		3.486	2.736	0.177	6.65	1.38	2.05	10.56	1.74	3.32	2.75	0.89	1.54	12.18	1.26
		5		4.292	3.369	0.176	8.01	1.37	2.51	12.74	1.72	4.00	3.33	0.88	1.81	15.25	1.30
		6		5.076	3.985	0.176	9.33	1.36	2.95	14.76	1.70	4.46	3.89	0.88	2.06	18.30	1.33
5	50	3	5.5	2.971	2.332	0.197	7.18	1.55	1.96	14.37	1.96	3.22	2.98	1.00	1.57	12.50	1.34
		4		3.879	3.059	0.197	9.26	1.54	2.56	14.70	1.94	4.16	3.82	0.99	1.96	16.69	1.38
		5		4.803	3.770	0.196	11.21	1.53	3.13	17.79	1.92	5.03	4.46	0.98	2.31	20.90	1.42
		6		5.688	4.456	0.196	13.05	1.52	3.69	20.68	1.91	5.85	5.42	0.98	2.63	25.14	1.46
5.6	56	3	6	3.343	2.624	0.221	10.19	1.75	2.48	16.14	2.20	4.08	4.24	1.13	2.02	17.56	1.48
		4		4.390	3.446	0.220	13.18	1.73	3.24	20.92	2.18	5.28	5.46	1.11	2.52	23.43	1.53
		5		5.415	4.251	0.220	16.02	1.72	3.97	25.42	2.17	6.42	6.61	1.10	2.98	29.33	1.57
		8		8.367	6.568	0.219	23.63	1.68	6.03	37.37	2.11	9.44	9.89	1.09	4.16	47.24	1.68
6.3	63	4	7	4.978	3.907	0.248	19.03	1.96	4.13	30.17	2.46	6.78	7.89	1.26	3.29	33.33	1.70
		5		6.143	4.822	0.248	23.17	1.94	5.08	36.77	2.45	8.25	9.57	1.25	3.90	41.73	1.74
		6		7.288	5.721	0.247	27.12	1.93	6.00	43.03	2.43	9.66	11.20	1.24	4.46	50.14	1.78
		8		9.515	7.469	0.247	34.46	1.90	7.75	54.56	2.40	12.25	14.33	1.23	5.47	67.11	1.85
		10		11.657	9.151	0.246	41.09	1.88	9.39	64.85	2.36	14.56	17.33	1.22	6.36	84.31	1.93

2. 热轧工字钢（GB/T 706—1988）

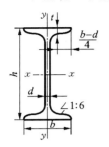

符号意义：

h——高度 b——腿宽

d——腰厚 t——平均腿厚度

r——内圆弧半径 r_1——腿端圆弧半径

I——惯性矩 W——截面系数

i——惯性半径 S——半截面的静力矩

型号	尺寸/mm						截面面积 A/cm^2	理论质量 /(kg·m⁻¹)	参考数值						
									$x-x$				$y-y$		
	h	b	d	t	r	r_1			I_x /cm⁴	W_x /cm³	i_x /cm	$I_x:S_x$	I_y /cm⁴	W_y /cm³	i_y /cm
10	100	68	4.6	7.6	6.5	3.3	14.345	11.261	245	49.0	4.14	8.59	33.0	9.72	1.62
12.6	126	74	5.0	8.4	7.0	3.5	18.118	14.273	488	77.5	5.20	10.8	46.9	12.7	1.61
14	140	80	5.5	9.1	7.6	3.8	21.516	16.890	712	102	5.76	12.0	64.4	16.1	1.73
16	160	88	6.0	9.9	8.0	4.0	26.131	20.513	1130	141	6.58	13.8	93.1	21.2	1.89
18	180	94	6.5	10.7	8.5	4.3	30.756	24.143	1160	185	7.36	15.4	122	26.0	2.00
20a	200	100	7.0	11.4	9.0	4.5	35.578	27.929	2370	237	8.15	17.2	158	31.5	2.12
20b	200	102	9.0	11.4	9.0	4.5	39.578	31.069	2500	250	7.96	16.9	169	33.1	2.06
22a	220	110	7.5	12.3	9.5	4.8	42.128	33.070	3400	309	8.99	18.9	225	40.9	2.31
22b	220	112	9.5	12.3	9.5	4.8	46.528	36.524	3570	325	8.78	18.7	239	42.7	2.27
25a	250	116	8.0	13.0	10.0	5.0	48.541	38.105	5020	402	10.2	21.6	280	48.3	2.40
25b	250	118	10.0	13.0	10.0	5.0	53.541	42.030	5280	423	9.94	21.3	309	52.4	2.40
28a	280	122	8.5	13.7	10.5	5.3	56.404	43.492	7110	508	11.3	24.6	345	56.6	2.50
28b	280	124	10.5	13.7	10.5	5.3	61.004	47.888	7480	534	11.1	24.2	379	61.2	2.49
32a	320	130	9.5	15.0	11.6	5.8	67.156	52.717	11100	692	12.8	27.5	460	70.8	2.62
32b	320	132	11.6	15.0	11.6	5.8	78.556	57.741	11600	726	12.6	27.1	502	76.0	2.61
32c	320	134	13.5	15.0	11.6	5.8	79.956	62.765	12200	760	12.3	26.8	544	81.2	2.61
36a	360	136	10.0	15.8	12.0	6.0	76.480	60.037	15800	875	14.4	30.7	552	81.2	2.69
36b	360	138	12.0	15.8	12.0	6.0	83.680	65.689	16500	919	14.1	30.3	582	84.3	2.64
36c	360	140	14.0	15.8	12.0	6.0	90.880	71.341	17300	962	13.8	29.9	612	87.4	2.60
40a	400	142	10.5	16.5	12.5	6.3	86.112	67.598	21700	1090	15.9	34.1	660	93.2	2.77
40b	400	144	12.5	16.5	12.5	6.3	94.112	73.878	22800	1140	15.6	33.6	692	96.2	2.71
40c	400	145	14.5	16.5	12.5	6.3	102.112	80.158	23900	1190	15.2	33.2	727	99.6	2.65
45a	450	150	11.5	18.0	13.5	6.8	102.446	80.420	32200	1430	17.7	38.6	855	114	2.89
45b	450	152	13.5	18.0	13.5	6.8	111.446	87.485	33800	1500	17.4	38.0	894	118	2.84

3. 热轧槽钢(GB/T 707—1988)

符号意义:

h——高度	b——腿宽
d——腰厚	t——平均腿厚度
r——内圆弧半径	r_1——腿端圆弧半径
I——惯性矩	W——截面系数
i——惯性半径	z_0——yy 轴与 y_0y_0 轴间距

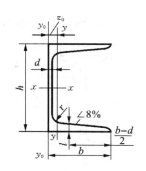

型号	尺寸/mm						截面面积 A/cm^2	理论质量 /(kg·m^{-1})	参 考 数 值							
									$x-x$			$y-y$			y_0-y_0	z_0 /cm
	h	b	d	t	r	r_1			W_x /cm³	I_x /cm⁴	i_x /cm	W_y /cm³	I_y /cm⁴	i_y /cm	I_{y0} /cm⁴	
5	50	37	4.5	7.0	7.0	3.5	6.928	5.438	10.4	26.0	1.94	3.55	8.30	1.10	20.9	1.35
6.3	63	40	4.8	7.5	7.5	3.8	8.451	6.634	16.1	50.8	2.45	4.50	11.9	1.19	28.4	1.36
8	80	43	5.0	8.0	8.0	4.0	10.248	8.046	25.3	101	3.15	5.79	16.6	1.27	37.4	1.43
10	100	48	5.3	8.5	8.5	4.2	12.748	10.007	39.7	198	3.95	7.80	25.6	1.41	54.9	1.52
12.6	126	53	5.5	9.0	9.0	4.5	15.692	12.318	62.1	391	4.95	10.2	38.0	1.57	77.1	1.59
14a	140	58	6.0	9.5	9.5	4.8	18.516	14.535	80.5	564	5.52	13.0	53.0	1.70	107	1.71
14b	140	60	9.5	9.5	9.5	4.8	21.316	16.733	87.1	609	5.35	14.1	61.0	1.69	121	1.67
16a	160	63	6.5	10.0	10.0	5.0	21.962	17.240	108	866	6.28	16.3	73.3	1.83	144	1.80
16	160	65	8.5	10.0	10.0	5.0	25.162	19.752	117	935	6.10	17.6	83.4	1.82	161	1.75
18a	180	68	7.0	10.5	10.5	5.2	25.699	20.174	141	1270	7.04	20.0	98.6	1.96	190	1.88
18	180	70	9.0	10.5	10.5	5.2	29.299	23.000	152	1370	6.84	21.5	111	1.95	210	1.84
20a	200	73	7.0	11.0	11.0	5.5	28.837	22.637	178	1780	7.86	24.2	128	2.11	244	2.01
20	200	75	9.0	11.0	11.0	5.5	32.837	25.777	191	1910	7.64	25.9	144	2.09	268	1.95
22a	220	77	7.0	11.5	11.5	5.8	31.846	24.999	218	2390	8.67	28.2	158	2.23	298	2.10
22	220	79	9.0	11.5	11.5	5.8	36.246	28.453	234	2570	8.42	30.1	176	2.21	326	2.03
25a	250	78	7.0	12.0	12.0	6.0	34.917	27.410	270	3370	9.82	30.6	176	2.24	322	2.07
25b	250	80	9.0	12.0	12.0	6.0	39.917	31.385	282	3530	9.41	32.7	196	2.22	353	1.98
25c	250	82	11.0	12.0	12.0	6.0	44.917	35.260	295	3690	9.07	35.9	218	2.21	384	1.92
28a	280	82	7.5	12.5	12.5	6.2	40.034	31.427	340	4760	10.9	35.7	218	2.33	388	2.10
28b	280	84	9.5	12.5	12.5	6.2	45.634	35.822	366	5130	10.6	37.9	242	2.30	428	2.02
28c	280	86	11.5	12.5	12.5	6.2	51.234	40.219	393	5500	10.4	40.3	268	2.29	463	1.95
32a	320	88	8.0	14.0	14.0	7.0	48.513	38.083	475	7600	12.5	46.5	305	2.50	552	2.24
32b	320	30	10.0	14.0	14.0	7.0	54.913	43.107	509	8140	12.2	49.2	336	2.47	593	2.16
32c	320	96	12.0	14.0	14.0	7.0	61.313	48.131	543	8690	11.9	52.6	374	2.47	643	2.09
36a	360	96	9.0	16.0	16.0	8.0	60.910	47.814	566	11900	14.0	63.5	455	2.73	818	2.44
36b	360	98	11.0	16.0	16.0	8.0	68.110	53.466	703	12700	13.6	66.9	497	2.70	880	2.37

机械设计基础课程设计指导

一、机械设计基础课程设计目的及要求

(1) 培养正确的设计思想,训练综合运用所学的理论知识解决工程实际问题的能力;

(2) 学习机械设计的一般方法,掌握通用机械零件、机械传动装置的设计过程和方式;

(3) 设计基本技能的训练,如计算、绘图,熟悉和运用设计资料、手册、图册、标准和规范等;

(4) 研究分析设计题目和工作条件,明确设计要求和设计内容;

(5) 认真复习与设计有关的章节内容,提倡独立思考、深入钻研,主动地、创造性地进行设计;

(6) 设计态度严肃认真、一丝不苟,反对照抄照搬、抄袭他人设计、容忍错误等问题;

(7) 通过设计在设计思想、设计方法和设计技能等方面得到良好的训练。

二、设计题目

单级圆柱齿轮减速器(用于带式输送机传动装置中)。

三、运动简图

减速器简图如图 B.1 所示。

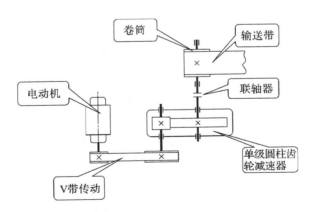

图 B.1　减速器简图

四、原始条件

设输送带工作拉力为 F,输送带速度为 V,卷筒直径 D 为已知,两班制连续单向运转,载荷轻微变化,使用期限 15 年。输送带速度允差±5%。

五、课程设计设计过程

(1) 进行传动方案的设计(已拟定完成);

(2) 电动机功率及传动比分配;

(3) 主要传动零件的参数设计(V 带、V 带轮、轴、齿轮及标准件的选用);

(4) 减速器结构、箱体各部分尺寸确定,结构工艺性设计;

(5) 装配图的设计要点及步骤等;

(6) 设计和绘制零件工作图;

(7) 整理和编写设计说明书。

六、设计的工作量

(1) 装配图一张(A1 或 A0 号图纸);

(2) 零件工作图若干张(传动零件、轴或箱体等);

(3) 计算说明书一份,6000～10 000 字。

七、课程设计步骤

1. 电动机的选择

选择电动机的类型、结构形式和转速,计算电动机的功率,确定电动机的型号。

一对齿轮效率约取 0.97,一对轴承效率约取 0.99,联轴器效率约取 0.99,带传动效率约取 0.96。

(1) 所需电动机输出的功率为

$$P_d = P_w/\eta$$

式中 :P_w——工作机器的输出功率;

η ——由电动机到工作机的总效率。

(2) 若已知工作机的阻力 F,圆周速度 v,则 $P_w = F \times v/1000$;

(3) 由 P_d 查表选择电动机型号。

2. 总传动比 i 及其分配 i_1、i_2

由电机转速 n_1 和滚筒转速 n_3 确定总传动比 $i = n_1/n_3$。

分配:i_1 为 V 带的传动比;i_2 为齿轮的传动比;总传动比为 $i = i_1 \times i_2$。

3. V 带及带轮的设计计算

1) V 带的设计

①传动比;② 工作情况系数;③计算功率;④选 V 带型号;⑤小带轮直径;⑥大带轮直径;⑦验算 V 带速度;⑧ 初定中心距;⑨初算 V 带长度;⑩确定 V 带长度;⑪确定中心距;⑫计算小带轮包角;⑬查包角修正系数;⑭查带长修正系数;⑮单根传递功率 P_0;⑯单根带传递功率增量;⑰计算 V 带根数 Z;⑱计算 V 带对轴的拉力 F_0。

2) 计算两带轮的宽度 B 等

4. 齿轮传动的设计计算

根据:传递功率 P,传动比 i,小齿轮的转速 n,工作时间和闭式传动。

（1）选择材料、热处理、精度等级、决定齿面硬度、表面粗糙度。

（2）按齿面接触疲劳设计。

① 确定 Z_1、Z_2 和齿宽系数；

② 计算实际传动比及传动比误差；

③ 计算转矩 T；

④ 确定载荷系数 K；

⑤ 确定许用接触应力；

⑥ 查表确定两齿轮的极限应力；

⑦ 计算应力循环次数 N_L；

⑧ 查表确定两齿轮的接触疲劳寿命系数、极限应力；

⑨ 查接触疲劳寿命的安全系数；

⑩ 求出 d_1，确定标准模数 m。

（3）校核齿根弯曲疲劳强度。

① 两齿轮的分度圆直径；

② 两齿轮齿宽；

③ 查两轮的齿形系数和应力修正系数；

④ 计算许用弯曲应力；

⑤ 查极限弯曲应力、弯曲寿命系数、应力修正系数、弯曲疲劳安全系数；

⑥ 计算弯曲许用应力；

⑦ 计算弯曲应力；

⑧ 计算齿轮传动的中心距；

⑨ 计算齿轮的圆周速度。

（4）两齿轮的几何尺寸计算。

① 齿顶圆直径；

② 齿根圆直径；

③ 分度圆直径；

④ 基圆直径；

⑤ 齿顶高、齿根高、齿全高；

⑥ 齿顶径向间隙；

⑦ 齿厚、齿槽宽、齿距；

⑧ 两齿轮的中心距；

⑨ 齿顶圆的压力角；

⑩ 计算重合度。

5. 轴的设计

（1）各轴的功率计算。

（2）各轴的转速计算。

（3）各轴的转矩计算。

（4）轴的概略设计。

① 高速轴的概略设计。

◆材料、热处理；

◆按扭转计算最小直径；

◆装 V 带轮处的长度、外伸端的直径与长度；

◆装两轴承和两轴承盖处的直径和长度(试选轴承与轴承盖)；

◆装齿轮处的直径和长度；

◆齿轮与箱体的距离；

◆轴的总长度。

② 低速轴的概略设计。

◆步骤与高速轴类同；

◆注意：变速箱等宽，高速轴轴承的中心与低速轴轴承的中心要在同一条直线上，也就是要求两根轴轴承中心等宽度。

◆作草图(查手册求轴承及轴承盖各参数、套筒的结构尺寸、齿轮的安装、联轴器的结构尺寸等)。

(5) 轴的结构设计。

① 轴上的键槽宽度和长度确定；

② 轴肩、轴环宽度与高度、各圆角半径和倒角大小；

③ 轴上零件的固定方法和紧固件；

④ 轴上各零件的润滑方法和密封件的尺寸；

⑤ 作出轴的结构草图 。

(6) 轴系零、部件的设计。

① 设计小带轮的轮槽及带轮结构；

② 设计大带轮的轮槽及带轮结构，画出结构图并标注尺寸；

③ 齿轮的结构设计。

◆小齿轮的结构设计及标注(齿轮轴或实体齿轮)；

◆大齿轮的结构设计及标注(孔板式齿轮)。

6. 低速轴的强度校核计算

求出齿轮的受力 F_t、F_r、F_a。

(1) 作出低速轴的空间受力简图；

(2) 作出水平平面的受力图、求解水平平面的约束力；

(3) 作出水平平面的弯矩图、求出最大弯矩；

(4) 作出竖直平面的受力图、求解竖直平面的约束力；

(5) 作出竖直面的弯矩图、求出最大弯矩；

(6) 作出合成弯矩图；

(7) 作出扭矩图；

(8) 求出当量弯矩；

(9) 代入强度条件、校核危险截面强度。

7. 轴承寿命的计算、联轴器与键的计算

1) 高速轴上轴承的寿命计算

(1) 轴承型号；

(2) 查表查出:基本额定动载荷 C;

(3) 查出温度系数;

(4) 计算轴承受的径向载荷 P;

(5) 用工作小时数 L_h 表示轴承的寿命;

(6) $L_h = \dfrac{10^6}{60n}\left(\dfrac{f_t C}{P}\right)^\varepsilon = \dfrac{16670}{n}\left(\dfrac{C}{P}\right)^\varepsilon$;

(7) 能否满足使用要求。

2) 低速轴上联轴器的计算

(1) 计算名义转矩 T;

(2) 查表确定工作情况系数 K;

(3) 计算转矩 T_c;

(4) 查出所使用联轴器的许用转矩和许用转速;

(5) 是否满足 $T_c \leqslant [T], n \leqslant [n]$。

3) 低速轴上键的强度计算

(1) 查出键的结构尺寸 $b \times h \times L$;

(2) 校核键的挤压强度。

8. 减速器润滑方式和润滑油的选择

(1) 润滑方式的选择。

(2) 润滑剂的选择。

9. 减速器结构装配的绘制

(1) 减速器箱体结构及装配草图的绘制;

(2) 按课程设计表计算箱体尺寸;

(3) 减速器箱体结构及装配图的绘制;

(4) 标注尺寸公差及配合、写出技术特性、零件按顺序编号;

(5) 编写技术要求、零件明细表和标题栏。

10. 零件工作图的设计和绘制

(1) 大齿轮的加工零件图;

(2) 从动轴的加工零件图;

(3) 其他零件图。

11. 设计说明书的整理和编写

(1) 设计说明书格式;

(2) 设计说明书内容。

12. 答辩及其他注意事项

略。

附录 C

机械设计基础课程设计任务书

机械设计基础课程设计任务书

专业_____ 班级_____ 姓名_____ 设计题号_____

1. 设计题目

单级圆柱齿轮减速器(用于带式输送机传动装置中)。

2. 运动简图

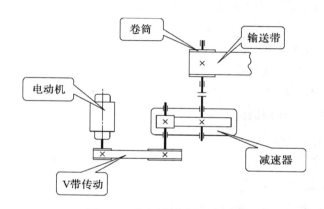

图 C.1 单级圆柱齿轮减速器

3. 原始数据

题 号	1	2	3	4	5	6	7	8
F/N	3000	2900	2600	2500	2000	3000	2500	1600
$V/(m/s)$	1.5	1.4	1.6	1.5	1.6	1.5	1.6	1.26
D/mm	400	400	450	450	300	320	300	250

表中:F——输送带工作拉力;

V——输送带速度;

D——卷筒直径。

4. 工作条件

两班制连续单向运转,载荷轻微变化,使用期限 15 年,输送带速度允差±5%。

5. 设计工作量

(1)编写设计计算说明书一份

① 目录(标题及页次);

② 设计任务书;

③ 电动机选择、传动比分配、运动参数和动力参数计算；

④ 带的选择及计算；

⑤ 齿轮的设计计算；

⑥ 滚动轴承的选择及校核；

⑦ 轴的设计计算及校核（并简要说明轴的结构设计）；

⑧ 键及联轴器的选择与校核；

⑨ 润滑、密封及拆装等简要说明；

⑩ 参考资料。

（2）绘制减速器装配图 1 张

（3）绘制减速器零件图 3～5 张

开始日期：　　　　年　　　　月　　　　日

完成日期：　　　　年　　　　月　　　　日

指导教师：

教研室主任：

[1]　濮良贵,纪名刚.机械设计[M].8 版.北京:高等教育出版社,2006.

[2]　徐锦康.机械设计[M].北京:高等教育出版社,2002.

[3]　石固欧.机械设计基础[M].北京:高等教育出版社,2000.

[4]　机械设计手册编委会编.机械设计手册[M].北京:机械工业出版社,2004.

[5]　陈立德.机械设计基础[M].北京:高等教育出版社,2000.

[6]　林承全.论铸铁件皱皮缺陷及其预防措施[J].武汉:湖北造纸,2007,93(3):40.

[7]　林承全.论冲压模具设计制造与模具寿命的关系[J].山东:科技信息,2007,24:158.

[8]　林承全,余小燕,郭建农.机械设计基础学习与实训指导[M].武汉:华中科技大学出版社,2007.

[9]　杨宏,林承全.翻带式砂带磨木机的研发[J].武汉:湖北造纸,2007,93(3):47.

[10]　陈位宫.工程力学[M].北京:高等教育出版社,2000.

[11]　刘美玲,雷震德.机械设计基础[M].北京:科学出版社,2005.

[12]　李舒燕,林承全.模具制造工艺[M].武汉:湖北科学技术出版社,2008.

[13]　林承全,胡绍平.冲压模具课程设计指导与范例[M].北京:化学工业出版社,2008.

[14]　陆全龙,刘明皓.液压与气动[M].北京:科学出版社,2007.

[15]　陆全龙,吴水萍.液压与气动习题实验指导[M].武汉:华中科技大学出版社,2007.

[16]　邓德清,胡绍平.机械设计基础课程指导书[M].北京:科学出版社,2005.

[17]　韩森和,林承全,余小燕.冲压工艺及模具设计与制造[M].武汉:湖北科学技术出版社,2008.

[18]　林承全,余小燕.冲压模具设计指导书[M].武汉:湖北科学技术出版社,2008.

[19]　穆能伶.工程力学[M].北京:机械工业出版社,2002.

[20]　沈养中.理论力学[M].北京:科学出版社,2002.

[21]　林承全.加大机械设计改革措施的研究[J].北京:科技与企业,2007,12:251.

[22]　林承全,胡绍平,杨辉.模具线切割加工中表面变质层的研究[J].南宁:装备制造技术,2008,160(4):22.